中国工程院咨询研究报告

中国煤炭清洁高效可持续开发利用战略研究

谢克昌／主编

（第10卷）

煤炭利用过程中的节能技术

金 涌 陈 勇 等／编著

科学出版社

北 京

内 容 简 介

本书是《中国煤炭清洁高效可持续开发利用战略研究》丛书之一。

本书以实现节能为目标，针对我国石化、化工、有色金属、钢铁、建材、造纸、纺织等七大高耗能行业煤炭利用过程中的节能问题开展了研究。通过调研分析了解我国重点耗煤行业的技术现状，并与国外先进技术进行比较分析，采用 SWOT 分析和全生命周期评价方法分析并指出重点技术发展方向，提出了各行业煤炭清洁高效开发利用的战略思想、目标、技术路线图和保障措施建议。

本书适合从事能源、煤化工、环境工程、工程设计等领域的技术人员和研究人员参阅，也可供大专院校相关专业师生，以及政府和煤炭企业的管理人员等参考。

图书在版编目（CIP）数据

煤炭利用过程中的节能技术 / 金涌等编著 .—北京：科学出版社，2014.10

（中国煤炭清洁高效可持续开发利用战略研究 / 谢克昌主编；10）

"十二五"国家重点图书出版规划项目 中国工程院重大咨询项目

ISBN 978-7-03-040341-4

Ⅰ.①煤… Ⅱ.金… Ⅲ.①煤炭利用–节能–研究–中国

Ⅳ.①TD849

中国版本图书馆 CIP 数据核字（2014）第 063517 号

责任编辑：李 敏 周 杰 张 震 / 责任校对：张小霞
责任印制：徐晓晨 / 封面设计：黄华斌

科 学 出 版 社 出版

北京东黄城根北街 16 号
邮政编码：100717
http://www.sciencep.com

北京教图印刷有限公司 印刷

科学出版社发行 各地新华书店经销

*

2014 年 10 月第 一 版 开本：787×1092 1/16
2015 年 1 月第二次印刷 印张：11 1/2
字数：280 000

定价：150.00 元

（如有印装质量问题，我社负责调换）

中国工程院重大咨询项目

中国煤炭清洁高效可持续开发利用战略研究
项目顾问及负责人

项 目 顾 问

徐匡迪　中国工程院　十届全国政协副主席、中国工程院主席团名
　　　　　　　　　　誉主席、原院长、院士

周　济　中国工程院　院长、院士

潘云鹤　中国工程院　常务副院长、院士

杜祥琬　中国工程院　原副院长、院士

项目负责人

谢克昌　中国工程院　副院长、院士

课题负责人

第 1 课题　煤炭资源与水资源　　　　　　　　　　　　彭苏萍

第 2 课题　煤炭安全、高效、绿色开采技术与战略研究　谢和平

第 3 课题　煤炭提质技术与输配方案的战略研究　　　　刘炯天

第 4 课题　煤利用中的污染控制和净化技术　　　　　　郝吉明

第 5 课题　先进清洁煤燃烧与气化技术　　　　　　　　岑可法

第 6 课题　先进燃煤发电技术　　　　　　　　　　　　黄其励

第 7 课题　先进输电技术与煤炭清洁高效利用　　　　　李立涅

第 8 课题　煤洁净高效转化　　　　　　　　　　　　　谢克昌

第 9 课题　煤基多联产技术　　　　　　　　　　　　　倪维斗

第 10 课题　煤利用过程中的节能技术　　　　　　　　　金　涌

第 11 课题　中美煤炭清洁高效利用技术对比　　　　　　谢克昌

综 合 组　中国煤炭清洁高效可持续开发利用　　　　　谢克昌

本卷研究组成员

组　长

金　涌	清华大学	院士

副组长

陈　勇	中国科学院广州能源研究所	院士
赵黛青	中国科学院广州能源研究所	研究员
马晓茜	华南理工大学	教授
胡山鹰	清华大学	教授
王辅臣	华东理工大学	教授

成　员

郭华芳	中国科学院广州能源研究所	研究员
朱　兵	清华大学	教授
廖艳芬	华南理工大学	教授
陈雪莉	华东理工大学	教授
廖翠萍	中国科学院广州能源研究所	研究员
呼和涛力	中国科学院广州能源研究所	副研究员
袁浩然	中国科学院广州能源研究所	副研究员
代正华	华东理工大学	副教授
李伟锋	华东理工大学	副教授
陈定江	清华大学	副教授
张文俊	清华大学	博士后
余昭胜	华南理工大学	讲师
吴　婕	华南理工大学	讲师
许建良	华东理工大学	讲师
孙海英	清华大学	助研

序　一

近年来，能源开发利用必须与经济、社会、环境全面协调和可持续发展已成为世界各国的普遍共识，我国以煤炭为主的能源结构面临严峻挑战。煤炭清洁、高效、可持续开发利用不仅关系我国能源的安全和稳定供应，而且是构建我国社会主义生态文明和美丽中国的基础与保障。2012 年，我国煤炭产量占世界煤炭总产量的 50% 左右，消费量占我国一次能源消费量的 70% 左右，煤炭在满足经济社会发展对能源的需求的同时，也给我国环境治理和温室气体减排带来巨大的压力。推动煤炭清洁、高效、可持续开发利用，促进能源生产和消费革命，成为新时期煤炭发展必须面对和要解决的问题。

中国工程院作为我国工程技术界最高的荣誉性、咨询性学术机构，立足我国经济社会发展需求和能源发展战略，及时地组织开展了"中国煤炭清洁高效可持续开发利用战略研究"重大咨询项目和"中美煤炭清洁高效利用技术对比"专题研究，体现了中国工程院和院士们对国家发展的责任感和使命感，经过近两年的调查研究，形成了我国煤炭发展的战略思路和措施建议，这对指导我国煤炭清洁、高效、可持续开发利用和加快煤炭国际合作具有重要意义。项目研究成果凝聚了众多院士和专家的集体智慧，部分研究成果和观点已经在政府相关规划、政策和重大决策中得到体现。

对院士和专家们严谨的学术作风和付出的辛勤劳动表示衷心的敬意与感谢。

徐匡迪

2013 年 11 月 6 日

序 二

　　煤炭是我国的主体能源，我国正处于工业化、城镇化快速推进阶段，今后较长一段时期，能源需求仍将较快增长，煤炭消费总量也将持续增加。我国面临着以高碳能源为主的能源结构与发展绿色、低碳经济的迫切需求之间的矛盾，煤炭大规模开发利用带来了安全、生态、温室气体排放等一系列严峻问题，迫切需要开辟出一条清洁、高效、可持续开发利用煤炭的新道路。

　　2010 年 8 月，谢克昌院士根据其长期对洁净煤技术的认识和实践，在《新一代煤化工和洁净煤技术利用现状分析与对策建议》(《中国工程科学》2003 年第 6 期)、《洁净煤战略与循环经济》(《中国洁净煤战略研讨会大会报告》，2004 年第 6 期) 等先期研究的基础上，根据上述问题和挑战，提出了《中国煤炭清洁高效可持续开发利用战略研究》实施方案，得到了具有共识的中国工程院主要领导和众多院士、专家的大力支持。

　　2011 年 2 月，中国工程院启动了"中国煤炭清洁高效可持续开发利用战略研究"重大咨询项目，国内煤炭及相关领域的 30 位院士、400 多位专家和 95 家单位共同参与，经过近两年的研究，形成了一系列重大研究成果。徐匡迪、周济、潘云鹤、杜祥琬等同志作为项目顾问，提出了大量的指导性意见；各位院士、专家深入现场调研上百次，取得了宝贵的第一手资料；神华集团、陕西煤业化工集团等企业在人力、物力上给予了大力支持，为项目顺利完成奠定了坚实的基础。

　　"中国煤炭清洁高效可持续开发利用战略研究"重大咨询项目涵盖了煤炭开发利用的全产业链，分为综合组、10 个课题组和 1 个专题组，以国内外已工业化和近工业化的技术为案例，以先进的分析、比较、评价方法为手段，通过对有关煤的清洁高效利用的全局性、系统性、基础性问题的深入研究，提出了科学性、时效性和操作性强的煤炭清洁、高效、可持续开发利用战略方案。

　　《中国煤炭清洁高效可持续开发利用战略研究》丛书是在 10 项课题研究、1 项专题研究和项目综合研究成果基础上整理编著而成的，共有 12 卷，对煤炭的开发、输配、转化、利用全过程和中美煤炭清洁高效利用技术等进行了系统的调研和分析研究。

　　综合卷《中国煤炭清洁高效可持续开发利用战略研究》包括项目综合报告及 10 个课题、1 个专题的简要报告，由中国工程院谢克昌院士牵头，分析了我国煤炭清洁、高效、可持续开发利用面临的形势，针对煤炭开发利用过程中的一系列重大问题进行了分析研究，给出了清洁、高效、可持续的量化指标，提出了符合我国国情的煤炭清洁、高效、可持续开发利用战略和政策措施建议。

第1卷《煤炭资源与水资源》，由中国矿业大学（北京）彭苏萍院士牵头，系统地研究了我国煤炭资源分布特点、开发现状、发展趋势，以及煤炭资源与水资源的关系，提出了煤炭资源可持续开发的战略思路、开发布局和政策建议。

第2卷《煤炭安全、高效、绿色开采技术与战略研究》，由四川大学谢和平院士牵头，分析了我国煤炭开采现状与存在的主要问题，创造性地提出了以安全、高效、绿色开采为目标的"科学产能"评价体系，提出了科学规划我国五大产煤区的发展战略与政策导向。

第3卷《煤炭提质技术与输配方案的战略研究》，由中国矿业大学刘炯天院士牵头，分析了煤炭提质技术与产业相关问题和煤炭输配现状，提出了"洁配度"评价体系，提出了煤炭整体提质和输配优化的战略思路与实施方案。

第4卷《煤利用中的污染控制和净化技术》，由清华大学郝吉明院士牵头，系统研究了我国重点领域煤炭利用污染物排放控制和碳减排技术，提出了推进重点区域煤炭消费总量控制和煤炭清洁化利用的战略思路和政策建议。

第5卷《先进清洁煤燃烧与气化技术》，由浙江大学岑可法院士牵头，系统分析了各种燃烧与气化技术，提出了先进、低碳、清洁、高效的煤燃烧与气化发展路线图和战略思路，重点提出发展煤分级转化综合利用技术的建议。

第6卷《先进燃煤发电技术》，由东北电网有限公司黄其励院士牵头，分析评估了我国燃煤发电技术及其存在的问题，提出了燃煤发电技术近期、中期和远期发展战略思路、技术路线图和电煤稳定供应策略。

第7卷《先进输电技术与煤炭清洁高效利用》，由中国南方电网公司李立涅院士牵头，分析了煤炭、电力流向和国内外各种电力传输技术，通过对输电和输煤进行比较研究，提出了电煤输运构想和电网发展模式。

第8卷《煤洁净高效转化》，由中国工程院谢克昌院士牵头，调研分析了主要煤基产品所对应的煤转化技术和产业状况，提出了我国煤转化产业布局、产品结构、产品规模、发展路线图和政策措施建议。

第9卷《煤基多联产技术》，由清华大学倪维斗院士牵头，分析了我国煤基多联产技术发展的现状和问题，提出了我国多联产系统发展的规模、布局、发展战略和路线图，对多联产技术发展的政策和保障体系建设提出了建议。

第 10 卷《煤炭利用过程中的节能技术》，由清华大学金涌院士牵头，调研分析了我国重点耗煤行业的技术状况和节能问题，提出了技术、结构和管理三方面的节能潜力与各行业的主要节能技术发展方向。

第 11 卷《中美煤炭清洁高效利用技术对比》，由中国工程院谢克昌院士牵头，对中美两国在煤炭清洁高效利用技术和发展路线方面的同异、优劣进行了深入的对比分析，为中国煤炭清洁、高效、可持续开发利用战略研究提供了支撑。

《中国煤炭清洁高效可持续开发利用战略研究》丛书是中国工程院和煤炭及相关行业专家集体智慧的结晶，体现了我国煤炭及相关行业对我国煤炭发展的最新认识和总体思路，对我国煤炭清洁、高效、可持续开发利用的战略方向选择和产业布局具有一定的借鉴作用，对广大的科技工作者、行业管理人员、企业管理人员都具有很好的参考价值。

受煤炭发展复杂性和编写人员水平的限制，书中难免存在疏漏、偏颇之处，请有关专家和读者批评、指正。

谢克昌

2013 年 11 月

前　　言

由于化石能源的日益紧缺、资源能源价格的不断上涨以及国家对污染物排放的要求越加严格，煤炭清洁利用技术得到更加重视和快速发展，2011 年中国的煤炭消费量占到了总能耗的 68.4%。煤炭在为国民经济做贡献的同时，也带来了若干能源消费和环境污染问题。我国工业的煤炭消费量达到了 3.262×10^9 t，其中石化、钢铁、建材、化工、有色金属、造纸和纺织等高耗能行业煤炭消费 1.197×10^9 t，占到工业用煤的 36.7%。在行业的能源消费结构中煤炭占到不小的比重，尤其钢铁和建材行业的煤炭消耗比重均高于 70%。高耗能行业以煤为主的能源消费结构，还将继续给节能和环保带来技术和管理难题，行业自身生产力的发挥受节能减排的限制还面临着巨大的挑战。高耗能行业除了能源短缺、能效偏低以及环境污染等问题以外，还存在科学技术落后、生产安全、职工职业健康以及政策、法规、行业节能管理的缺陷等诸多的问题。同时，全球低碳发展的需求和国家对节能技术的引进、研发和推广的支持给高耗能行业的清洁高效发展带来了机遇和挑战。

高耗能行业由于工序复杂、物料繁多、能耗较大，现有多种节能技术已被广泛应用。节能技术可有效降低单位产品的能耗，提高能源加工转化效率，同时直接或间接地减少煤炭的消耗量。高耗能行业产品平均能效的国内外水平还有较大的差距，主要工业产品综合能耗相比国际先进水平平均高出了 30%，因此节能潜力还有很大的空间。"十一五"期间，我国单位国内生产总值（GDP）能耗下降了 19.1%，全国二氧化硫排放量减少了 14.29%，全国化学需氧量排放量减少了 12.45%，通过节能提高能效，少消耗能源 6.3×10^8 tce，减少二氧化碳排放 1.46×10^9 t，为应对全球气候变化做出了重要贡献。"十二五"期间，中国高耗能行业和重点耗能企业面临煤炭供应紧张、价格上涨、化石能源消耗比重进一步下调以及节能考核力度加大的压力，需完成的万元工业增加值能耗下降 18%~20%。而这一目标的完成，对全社会完成单位 GDP 能耗下降 16% 的节能目标，有着至关重要的影响。因此，推动高耗能行业煤炭利用过程中的节能是我国可持续发展战略的重大需求。

本书围绕我国石化、钢铁、建材、化工、有色金属、造纸、纺织等七个非煤、电耗能行业煤炭利用过程中的节能问题开展研究，突出了发展要以节能为本的重要理念，强调了煤炭利用过程中节能问题对高耗能行业的可持续发展的重要作用。书中系统地比较了国内煤炭利用过程中的技术同世界先进水平之间的差距，掌握当前中国高耗能行业煤炭利用技术水平；通过运用SWOT分析和全生命周期评价（LCA）对各行业煤炭利用过程进行全面分析，从市场需求、产业目标、技术壁垒和研发需求等方面绘制出各行业煤炭利用节能技术的时空路线图；指出了实现战略目标的途径，即树立节能为本的理念，明确煤炭利用中的节能思路，建立具有指导性和可操作性的节能规划，在梯级利用、科学用能原则指导下，对生产流程、企业用能系统，乃至跨行业的产业园区用能系统进行综合优化和科学管理，全面挖掘技术节能、结构节能以及管理等三方面的节能潜力，提升煤炭利用的总能效率；同时，提出了国内高耗能行业煤炭利用过程中节能技术的一些政策建议和保障措施。因此，本书可以作为我国节能及煤炭清洁高效利用技术战略发展和模式的一种参考。

本书提出，七大高耗能行业所消耗的煤炭约占工业用煤的1/3以上，其中石化、钢铁、建材和化工行业的煤炭消耗约占七大行业的90%，应成为重点节能对象；高耗能行业煤炭利用过程中的重点节能技术方向主要有以下几个方面：煤气化及煤-天然气共气化制备合成气技术、二次能源高效转换技术、高炉高效率喷煤及喷吹塑料技术、工业锅炉窑炉替代燃料混烧代煤技术。这些节能技术的普及和应用，将有效降低各高耗能行业产品单耗，直接或间接减少煤炭资源的消耗，为促进"十二五"的节能率目标做出重要贡献。高耗能行业的节能包括结构节能、技术节能和管理节能，在节能中除了技术节能以外，应认识到结构节能和管理节能贡献的重要性。

本书共分为7章，第1章介绍国内外重点高耗能行业的能源消耗情况、煤炭利用现状以及今后的发展趋势；第2章介绍了针对高耗能行业节能情况进行总体总结并归纳各行业重点节能环节及技术的应用状况，同时与国外先进技术进行了比较，并分析了差距存在的原因；第3章针对高耗能行业煤炭清洁高效利用所面临的挑战和机遇，分别从煤炭利用与经济发展可持续矛盾、煤炭利用能源效率与环境问题、煤炭利用中的安全和职业健康问题、煤炭利用中的人才和职工队伍素质约束、煤炭利用中存在的科学技术瓶颈和煤炭利用中的政策管理等方面进行论述。第4章通过运用SWOT分析和LCA分析法对各行业煤炭利用过程进行全面分析提出煤炭利用的总体原则、整体布局和战略目标；第5章里总结并提出了煤炭利用过程中的重点节能技术方向；第6章针对第5章所提出的重点节能技术进行节能潜力分析，并计算获得了节能贡献度；第7章从产业政策、金融财政、科技创新、人力资源及管理体制等方面，对高耗能行业煤炭清洁高效可持续发展的提出了几点保障措施和建议。

　　本书是《中国煤炭清洁高效可持续开发利用战略研究》丛书的第 10 卷，研究工作由清华大学、中国科学院广州能源研究所、华南理工大学、华东理工大学等单位共同完成。在此，谨对上述合作单位和人员一并表示衷心的感谢！

　　由于我们的知识范围和经验所限，书中难免存在疏漏和不妥之处，真诚地希望读者批评指正。

作　者

2013 年 12 月

目　　录

第1章 | 国内外重点高耗能行业能源结构和煤炭消费概况

中国的煤炭消耗量占到能源总消耗量的70%以上，这也是造成若干能源和环境问题的根本原因。重点高耗能行业，如石化、化工、有色金属、钢铁、建材、造纸和纺织等7个行业的煤炭消耗量在非煤、非电行业中所占比重非常大。这些行业的能源结构以煤炭为主，与发达国家的能源结构相比煤炭的比重偏高，并且平均能效与世界先进水平差距依然较大。由于化石能源越用越少、国家对污染物排放的要求越加严格，以及煤炭资源的价格不断上涨，在全球范围内清洁煤炭利用技术得到重视并发展。本章将介绍重点高耗能行业的能源消耗情况、煤炭利用现状及今后的发展趋势等内容。

1.1 重点高耗能行业能源结构

1.1.1 石化行业

石化行业既是国民经济各行业能源和基础原材料的供应大户，也是资源及能源的消耗大户。石化行业是对能源依赖度很高的行业，因为能源既是燃料、动力，又是原料，当作原料的能源占40%左右（不含原油加工）。

2011年，全国石化行业的煤炭消费总量约为3.43×10^9 t，其中石油加工、炼焦及核燃料加工业能源消耗量约为3.409×10^8 t，化学纤维制造业的能源消耗量为6.51×10^6 t，橡胶制品业能源消耗量为4.68×10^6 t，塑料制品业的能源消耗量为3.53×10^6 t。全行业煤炭消耗量占全国总煤炭消耗量的10.4%，占工业煤炭消耗量的10.9%。2005～2011年石化行业煤炭消耗量见表1-1。

表1-1 2005～2011年石化行业煤炭消耗量　　　　　（单位：10^4 t）

年份	总消耗量	工业	石油加工、炼焦及核燃料加工业	化学纤维制造业	橡胶制品业	塑料制品业
2005	231 851	215 493	19 753	813	443	280
2006	255 065	238 510	22 944	830	457	294
2007	272 746	256 203	25 000	887	457	286
2008	281 096	265 574	26 438	751	458	312
2009	295 833	279 889	27 205	733	454	367
2010	312 237	296 032	29 781	589	508	378
2011	342 950	326 230	34 087	651	468	353

资料来源：国家统计局．中国能源统计年鉴2006—2012．北京：中国统计出版社

2011 年石化行业终端能源消耗量（按能源种类分）见表 1-2。

表 1-2   2011 年石化行业终端能源消耗量　　　　（单位：10^4 tce）

行　业	终端消耗合计		煤炭	焦炭	电力	石油	气类	热力
	发电煤耗计算法	电热当量计算法						
工业合计	231 963	168 234	50 413	43 170	21 562	5 973	7 799	39 317
石油加工、炼焦及核燃料加工业	13 804	12 725	932	1 086	746	8 114	794	1 053
化学纤维制造业	1 511	886	208	3	396	38	7	234
橡胶制品业	1 520	823	275	5	441	33	18	51
塑料制品业	2 016	982	197	4	654	91	25	11
合计	18 851	15 417	1 612	1 098	2 238	8 276	844	1 349

注：tce 表示吨标准煤。

资料来源：国家统计局. 中国能源统计年鉴 2012. 北京：中国统计出版社

由图 1-1 可见石化行业能源消耗以石油为主，比例达到 54%，其次为电力和煤炭，分别占 15% 和 10%。

1.1.2   化工行业

我国化工行业的能源消耗量仅次于钢铁及建材行业的能源消耗量，在各行业部门中居第三位。2011 年化工行业能源总消耗量为 $2.733×10^8$ tce，占工业能源总消耗量的 16.1%。化工行业以煤炭、焦炭、石油和电力为主，2011 年四者占化工行业能源总消耗量的 80%，其中煤炭和焦炭消耗折标准煤占化工行业能源总消耗量的 40%，石油占化工行业能源总消耗量的 24%，电力和热力占化工行业能源总消耗量的 25%（图 1-2）。

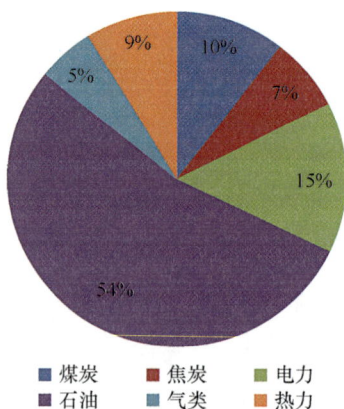

图 1-1   2011 年石化行业终端能源消耗比例

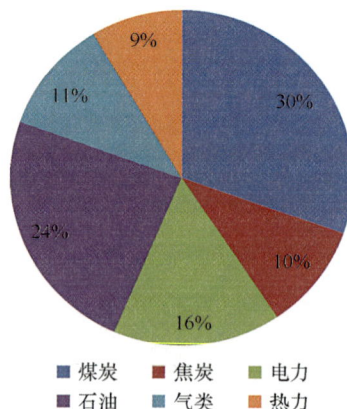

图 1-2   2011 年中国化工行业能源结构图
资料来源：国家统计局. 2012. 中国能源统计年鉴. 北京：中国统计出版社

图 1-3 和图 1-4 分别显示了英国和日本的化工行业能源消费结构图。由图可以看出，英国的化工行业的能源消费主要以天然气为主，比重约占 50%，而日本主要以石油为

主，占行业总能源消费的 79.5%。

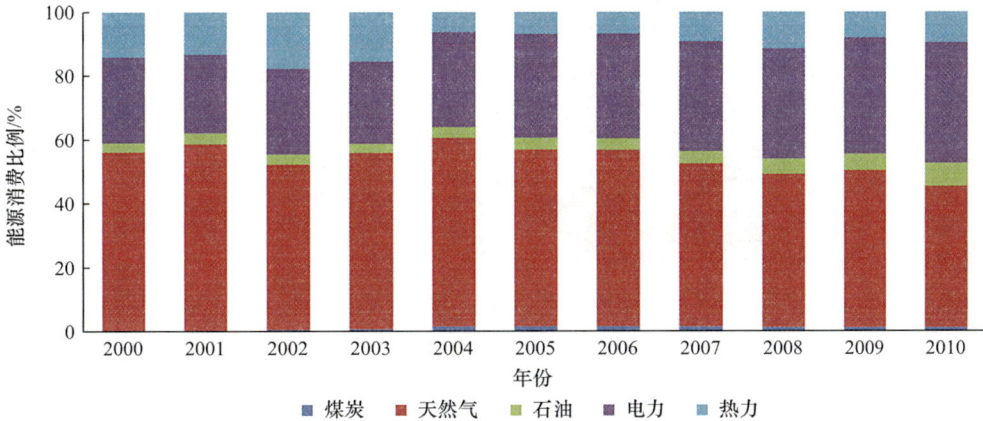

图 1-3　英国化工行业能源消费结构

资料来源：英国政府网. 2013. Statistics，Energy：chapter1 （DUKES）

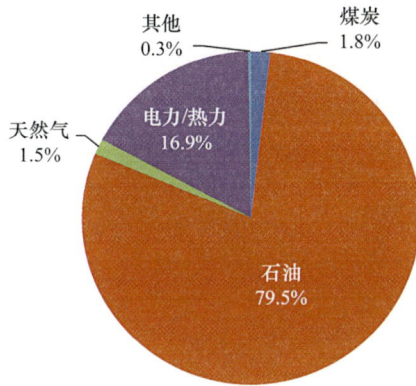

图 1-4　2010 年日本化工行业能源消费结构

资料来源：日本资源能源厅网站，2011

1.1.3　有色金属行业

有色金属行业既是国民经济的重要组成部分，又是现代工业体系的重要基础，产品广泛应用于电子信息、电力、交通运输、建材、军工、航空航天、机械设备等众多领域，具有极强的战略地位。新中国成立后，特别是改革开放以来，我国有色金属行业取得了辉煌成就，2009 年我国 10 种有色金属产量达到 2.649×10^7 t，是 1978 年的 27 倍，1978～2009 年年均增长率达 11.2%。截至 2009 年，我国 10 种有色金属总产量连续 8 年居世界第一位。图 1-5 给出了 2010 年中国主要铜生产企业产量。

有色金属行业属于典型的高耗能行业，在行业规模快速扩张的同时，有色金属行业所面临的能源问题日益突出。根据国家统计局和中国有色金属行业协会初步统计，2011 年我国有色金属行业消耗 7.029×10^7 tce，电力消耗 4.304×10^7 tce，有色金属行业能源消耗约占国内能源总消耗量的 2.1%。有色金属行业能源消耗主要集中在冶炼环节，约占产业能源总消耗量的 70%。按照 2008 年综合能耗指标和技术经济指标进行

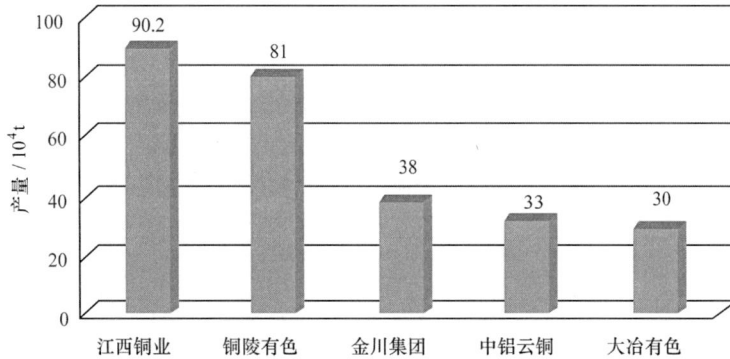

图 1-5　2010 年中国主要铜生产企业产量

测算，铝工业（电解铝、氧化铝及铝材）能源消耗量约占有色金属行业 60%，其中电解铝约占有色金属行业能源总消耗量的 30%，铜、铅锌冶炼能耗只占有色金属行业能源总消耗量 8.8% 左右，因此铝工业是有色金属行业节能工作的重点（表 1-3）。

表 1-3　有色金属行业能源消耗及电力消耗表

年份	2006	2007	2008
全国能源总消耗量/10^4tce	247 562	268 413	277 515
有色金属行业能源消耗量/10^4tce	8 862	10 868	11 288
全国电力总消耗量/(10^8kW·h)	28 588	32 712	34 541
有色金属行业电力总消耗量/(10^8kW·h)	1 830	2 398	2 511
电解铝电力消耗量/(10^8kW·h)	1 375	1 818	1 888
有色金属行业能耗占全国能耗比例/%	3.58	4.05	4.07
有色金属行业电耗占全国电耗比例/%	6.40	7.33	7.27
电解铝电耗占全国电耗比例/%	4.81	5.56	5.47
电解铝占全行业电力消耗比例/%	75.18	75.79	75.16

注：能源消耗量按发电煤耗计算。

1.1.4　钢铁行业

欧洲 OEC（organization for economic cooperation）和美国的钢铁行业能源消耗情况见表 1-4。2007 年的数据显示，欧洲 OEC 和美国的钢铁行业能耗占总能耗量的比重分别为 5.4% 和 1.9%。表 1-5 显示了日本钢铁行业在总能耗中的比重。1990～2010 年日本的钢铁行业能源消耗量占总能耗的比重为 10.7%～12.7%，占工业能耗的比重为 23.3%～26.3%。从钢铁行业能源结构来看，煤炭占 69.4%～71.2%，电力占 13.8%～15.3%（表 1-6）。

表 1-4　2007 年欧洲 OEC 和美国钢铁行业能源消耗比重

国家或地区	总能源消耗量/10^4 toe	钢铁行业	
		能源消耗量/10^4 toe	比重/%
欧洲 OEC	131 400	7 100	5.4
美国	160 000	3 100	1.9

注：toe 为吨油当量。

资料来源：国际能源署. IEA Energy Technology Perspectives. 2010

表1-5　日本钢铁行业能源消耗比重

年份	总能源消耗量/10^{16} J	工业能源消耗量/10^{16} J	钢铁行业能源消耗量/10^{16} J	占总能耗比重/%	占工业能耗比重/%
1990	1388.9	699.3	175.9	12.7	25.2
1995	1531.8	716.4	167.1	10.9	23.3
2000	1597.5	722.1	171.5	10.7	23.8
2005	1599.6	706.4	173.0	10.8	24.5
2010	1497.3	656.9	172.8	11.5	26.3

资料来源:日本资源能源厅. 能源统计数据. 2011

表1-6　日本钢铁行业能源消耗结构

年份	钢铁行业总能源消耗量/10^{16} J	煤炭		石油		天然气/城市燃气		电力		其他	
		消耗量/10^{16} J	比重/%	消耗量/10^{16} J	比重/%	消耗量/10^{16} J	比重/%	消耗量/10^{16} J	比重/%	消耗量/10^{16} J	比重/%
1990	175.9	124.8	70.9	11.9	6.8	3.4	1.9	26.5	15.1	9.3	5.3
1995	167.1	116.0	69.4	11.4	6.8	4.7	2.8	25.5	15.3	9.5	5.7
2000	171.5	120.2	70.1	10.0	5.8	5.4	3.1	25.3	14.8	10.6	6.2
2005	173.0	122.0	70.5	8.5	4.9	7.4	4.3	25.4	14.7	9.7	5.6
2010	172.7	122.9	71.2	7.1	4.1	9.0	5.2	23.8	13.8	9.9	5.7

资料来源:日本资源能源厅. 能源统计数据. 2011

表1-7所示为我国钢铁行业能源消耗状况。2000～2011年我国钢铁行业在总能耗中的比重从9.8%上升到15.8%。从能源消耗结构来看,主要以煤炭为主,近十年煤炭消耗比重为82.2%～85.5%（表1-8）。

表1-7　我国钢铁行业能源消耗比重

年份	总能源消耗量/10^4 kgce	钢铁行业	
		能源消耗量/10^4 kgce	比重/%
2000	139 445	13 724	9.8
2005	225 781	30 856	13.7
2010	307 987	47 339	15.4
2011	331 173	52 296	15.8

注:①钢铁行业能耗按黑色金属冶炼及压延加工业能耗计算;② kgce 为千克标煤。

资料来源:国家统计局. 中国能源统计年鉴2001—2012. 北京:中国统计出版社

表1-8　钢铁工业历年能源消耗量及结构

年份	钢铁行业总能源消耗量/10^4 tce	煤炭/焦炭		油品		气类		电力/热力	
		消耗量/10^4 tce	比重/%	消耗量/10^4 tce	比重/%	消耗量/10^4 tce	比重/%	消耗量/10^4 tce	比重/%
2000	13 724	11 278	82.2	584	4.3	23	0.2	1761	12.8
2005	30 856	26 384	85.5	148	0.5	142	0.5	3651	11.8
2010	47 339	40 288	85.1	269	0.6	270	0.6	6512	13.8
2011	52 296	44 288	84.7	263	0.5	377	0.7	7368	14.1

资料来源:国家统计局. 中国能源统计年鉴2001—2012. 北京:中国统计出版社

1.1.5 建材行业

表 1-9 显示了欧洲和美国建材行业的能源消耗情况。2007 年的数据显示，欧洲和美国的建材行业的能耗占总能耗的比重分别为 1.8% 和 0.7%。表 1-10 显示了日本1990～2010 年建材行业（窑业土石）能源消耗情况。1990～2010 年日本建材行业能源消耗量占总能耗的比重为 2.1%～3.4%，占工业能耗的比重为 4.7%～6.8%。从能源消耗结构来看，日本的建材行业能源消耗中煤炭的比重为 46.8%～59.1%，电力比重为 17.1%～25.3%（表 1-11）。

表 1-9 欧美建材行业能源消耗比重（2007 年数据）

国家或地区	总能源消耗量/10⁴toe	建材行业（水泥）	
		能源消耗量/10⁴toe	比重/%
欧洲	131 400	2 400	1.8
美国	160 000	1 100	0.7

资料来源：国际能源署．IEA Energy Technology Perspectives. 2010

表 1-10 日本建材行业（窑业土石）能耗占总能源消耗量的比重

年份	总能源消耗量/10¹⁶J	工业能源消耗量/10¹⁶J	建材行业能源消耗量/10¹⁶J	占总能耗比重/%	占工业能耗比重/%
1990	1388.9	699.3	46.7	3.4	6.7
1995	1531.8	716.4	48.6	3.2	6.8
2000	1597.5	722.1	39.1	2.4	5.4
2005	1599.6	706.4	35.2	2.2	5.0
2010	1497.3	656.9	30.8	2.1	4.7

资料来源：日本资源能源厅．能源统计数据．2011

表 1-11 日本建材行业（窑业土石）能源消耗结构

年份	建材行业总能源消耗量/10¹⁶J	煤炭		石油		天然气/燃气		电力		其他	
		消耗量/10¹⁶J	比重/%	消耗量/10¹⁶J	比重/%	消耗量/10¹⁶J	比重/%	消耗量/10¹⁶J	比重/%	消耗量/10¹⁶J	比重/%
1990	46.7	27.6	59.1	10.4	22.3	0.1	0.2	8.0	17.1	0.6	1.3
1995	48.6	27.3	56.2	11.9	24.5	0.13	0.3	8.5	17.5	0.8	1.6
2000	39.1	20.8	53.2	8.5	21.7	0.12	0.3	8.0	20.5	1.7	4.3
2005	35.2	18.2	51.7	7.6	21.6	0.12	0.3	7.8	22.2	1.5	4.3
2010	30.8	14.4	46.8	6.6	21.4	0.14	0.5	7.8	25.3	1.9	6.2

资料来源：日本资源能源厅．能源统计数据．2011

表 1-12 显示了我国建材行业能源消耗情况。2000～2011 年的数据显示建材行业在总能耗中的比重为 5.9%～7.4%。从能源消耗结构来看，煤炭消耗比重由 75.4% 降到了71.9%，而电力消耗由 10.9% 上升到 14.8%（表 1-13）。

表 1-12　我国建材行业能源消耗比重

年份	总能源消耗量/10^4tce	建材行业	
		能源消耗量/10^4tce	比重/%
2000	139 445	8 278	5.9
2005	225 781	15 739	6.9
2010	307 987	22 838	7.4
2011	331 173	24 616	7.4

注:建材行业能耗按非金属矿物制品业能耗计算。

资料来源:国家统计局. 中国能源统计年鉴 2001—2012

表 1-13　我国建材行业历年能源消耗总量及构成

年份	能源消耗总量/10^4tce	煤炭/焦炭		油品		气类		电力/热力	
		消费量/10^4tce	比重/%	消费量/10^4tce	比重/%	消费量/10^4tce	比重/%	消费量/10^4tce	比重/%
2000	8 278	6 240	75.4	1 057	12.8	33	0.4	902	10.9
2005	15 739	12 218	77.6	1 385	8.8	346	2.2	1 740	11.1
2010	22 838	16 525	72.4	2 695	11.8	563	2.5	3 055	13.4
2011	24 616	17 706	71.9	2 442	9.9	840	3.4	3 628	14.8

资料来源:国家统计局. 中国能源统计年鉴 2001—2012

1.1.6　造纸行业

(1)　美国制浆造纸行业能源结构概况

能源支出是美国造纸行业的一项重要支出,2006 年全行业约支出 75 亿美元用于采购燃料和电力。其中,47 亿美元用于购买燃料,28 亿美元采购电力。能源是运行成本的重要组成部分,相当于行业总原料成本的 20% 左右。在美国,造纸行业是耗能最大的行业之一,2006 年造纸行业采购燃料和电力消耗分别占全部制造业的 8% 和 9% 以上,而且,所采购的燃料还不到造纸厂实际消耗燃料的一半,因为更多的热能和电能是现场用废木材、树皮和黑液等产生的。典型的造纸厂需用电来带动电机、纸机传动、传送带、各种泵、照明和通风系统;燃料主要用于锅炉产生蒸汽,用于制浆、蒸发、造纸和其他工段。造纸行业中黑液是锅炉的主要燃料,其次是树皮、天然气,还有少部分煤,而在石灰窑中主要用天然气和油。1997 ~ 2006 年美国造纸行业平均自产电可以满足每年 40% 电力需求。

表 1-14 所示为 2002 年美国制浆造纸行业能源应用情况。2002 年美国制浆造纸行业共消耗 8.046 万 tce 的能量,占当年全美制造业消耗燃料的 14%。从表 1-14 可知,造纸行业两种副产物——黑液和树皮木材,可以提供 50% 以上的能源,这大大减少了对外购矿物燃料和电力的依赖。此外,天然气和煤是制浆造纸行业其他主要燃料。美国制浆造纸行业最终使用的能源类型以蒸汽为主,其次是电力。2002 年估计耗电 9.9×10^{10} kW·h(包括外购和自发电),其中,约 90% 的电力用在电机系统,约 8% 用于照明、加热、通风和空调

系统。在电机系统用电中，又以泵的用电为最高，约占电机用电 30% 以上，其次是材料加工和风机，各占 20% 左右。

表 1-14   2002 年美国制浆造纸工业能源应用情况   （单位：10^3 tce）

类别	总用能	黑液	天然气	木材树皮	煤	电	残油	馏出油	其他
浆厂	8.09	5.05	0.87	1.19	0.04	0.18	0.18	0.18	0.40
纸厂（新闻纸厂除外）	36.19	12.13	7.44	4.12	5.02	2.82	1.70	0.14	2.82
新闻纸厂	3.43	0.32	0.58	0.51	0.40	1.37	0.25	0	0
纸板厂	32.75	12.10	6.79	5.70	3.00	2.02	1.23	0.14	1.77
总计	80.46	29.60	15.68	11.52	8.46	6.39	3.36	0.46	4.99
比例/%	100	37	19	14	11	8	4	1	6

曾有学者对 2002 年制浆和造纸各主要工段耗能情况做过评估，认为制浆车间耗能最多的是蒸发工段，其次是蒸煮和制药，最少的是筛选/除渣；造纸车间耗能最大的是干燥部，约占造纸总能耗的三分之二，其次是湿部。不同制浆方法所需的能源形式不同，硫酸盐法制浆主要用蒸汽，在化学品回收时用直接燃料；而机械浆（如 thermo-mechanical pulp，TMP）主要用电力。据估计，每吨硫酸盐浆总能耗为 $1.055 \times 10^{10} \sim 1.266 \times 10^{10}$ J，机械浆则为 $1.06 \times 10^{10} \sim 1.16 \times 10^{10}$ J，废纸浆为 $1.06 \times 10^9 \sim 4.22 \times 10^9$ J。对于综合工厂来说，造纸吨纸能耗为 $6.33 \times 10^9 \sim 9.50 \times 10^9$ J，这取决于纸张的品种。

（2） 日本制浆造纸行业能源结构概况

2004 年，日本的一次能源供应量为 2.347×10^{19} J，同比增长 2.8%，其中，进口能量约占 83%。最终能源消耗量为 1.556×10^{19} J，同比减少 0.1%，其中制浆造纸行业的能源消耗量为 3.88×10^{17} J，同比减少了 6.7%，占能源消耗总量的 2.5%。制浆造纸业的能源消耗量位于化学工业、钢铁工业、烧窑土石业之后，居第 4 位。

2005 年日本制浆造纸行业的能源平衡情况如下：燃料 4.863×10^{17} J，购入电能 2.852×10^{16} J，购入蒸汽 3.898×10^{15} J，合计消耗 5.187×10^{17} J。燃料消耗中 4.681×10^{17} J 投入到锅炉，转换成 2.349×10^{17} J 的蒸汽和 8.697×10^{16} J 的电力，锅炉的能量转换效率约达到 69%。制浆造纸行业因为同时使用蒸汽和电力，所以热电联产很发达，转换效率高。制浆过程电力和蒸汽消耗量占总消耗量（含购入的电力和蒸汽在内）的 30%，造纸过程占 70%（其中纸的消耗量约占 49%，纸板约占 21%）。

2005 年，日本制浆造纸行业的能源结构中，黑液占 31.9%，重油占 26.5%，煤占 24.5%，如果再加上 5.5% 的购入电能，这 4 种能源大约达到 90%（表 1-15）。

表 1-15   制浆造纸行业能源构成

能源种类	各种能源的能量及其所占比例		
	能量/10^{12} J	能量/10^3 tce	所占比例/%
重油	137 574	4.71	26.5
挥发油、低沸点油、轻油	4 382	0.15	0.8
石油液化气	1 497	0.05	0.3

能源种类	各种能源的能量及其所占比例		
	能量/10^{12}J	能量/10^3tce	所占比例/%
石油、焦炭	7 157	0.24	1.4
石油类燃料合计	150 610	5.15	29
煤炭	126 963	4.34	24.5
城市煤气、天然气	26 992	0.92	5.2
其他燃料合计	153 955	5.26	29.7
购入电能	28 519	0.98	5.5
购入蒸汽	3 898	0.13	0.8
二次能源合计	32 417	1.11	6.3
回收黑液	165 252	5.66	31.9
废材	14 735	0.50	2.8
废油	1 765	0.06	0.3
可以再生废弃物能源合计	181 752	6.22	35
总计	518 734	17.74	100

从能源结构的变化来看，石油危机以后，因能源安全问题和成本方面的原因，日本制浆造纸行业的能源构成比例发生了变化，重油和煤发生了转换（图1-6）。

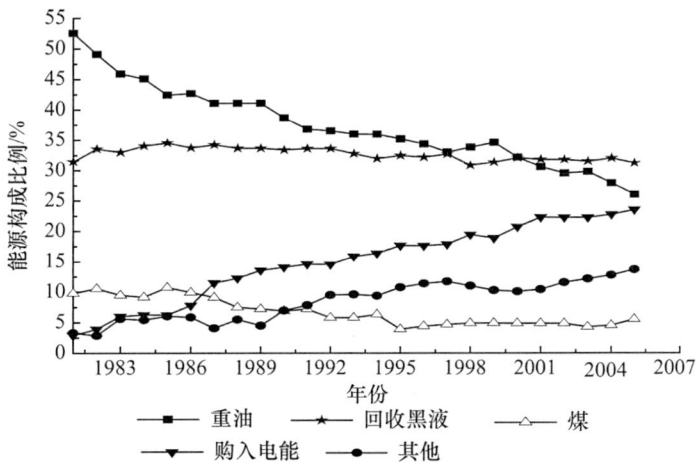

图 1-6　制浆造纸行业能源构成比例的变化（以热量为基础）

从结构上看，制浆造纸行业自发电是有利的，所以，从1985年开始，在日元不断升值的同时，制浆造纸行业的自发电水平也得到了发展，从实质上看，日本制浆造纸行业的自发电水平已经达到了制造业的最高水平。

（3）CEPI 成员国制浆造纸行业能源结构概况

欧洲纸业联合会（The Confederation of European Paper Industries，CEPI）于1992年创立，是由巴黎的欧洲纸业研究院与布鲁塞尔的欧洲纸浆、纸张及纸板行业联合会合并而来，主要为推动和加强欧洲各研究机构之间的交流与合作。CEPI 自成立至今已促成多项影响整个欧洲地区造纸行业发展的重大决策，旨在开展成员国之间的活动，记录成员国造纸工业发展成绩和发展趋势，监督和分析成员国造纸工业对环境产生的影响、能源利用情况、废纸回收利用情况、行业所直接提供给社会的岗位情况等。

2005～2008 年，CEPI 成员国造纸产业能源利用情况如表 1-16 所示。

表 1-16　2005～2008 年 CEPI 成员国主要能源和电能消耗量情况

能源种类	2005 年	2006 年	2007 年	2008 年	占总量的比例/%	与 2007 年相比，2008 年变化比例/%
燃料消耗/ TJ	1 278 757	1 340 213	1 337 324	1 269 010	100	−5.11
汽油/ TJ	494 940	496 573	501 374	482 730	38.04	−3.72
燃料油/ TJ	70 405	71 555	60 253	51 043	4.02	−15.29
煤/TJ	48 314	59 452	55 089	48 659	3.83	−11.67
其他燃料油/TJ	19 714	24 347	20 281	14 542	1.15	−28.30
生物质/TJ	636 682	680 100	691 244	665 825	52.47	−3.68
其他/TJ	8 702	8 186	9 083	6 211	0.49	−31.62
净外购电能/TJ	238 259	256 010	242 449	227 416	—	−6.20
主要能源消耗总量/TJ	1 517 016	1 596 223	1 579 773	1 496 426	—	−5.28
生物质占总燃料消耗的比例/%	49.79	50.75	51.69	52.47	52.47	1.51
自产电能量/(10^4kW·h)	4 959.1	5 237	5 422.3	5 323.6	45.8	−1.82
外购电能/(10^4kW·h)	7 568.6	8 077.4	7 657.4	7 183	61.8	−6.20
销售电能量/(10^4kW·h)	−950.3	−966	−922.7	−865.9	7.5	−6.16
总电能消耗量/(10^4kW·h)	11 583.8	12 350.2	12 128	11 621.8	100	−4.17

注：1TJ = $1×10^{12}$J。

（4）德国制浆造纸行业能源结构概况

德国制浆造纸行业的能耗及能源结构如表 1-17 所示。

表 1-17　德国制浆造纸行业能源消耗及能源结构

能源种类	单位	2000 年	2001 年	2002 年	2003 年	2004 年	2005 年	2006 年	2006 年比例/%
电	MJ	56 344	55 048	56 448	57 481	58 608	60 120	61 758	29.3
	tce	1 930	1 880	1 930	1 970	2 010	2 060	2 110	
煤	MJ	25 186	21 564	20 437	17 604	14 123	13 392	13 680	6.5
	tce	860	740	700	600	480	460	470	
燃油	MJ	4 612	4 284	5 108	1 937	1 526	1 512	1 530	0.7
	tce	160	150	170	70	50	50	50	
天然气	MJ	79 603	78 872	76 522	85 241	83 156	84 600	88 200	41.8
	tce	2 720	2 700	2 620	2 920	2 850	2 900	3 020	

续表

能源种类	单位	2000 年	2001 年	2002 年	2003 年	2004 年	2005 年	2006 年	2006 年比例/%
其他	MJ	29 030	28 444	36 101	33 455	38 437	43 924	45742	21.7
	tce	990	970	1 240	1 140	1 320	1 500	1 570	
能耗	MJ/t	9 814	9 641	9 659	9 162	8 773	8 575	8 536	—
	tce/t	0.34	0.33	0.33	0.31	0.30	0.29	0.29	
CO_2 排放量	t	0.835	0.823	0.814	0.749	0.726	0.690	0.684	—

（5）中国

2004～2009 年我国造纸及纸制品业的分能源消耗量如表 1-18 所示。表中各分能源所占比例均按国家标准折算为标准煤来进行计算，其中电力消耗量按当量值 0.1299 kgce/（kW·h）计算，天然气消耗量按油田天然气 1.33 kgce/m^3 进行计算。

表 1-18　2004～2009 年中国造纸及纸制品业分能源消耗量

年份		2004	2005	2006	2007	2008	2009
能源消耗总量/10^4 tce		30 813 500	32 741 300	34 436 800	33 426 800	39 986 500	41 010 000
煤炭	消耗量/10^4 t	27 139 300	30 278 700	33 326 900	33 792 300	38 580 500	40 062 800
	比重/%	80.2	82.3	80.4	80.8	81.5	82.3
焦炭	消耗量/10^4 t	68 100	40 900	42 900	47 200	56 600	43 500
	比重/%	0.1	0.1	0.1	0.1	0.1	0.2
原油	消耗量/10^4 t	3 800	5 100	5 000	5 200	6 000	3 600
	比重/%	0.02	0.02	0.02	0.02	0.02	0.02
汽油	消耗量/10^4 t	88 800	84 200	85 600	104 900	119 600	128 300
	比重/%	0.5	0.4	0.5	0.4	0.4	0.4
煤油	消耗量/10^4 t	9 100	9 100	8 100	7 600	9 100	4 100
	比重/%	0.02	0.03	0.03	0.03	0.04	0.04
柴油	消耗量/10^4 t	257 000	266 000	257 600	224 500	363 200	309 200
	比重/%	1.3	1.3	1.0	1.1	1.2	1.2
燃料油	消耗量/10^4 t	268 500	286 000	320 200	322 500	239 100	195 800
	比重/%	0.8	0.9	1.4	1.3	1.3	1.2
天然气	消耗量/10^4 m^3	3 700	5 400	6 400	7 400	11 100	10 600
	比重/%	0.4	0.4	0.3	0.3	0.2	0.2
电力	消耗量/（10^4 kW·h）	3 593 300	4 067 600	4 473 000	4 423 500	4 717 900	4 827 300
	比重/%	16.6	14.5	16.3	15.9	15.3	14.3

注：能源统计按发电煤耗计算。

资料来源：国家统计局．中国统计年鉴 2006—2009

随着社会需求的增多，我国造纸产量不断增加的同时，造纸行业的能源消耗量也不断攀升。图 1-7 所示为能源消耗量随年份的变化趋势。

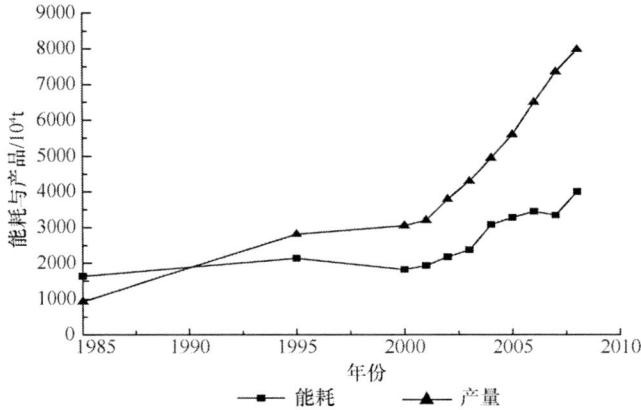

图 1-7　我国纸和纸板的综合能耗

1.1.7　纺织行业

（1）英国纺织行业能源消耗

据英国国家统计局网站显示，2009 年，英国工业能源总消耗量为 $3.817×10^7$ tce，占总能源消耗量的 20%。英国工业能源消耗主要种类及其比例分别为：天然气，约占 37%；电能，约占 32%；石油，约占 20%。其中包括原煤、焦炭等在内的固体能源仅占 8%。英国纺织行业能源消耗总量如图 1-8 所示。

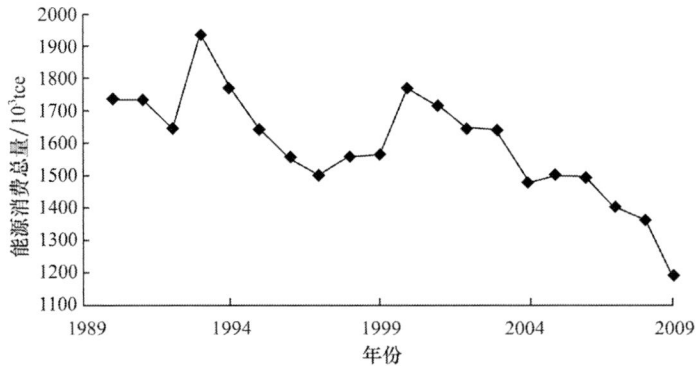

图 1-8　英国纺织行业能源消耗总量

英国纺织行业能源消耗量呈不断下降趋势，2009 年行业能源消耗总量为 $1.189×10^6$ tce。2007 年英国纺织行业能源消耗结构情况如表 1-19 所示。

表 1-19　2007 年英国纺织行业能源消耗详表　（单位：10^3 tce）

类别	煤炭	汽油	燃料油	天然气	电能	合计
毛纺型纤维制备	—	—	—	38.48	23.68	62.16
精纺毛纱型纤维制备	—	1.48	—	14.8	10.36	26.64

类别	煤炭	汽油	燃料油	天然气	电能	合计
棉纺	76.96	—	1.48	1.48	5.92	85.84
毛纺	—	—	—	8.88	5.92	14.8
精纱纺	—	4.44	1.48	0	1.48	7.4
丝纺	—	—	—	47.36	35.52	82.88
其他纺织	—	—	—	—	1.48	1.48
纺织后整理	—	45.88	—	207.2	32.56	285.64
纺织品制造(除服装)	—	7.4	2.96	81.4	57.72	149.48
地毯制造	—	16.28	4.44	81.4	50.32	152.44
非织布及其产品(除服装)	—	—	—	76.96	34.04	111
其他纺织品制造	—	20.72	2.96	56.24	71.04	150.96
针织及钩织编织物	—	—	—	42.92	11.84	54.76
针织及钩织袜	—	—	—	4.44	4.44	8.88
针织及钩织头衫、开襟衫及其他类似品	—	22.2	1.48	19.24	8.88	51.8
工作服的制造	—	—	—	5.92	5.92	11.84
其他外套制造	—	—	0	10.36	16.28	26.64
内衣制造	—	5.92	0	37	5.92	48.84
其他服装和配件的制作	—	37	—	45.88	11.84	94.72
皮革修整	—	—	—	7.4	13.32	20.72
合计	76.96	161.32	14.8	787.36	408.48	1448.92

2007 年和 2008 年英国纺织行业能源消耗结构对比如图 1-9 所示。

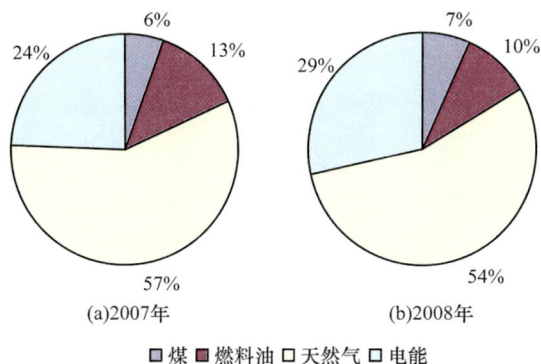

(a)2007年　　　　　(b)2008年

■煤　■燃料油　□天然气　□电能

图 1-9　2007 年和 2008 年英国纺织行业能源消耗结构对比

英国能源消耗结构表现为以天然气和石油为主，煤炭使用极少，2009 年工业能耗中煤炭所占比重仅为 8%，纺织行业呈相同趋势，2007 年英国纺织行业能源消耗总量为 1.452×10^7 tce。其中天然气所占比重最大为 57%，其次为电能为 24%，而煤炭仅占

6%，并且具体统计数据表明英国纺织行业中只有棉纺过程消耗了部分煤炭，其他工艺均无煤炭消耗。同时对比 2008 年该国纺织行业能源消耗总量降低为 9.56×10^5 t（石油）。其中煤炭和电能消耗有所上升，天然气和燃料油的消耗略微下降，但总体用能结构并没有改变。具体表现为英国纺织行业主要能源消耗为天然气，占 50% 以上，其次为电能，约占 30%，其余为煤炭和燃料油的消耗。

（2）德国纺织行业能源消耗

据德国联邦统计网站显示，2009 年德国工业能源消耗量为 1.267×10^8 tce。工业能源消耗主要种类及其比例分别为：天然气，约占 36%；电能，约占 30%；原煤，约占 22%；剩下比例为石油、可再生能源等。其中，德国纺织行业能源消耗总量如图 1-10 所示。

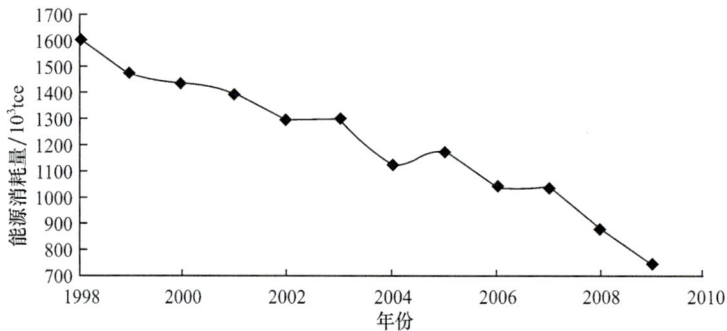

图 1-10   德国纺织行业能源消耗总量

德国纺织行业能源消耗呈不断下降趋势，从 1998 年的 1.6×10^6 tce 下降到 2009 年的 7.5×10^5 tce。Clara Inés Pardo Martínez 研究表明，德国纺织行业能源消耗主要是天然气，能源消耗结构情况如图 1-11 所示。

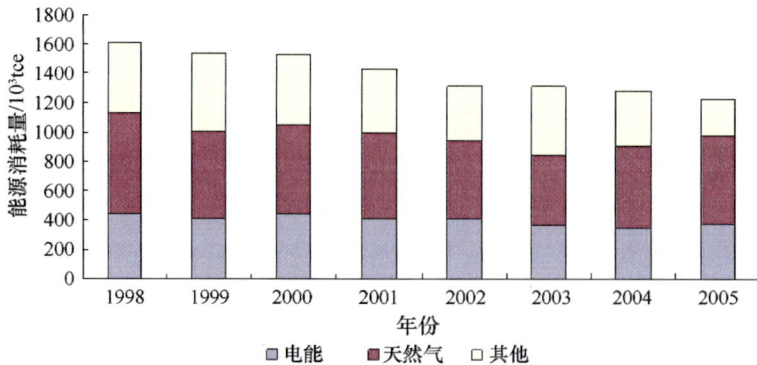

图 1-11   德国纺织行业能源消耗结构

德国能源消耗结构表现为以天然气、电能和煤炭为主，2009 年工业能耗中三者所占比重约为 87%，但在纺织行业中，从能源消耗结构图（图 1-11）看出其主要以天然气和电能为主，其他的包括石油、煤炭和采油。其中天然气消耗比例逐年上升，从 1998 年到 2005 年增加了 7%，电能消耗呈下降趋势，但变化不大，石油、煤炭和采油等其他能源消耗逐年减少。纵观能源消耗结构可知纺织行业能源消耗逐步变为以天然气为主，所占比例达到 45% 以上，其次为电能，占 20% 左右。虽然德国纺织行业天然气需求量呈上升趋势，但包括石油、煤炭和柴油在内的其他能源消耗急速下降，所以纺织行业总体能源消耗呈下降趋势，特别到 2009 年仅为 744tce，为 1998 年能源消耗总量的 46%。

（3）欧洲其他主要国家纺织行业能源消耗

由图 1-12 和表 1-20 可知，欧洲纺织行业主要能源消耗为天然气和电能。煤炭消耗所占比例极少。2007 年欧洲主要纺织大国意大利和土耳其纺织行业能源消耗总量分别为 2.786×10^6 tce 和 2.234×10^6 tce。其中意大利能源消耗主要为天然气，约占 50%，电能约占 37%；土耳其能源消耗主要为电能，约占 75%。其他欧洲主要纺织大国能源消耗结构也表现为天然气和电能为主要构成部分，包括石油产品、生物质等在内的其他能源消耗作为补充，煤炭消耗在纺织行业很少。

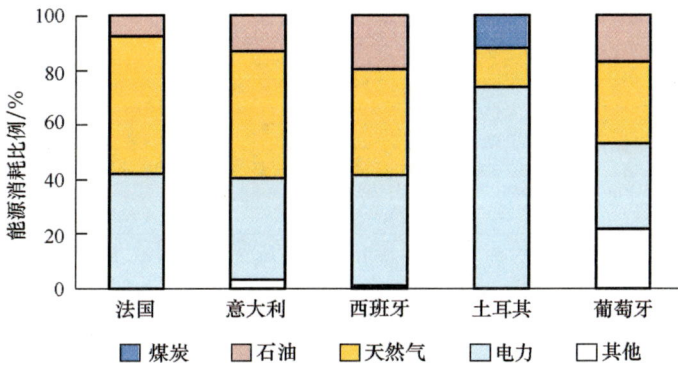

图 1-12　2007 年欧洲其他主要国家纺织行业能源消耗结构

表 1-20　2007 年欧洲其他主要国家纺织行业能源消耗详表　（单位：10^4 tce）

国家	总能源消耗	煤	石油产品	天然气	电能	其他
法国	66.42	—	5.0	33.57	27.85	—
意大利	278.57	—	36.57	129.43	103.72	8.85
西班牙	93.71	—	18.43	36.29	38.14	0.85
土耳其	223.41	26.28	—	31.85	165.28	—
葡萄牙	65.85	—	11.0	19.85	20.85	14.15

（4）中国纺织行业能源消耗

2004~2009 年中国纺织业的分能源消耗量如表 1-21 和表 1-22 所示。表中各分能源消耗所占比例均按国家标准折算为标准煤来进行计算，其中电力消耗量按当量值 0.1299 kgce/（kW·h）计算，天然气消耗量按油田天然气 1.33 kgce/m³ 进行计算。图 1-13 所示为能源消耗量随年份的变化趋势。显然中国纺织行业的能源消耗结构以煤电为主，这与纺织行业需要消耗大量蒸汽有关。

表 1-21　2004～2009 年中国纺织行业能耗状况（不包括化纤）

年份		2004	2005	2006	2007	2008	2009
能源消耗总量/10⁴tce		4 550.25	4 978.35	5 756.49	6 207.57	6 396.38	7 348.57
煤炭	消耗量/10⁴t	1 991.36	2 141.14	2 301.45	2 392.78	2 529.12	2 744.19
	比重/%	31.26	30.72	28.56	27.53	28.24	26.51
电力	消耗量/(10⁴kW·h)	7 193 200	8 216 100	10 311 500	11 415 800	11 263 800	13 584 900
	比重/%	51.69	53.97	58.57	60.14	57.58	60.44
其他	消耗量/10⁴tce	775.64	762.28	740.7	765.44	906.57	958.2
	比重/%	17.05	15.31	12.87	12.33	14.17	13.04

资料来源：国家统计局．中国能源统计年鉴 2006—2010

表 1-22　2004～2009 年中国化纤行业能耗状况

年份		2004	2005	2006	2007	2008	2009
能源消耗总量/10⁴tce		1 303.03	1 342	1 423.97	1 553.97	1 448.58	1 436.85
煤炭	消耗量/10⁴t	778.88	760.15	766.83	830.3	751.47	738.36
	比重/%	42.7	40.46	38.47	38.17	37.06	36.48
电力	消耗量/(10⁴kW·h)	2 253 300	2 326 500	2 445 500	2 811 600	2 642 800	2 693 300
	比重/%	56.55	56.69	56.16	59.16	59.66	61.29
其他	消耗量/10⁴tce	9.85	38.26	76.54	41.51	47.61	31.88
	比重/%	0.76	2.85	5.38	2.67	3.29	2.23

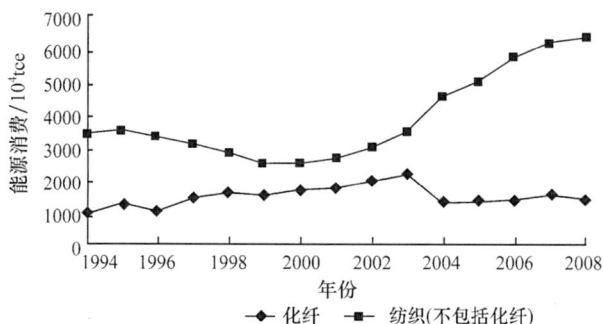

图 1-13　我国纺织行业能耗的变化趋势

1.2　重点高耗能行业煤炭利用现状及发展趋势

1.2.1　石化行业

石化行业是对能源依赖度很高的行业。煤炭作为一种重要能源，不仅为石化行业提供了燃料和动力，而且伴随着石化行业对氢源需求的持续增加，煤炭也成为石化行业的重要原料。截至 2010 年，石化全行业能源消耗比例中煤炭占 17%。目前，石化行业煤炭的主要利用方式为燃煤锅炉用煤，为石油炼制及石化产品的生产提供燃料和动力。在中远期将增加"煤制氢"和"煤-天然气共气化"等利用方式。

对于煤制氢，在国外，由于受天然气、石油开采业良好发展势头的冲击，石化行业煤气化制氢在国外的应用与发展曾一度趋于停止。近年来，由于油气资源渐趋枯竭，对污染物排放的要求越加严格，以及洁净煤技术潮流在全球范围内兴起，煤气化制氢技术在国外的发展又开始复苏，国际上面向大规模高效煤制氢的研究工作已经开始部署，如美国"前景21"（Vision 21）计划，其制氢的基本思路是通过燃料氧吹气化，经净化、变换、分离，以达到煤制氢效率75%的目标，其中的重大关键技术包括适应各种燃料的新型气化技术，高效分离 O_2 与 N_2、CO_2 与氢的膜技术等。日本也制定了基于超临界、湿法加料的 HyPr-RING 的实验研究和开发计划，取得了重要的试验研究结果，并进行了初步的系统分析。在国内，金陵石化、茂名石化、神华集团等企业都相继有煤制氢装置投入生产。此外2010年九江石化也启动了煤制氢项目，该项目投用后，将为该厂炼油系统提供 $1×10^5$ m^3（标准）/h 的优质氢源，不仅可优化产业链，而且可为提高炼油加工量提供保障，为九江石化实现千万吨级炼油基地的目标奠定基础。

对于"煤-天然气共气化"技术，由于结合了煤富碳的特性以及天然气富氢的特性，将二者共气化可实现碳氢比的灵活调整，具有操作灵活、能耗较低的优点，但目前尚处于小试阶段，预期是未来石化行业煤炭利用的方向之一。

在国内，2011年1月17日，茂名石化 $2×10^7$ t 炼油改扩建工程配套项目——$2×10^5$ m^3（标准）/h 煤制氢装置工艺设计开工。据了解，这套煤制氢装置是国内目前单产能力最大的制氢装置。它采用美国通用电气能源集团的气化工艺，将煤炭或焦炭原料转化为粗合成气，再生产氢气。这是目前世界上最成熟的煤气化技术之一，已在中国石化所属金陵石化、齐鲁石化、南化公司应用。与传统干气制氢工艺相比，水煤浆制氢可节约成本 20%～25%。此外，中国神华煤制油有限公司正在建设年产 $1×10^6$ t 油品的煤直接液化项目，煤制氢装置是该项目的重要组成部分，为直接液化项目的煤液化单元和液化油加氢改质单元提供氢气原料。

神华煤制氢装置能力为日产氢气 626 t，氢气纯度为 99.5%，与之配套的空分装置制氧能力为 $1×10^5$ m^3（标准）/h。装置已开工建设。神华煤制氢装置分为两个系列，具有完全相同的制氢设计能力，均为日产氢气 313t，装置平行布置。空分装置亦由两条生产线组成，与两个系列的煤制氢装置相匹配，单条生产线制氧能力为 $5×10^4$ m^3（标准）/h。金陵水煤浆装置是中石化四大煤制氢改造工程之一，装置以粉煤和金陵分公司炼厂副产石油焦为气化原料，合理利用了高硫焦资源，同时，每年向炼油装置提供氢气 $3×10^4$ t，其成本仅为用油制取氢气的1/3，既增强了金陵石化公司加工含硫原油的能力和生产优质燃料油的能力，又实现了调整产品结构，整体优化化肥-炼油资源的目的。

1.2.2　化工行业

以煤炭为原料的相关化工产业被统称为煤化工，具体是指煤炭经过化学加工处理转化为洁净能源、化工产品和材料的过程。煤化工工艺包括煤的低温干馏、高温干馏（炼焦）、煤的气化、煤的直接液化和间接液化，以及电石乙炔化学品、甲醇及其衍生煤基化学品生产等。其中煤焦化、煤合成氨属于传统煤化工，而目前所热议的煤化工实际上是狭义的煤化工，主要是指煤制油、煤制醇醚和煤制烯烃等新型煤化工。

对于煤化工企业而言，煤炭既是燃料又是原料，煤化工企业是众多化工企业中的能源消费大户。目前我国煤化工新技术引进多、发展速度快，但对新技术消化需要时间，导致采用新技术的企业能源利用率较低、能源消耗大。对于成熟的煤化工装置，我国能源消耗与世界先进水平也存在很大差距。以合成氨为例，我国引进煤化工装置的吨氨能耗为 53 ~ 54 GJ，而世界先进水平为 46 ~ 49 GJ，折算标准煤为 1570 ~ 1670 kgce。目前，国内平均吨氨能耗为 2000 kg，比国内引进煤化工装置的吨氨能耗高 150 kgce，比世界先进水平吨氨能耗高 330 ~ 430 kgce。如果能源消耗高，不但造成不必要的浪费，而且会增加企业的制造成本，使企业发展失去竞争力和生存空间，化工企业节能就是在满足相同需求或达到相同生产条件下减少能源消耗。因此，节能降耗势在必行。

表 1-23 中产品 1 ~ 3 能耗取自有关炼焦、合成氨的产品能源消耗限额；产品 4 能耗由美国橡树岭国家实验室（Oak Ridge National Laboratory，RONL）陶瓷无机膜技术的煤制氢效率推算；产品 5、6 能耗取自上海焦化有限公司实际运行积累数据；产品 7 能耗取自有关煤化工产品能耗数据；产品 8 能耗取自中石化合成气一步法生产二甲醚工艺消耗定额，合成气能耗按上海焦化煤制合成气能耗折算；产品 9 ~ 13 能耗取自煤化工产品能耗；产品 14 ~ 17 能耗取自 IGCC 发电能耗，由美国能源技术实验室 500MW 规模发电效率推算得到。产品 18 取自石洞口二厂超临界粉煤发电煤耗 310g/(kW·h) 推算。表中列出的产品能耗与统计意义上的产品能耗有所区别，这里是指产品生产过程中投入到产品生产中的能源耗用量，其值扣除了生产过程中已回收并得到利用的能源，但包含产品自身的热熔值。

表 1-23　部分煤制品能耗及利用率情况

序号	生产工艺路线	产品	产品能耗 /(GJ/t)	产品热值 /(GJ/t)	能源损耗 /(GJ/t)	产品能源利用率/%
1	机械焦炉	焦炭（180 kgce/t）	33.74	28.46	5.27	84.37
2		焦炭（155 kgce/t）	33.0	28.46	4.54	86.24
3	传统煤焦制氨	合成氨（2.20 tce/t）	64.46	19.16	45.30	29.72
4	高温脱硫陶瓷膜分离变换	煤制氢（90% H₂）	70.48	41.87	28.62	59.40
5	上海焦化有限公司水煤浆气化为龙头	CO+H₂	42.16	23.03	19.13	54.62
6		甲醇	48.9	22.66	26.24	46.34
7	甲醇脱水	二甲醚	63	28.41	34.59	45.10
8	一步法	二甲醚	60	28.41	31.59	47.35
9	F-T 合成	柴油	118	42.69	75.31	36.18
10	直接液化	柴油	111	42.69	68.31	38.46
11	甲醇制汽油（MTG）	汽油	150	43.1	106.9	28.73
12	甲醇制烯烃（MTO）	乙烯	150	47.27	102.73	31.51
13	甲醇制丙烯（MTP）	丙烯	150	45.89	104.11	30.59
14	IGCC（GE 气化）	电力	9.42	3.60	5.82	38.20
15	IGCC（GE 气化）	电力	8.76	3.60	5.16	41.10
16	IGCC（GE 气化）	电力	11.08	3.60	7.48	32.50
17	IGCC（GE 气化）	电力	11.25	3.60	7.65	32.00
18	石洞口二厂 6×10⁵ kW 超临界	电力	9.08	3.60	5.48	39.63

注：1 Gt = 1×10⁹ t。

各项产品热值取自于国家统计局能源目录参照热值,未列入国家统计局能源目录的产品以产品低位发热量为准。各类产品能源损耗为产品投入能源消耗扣除产品自身的热值,为产品生产过程中的真实消耗。产品能源利用率为产品自身获得的能量(热值)占投入能源的百分比。

1.2.3　有色金属行业

近年来,我国有色金属企业的节能降耗取得了较大的成绩(表 1-24),2010 年铜冶炼、氧化铝、铝锭和铅冶炼的综合能耗分别比 2000 年降低了 72.8%、58.1%、9.5% 和 47.9%。但与国际先进水平相比仍有一定差距,如铜闪速炉冶炼平均单耗比国际先进水平要高出近 20%,密闭鼓风炉炼锌的平均能耗比国际先进水平高 33.4%,铅冶炼的平均能耗比国际先进水平高 84.2%。

表 1-24　2000~2010 年主要有色金属能耗指标

年份		2000	2001	2002	2003	2004	2005	2006	2007	2008	2009	2010
铜冶炼综合能耗/(kgce/t)		1 277	1 080	1 016	957	1 056	733	595	486	444	366	347
氧化铝综合能耗/(kgce/t)		1 212	1 180	1 155	1 109	1 023	998	803	868	794	657	508
铝锭综合交流电耗(kW·h/t)		15 480	15 470	15 362	15 026	14 795	14 575	14 697	14 441	14 283	14 171	14 013
铅冶炼综合能耗/(kgce/t)		721	685	607	607	633	655	542	551	463	459	376
锌冶炼综合能耗/(kgce/t)	电解锌	2 307	2 050	1 888	1 890	2 013	1 953	1 248	1 063	1 028	922	—
	精锌	2 234	2 223	—	—	2 397	—	2 024	1 888	1 793		
锡冶炼综合能耗/(kgce/t)		2 680	2 489	2 156	2 510	2 531	2 445	2 381	1 813	1 655	1 508	
锑冶炼综合能耗/(kgce/t)		3 922	2 295	1 200	2 210	2 139	1 646	2 072	2 080	2 022	823	
电镍综合能耗/(kgce/t)		5 582	5 302	—	—	4 056	—	3 275	3 581	—	—	

资料来源:2000~2005 年数据来自《2007 中国行业年度报告系列之有色金属》和《中国有色金属工业年鉴 2010》;2006 年数据来自《2007 年中国有色金属工业发展报告》;2008 和 2009 年数据来自《中国有色金属工业年鉴 2010》;2010 年数据来自工信部《有色金属工业"十二五"发展规划》

1.2.4　钢铁行业

(1) 国外钢铁行业煤炭利用现状及发展趋势

2007 年美国吨钢平均能耗为 21 GJ(约合 716 kgce/t),2010 年降低到 17.4 GJ(约合 594 kgce)。其能耗的降低主要是钢铁行业结构变化和节能减排的结果。主要技术措施有:淘汰效率低的老旧设备,使用喷煤技术减少焦炭用量,使得大多数钢厂关闭其炼焦炉,转而进口焦炭,以减少煤炭消耗;对高炉进行技术改进,增加了顶压发电,提高了煤气回收利用率,利用煤炭燃烧,配合使用预热废铁的电炉熔炼,为电炉提供热铁水;采取热装热送、直接熔炼、薄板带坯连铸连轧等,尽量减少工序转换过程中的能源消耗;在各个加工过程中使用传感器,改进生产效率,扩大了产量,降低了生产成本,从而保证了美国钢铁行业在世界上的竞争优势。

德国非常重视钢铁行业的可持续发展,在煤炭利用及节能减排方面采取了相关措施,并取得了很好的效果。如开发新的制造设备,提高劳动生产率和成材率及连续化、自动化水平；开发新工艺，简化或缩短生产流程；回收利用副产品，如焦炉煤气、高炉煤气、转炉煤气；节能，控制二氧化碳排放量；废钢循环使用等。1995 年承诺减少 16%~17% 二氧化碳的排放量，到 2005 年已经实现了这一目标。德国钢铁行业 2004 年吨钢平均能耗为 18GJ（约合 615 kgce），吨钢二氧化碳排放量约为 1.3 t。

日本是个能源极度匮乏的国家，煤炭资源全部依靠进口。日本的吨钢能耗多年来一直处于世界领先的地位，其能源费用占生产成本的比重逐年下降，使其产品在国际市场上具有较强的竞争力。日本钢铁联盟 1996 年推行了一项环保自愿行动的计划，该计划的目标是 2010 年的能源消耗比 1990 年减小 10%。日本在节能方面采取的措施及取得成绩如下：

1）淘汰落后设备节能。淘汰落后产能不仅有利于集约化生产节能，还有利于精简机构、人员，以节约辅助用能，并大幅度降低成本。以新日铁为例，为了降低成本，共关停八幡厂 1 号高炉、广厂 2 号高炉、堺厂 3 号高炉及釜石厂等 4 座老旧高炉，为新建大型高效高炉满负荷生产创造条件；关停广厂、八幡厂多套老旧轧机，集约化至新建厂的先进轧机生产；广厂和堺厂则成为无高炉的转炉钢厂，依靠吹氧喷煤将废钢熔化后炼钢，集约化程度极高，节能效果很好。

2）改进工艺技术节能。一是通过提高加热炉空气预热温度和强化炉体绝热以降低油耗的同时，充分回收利用厂内高炉煤气和转炉煤气以取代重油。二是引进干熄焦、高炉顶压发电、热风炉余热利用和烧结机余热利用及电炉废钢预热等重大节能技术，并在改进后加以推广。三是改善能源结构和提高能源转换效率以节能，如高炉通过喷煤代喷油后不断扩大喷煤比来节焦，提高自发电和制氧机效率以节能，电炉通过 UHP 电源操作、吹氧喷燃和 DC 炉等节电，节能效果均很明显。

3）钢铁厂副产物的再利用技术，废渣 100% 再利用技术。对于发生量达 82% 的副产废渣，通过扩大钢厂内再利用和厂外利用，实现废渣埋填量为零的突破。粉尘再利用技术，君津厂在 2000 年引进美国环形炉技术，对含锌、铁的粉尘加入少量煤粉和石灰等压成球团，加入高炉后取得比烧结矿更好的节焦效果，由于节能和经济效果良好，获得了当年日本经产省大臣节能奖，成为第一个钢铁废物全部利用的大厂。

4）消纳社会废弃物。在利用废塑料方面，日本钢铁控股工程公司（JFE）在京滨厂和福山厂高炉共喷废塑料 15×10^4 t；神钢加古川厂高炉喷 2×10^4 t，能量利用率 65% 以上；新日铁在焦煤中成功试掺入 1%~2% 废塑料用于炼焦，能量利用率达 94%，并在君津等 5 厂全面推广，2010 年达到了 38×10^4 t。

（2）我国钢铁行业煤炭利用现状及发展趋势

在我国钢铁行业能源消耗中煤炭消耗占 80% 以上，电力其次，其他能源消耗所占份额很少。钢铁行业发展带动煤炭和电力消耗的增长，而电力又是煤炭能源的头号消耗大户，因此，钢铁行业的发展直接和间接地消耗了大量的煤炭资源。我国钢铁行业在节能减排方面的劣势为能源结构以煤炭为主，并且在一定历史时期难以改变。大中型钢铁企业吨钢综合能耗与国外水平的差距大体为 10%~15%。如宝钢能耗指标已达到国外先进水平，而地方中小型钢铁企业能耗与国外先进水平的差距大体在 50% 左右。

钢铁行业是以煤炭消耗为主的能源消耗大户，钢铁行业是我国实现节能减排的目标行业。煤炭在钢铁生产过程中主要用途有：炼焦用煤、高炉喷吹用煤、烧结用煤及自家发电厂的动力用煤 4 个部分，所占比例分别为炼焦煤占 60% 、喷吹煤占 20% 、烧结煤占 5% 、动力煤占 15% 左右。另外，钢铁行业能源转化过程中所用煤的能值有 34% 左右转化为副产煤气和余压余热等二次能源。

我国钢铁行业节能减排主要的实现途径有技术节能、结构节能和管理节能。其中技术节能是最重要的途径。目前，国内大型钢铁企业大部分采用了节能减排技术，但从整体上看，技术应用体系还不完备，一些重点节能技术未得到全面推广使用，节能效果还有待提高。一些中小型钢铁企业的节能技术普及率还很低，生产过程中的余热、余压等二次能源浪费现象比较普遍，同时也带来了严重的环境污染。为此，提出切实可行的节能减排途径，并结合淘汰落后产能及煤利用过程的节能技术，是钢铁行业可持续发展的关键。我国钢铁行业煤炭节能技术发展趋势如下：

1）淘汰落后生产设备，提高钢铁生产技术装备水平，向连续化、大型化和自动化发展；推行"煤炭清洁生产"，降低生产过程的能源消耗和生产成本。

2）采取煤炭资源利用源头控制、源头削减策略，实现排放物的再能源化、再资源化，将污染物和有毒物控制到最小量。

3）逐步实施环境友好、社区友好的目标。要将煤炭利用作为钢铁工业未来 5～10 年技术进步战略来推进。

4）推进煤炭利用节能技术进步是进行系统节能的关键。具体有高风温富氧高炉喷煤、高炉顶压发电、干熄焦、高温蓄热燃烧、转炉煤气回收技术等。

5）钢铁企业要以过程控制为基础来进一步优化企业结构，实现低成本、低能耗、低排放、污染受控、生产效率高、经济效益好的极具竞争力的企业目标。

6）中国钢铁行业必须从全球范围来考虑国内煤炭资源的稳定供应和优化配置问题。

1.2.5　建材行业

（1）国外建材行业煤炭利用现状和发展趋势

美国有 29 家水泥公司和下属的 113 家水泥工厂。这些工厂提供了几乎所有美国需要的水泥，其中最大的五家水泥公司控制着美国 54% 的产品。目前美国水泥生产量居世界第三位，仅次于中国和印度。根据美国政府能源报告，水泥生产能源消耗比重只有 2.4% ，远小于钢铁工业的 11% 和造纸行业的 15% 。美国水泥协会与自然资源保护协会共同制定了能源指标，水泥行业可以利用能源指标来衡量每年的能源消耗，从而指导整个行业合理利用能源。根据北美劳工能源调查会提交的报告，相比于 1972 年，2008 年水泥生产节省能源高达 37.6% 。为了减少煤炭、燃油的消耗，很多工厂使用代替能源。如今，水泥厂使用 20%～70% 的代替能源，很多代替能源来自其他产业的副产品。代替能源包括垃圾和废物等，不仅仅可以降低煤炭等燃料的消耗，同时还可以保护环境。2008 年的调查显示，20 家工厂使用废油，44 家工厂使用废轮胎，全美国的 68% 的生产厂使用至少一种以上的代替能源。

日本位居中国、印度和美国之后成为世界第 4 大水泥生产国，共有 18 家公司 32 家工厂 57 个回转窑，2009 年的产量为 5200×10⁴ t 左右。表 1-25 和表 1-26 分别显示 2009 年日本水泥工业的能源结构及煤炭消耗结构。日本水泥生产中硅酸盐水泥的产量占 76%，高炉渣水泥产量占 23.9%，剩下为粉煤灰水泥占 0.1% 左右。从煤炭的消费结构可以看出，煤炭主要利用在煅烧，占 81.8%，其次为发电占 18.2%。

表 1-25 2009 年日本水泥工业能源结构

用途	能源	硅酸盐水泥	钢渣水泥	粉煤灰水泥
煅烧	煤炭/(g/kg)	80.8	47.92	65.85
	焦炭/(g/kg)	12.03	7.13	9.8
	C 重油/(ml/kg)	0.62	0.37	0.51
	其他/(ml/kg)	0.01	0.01	0.01
干燥	煤炭/(g/kg)	0	0	0
	焦炭/(g/kg)	0	0	0
	C 重油/(ml/kg)	0	0.39	0
	其他/(ml/kg)	0	0.01	0
自家发电	煤炭/(g/kg)	17.31	12.64	10.49
	焦炭/(g/kg)	2.65	1.93	1.6
	C 重油/(ml/kg)	0.38	0.28	0.23
	其他/(ml/kg)	0.05	0.04	0.03
其他	回收能源/(g/kg)	31.45	19.09	25.01
产量/10³ t		39 527	12 430	44

表 1-26 2009 年日本水泥工业的煤炭（含焦炭）消耗结构

种类	煅烧		发电	
	消耗量/10⁴ tce	比重/%	消耗量/10⁴ tce	比重/%
硅酸盐水泥	274.0	68.9	59.0	14.8
高炉渣水泥	51.1	12.8	13.5	3.4
粉煤灰水泥	0.2	0.1	0	0
总计	325.3	81.8	72.5	18.2

日本水泥工业能效在世界上最高，吨水泥综合能耗是 118 kgce，比我国水泥工业的能耗低 19%。1996 年 12 月日本水泥工业签订节能自愿协议，2010 年综合能耗比 1990 年降低了 3.8%。2001 年 7 月日本经济产业省在 "水泥产业在建设循环型社会方面所起作用研究会" 上提出，2010 年水泥工业吨水泥废弃物和副产品的利用率为 400 kg，在行业的一致努力下，2004 年达到该目标。2007 年度吨水泥废弃物和副产品利用率达到 436 kg，利用废物 3072×10⁴ t，其中污水处理厂污泥、建设发生土和粉煤灰增长最快，2007 年水泥工业处置污泥 317×10⁴ t，比 2000 年增加 66.6%，污泥成为水泥工业利用的第三大废弃物种类。水泥工业利用了 62% 的高炉矿渣、62% 的粉煤灰和 16% 的废轮胎，约占日本废弃物总量的 7%，占再生利用量的 14%。1990 ~ 2007 年水泥工业接收的废

弃物和副产品累积量高达 3.351 亿 m^3，水泥厂接收处置的产业废弃物年容量达 2200×10^4 m^3，延长填埋场寿命 3.7a。目前，日本中央政府正在制订水泥工业下一轮废弃物和副产品利用计划，下一个目标初步拟定吨水泥利用废弃物和副产品 500kg，比现有水平提高 15%。

（2）我国建材行业煤炭利用现状和发展趋势

我国已成为世界建材生产大国和消费大国，多年来主要建材产品水泥、平板玻璃、建筑卫生陶瓷、墙体材料的生产量和消费量一直位居世界第一。水泥工业产量占全球产量的 50% 以上，产能惊人，能耗和排放都高于发达国家的平均水平，因此我国水泥工业节能减排还有很大的空间。建材行业又是一个资源能源消耗较大的行业，能耗占全国总能耗的 8% 左右，能源消耗结构中煤炭占到了行业总能源消耗量的 75%。建材行业量大面广，品种繁多，且大多是以窑炉生产为主，煤炭资源的依赖度比较高。水泥工业能源消耗量占建材行业总能耗的 70% 以上、煤炭消耗量的 80% 以上、电力消耗量的 60% 以上，因此分析水泥工业的煤炭利用状况也是建材行业煤炭利用状况的关键。水泥工业能源消耗以煤炭和电力为主，近年来，随着能源价格的不断攀升，能源消耗成本已占水泥生产成本的 60% 以上。

我国水泥工业的煤炭利用及节能减排技术的途径有如下几种：

1）淘汰落后的立窑企业。立窑企业规模小、技术落后、煤炭利用效率低，对环境污染严重，因此淘汰立窑、建设大型新型干法窑是水泥工业节能减排最有力和最有效的宏观调控措施。2010 年新型干法水泥比重提高到 70%，累计淘汰落后生产能力达到 2.5×10^4 t，节煤 3.5×10^7 t。

2）废气余热中低温余热发电。水泥窑余热纯低温余热发电技术，把熟料生产过程中排放的余热进行回收，转化为电能再用于生产，是水泥工业降低能耗、节约煤炭等燃料的重要措施。

3）大量利用替代燃料和替代原料。替代燃料是将垃圾气化成可燃气体，引入新型干法水泥窑系统的分解炉中燃烧。替代燃料可以有效解决城市垃圾处理的难题，同时也可以节省熟料生产中的煤炭消耗量，是水泥行业发展循环经济的保证。

1.2.6　造纸行业

（1）美国造纸行业煤炭能耗状况

2006 年 8 月发布的《制浆造纸工业能耗带宽的研究报告》对美国造纸工业 2000～2005 年能耗状态进行了研究，以此作为造纸行业最大节能潜力的依据。相关数据基于美国能源部 2002 年制造业能耗调查的造纸行业平均能耗水平。由于美国造纸行业近 6 年来产量与技术基本稳定，报告中所列数据能够代表当今整体状况。制浆造纸生产过程耗能主要有电、蒸汽和直接燃料三类，其比例分别为 24.2%、67.6% 和 8.2%，可见蒸汽、电在制浆造纸用能上占主导地位。美国制浆造纸行业生产过程能耗分布见表 1-27。

表 1-27　美国制浆造纸行业生产过程能耗

分类	电			蒸汽			直接燃料		
	消耗量 /(10^{12} kJ/t)	消耗量 /10^6 tce	比重 /%	消耗量 /(10^{12} kJ/t)	消耗量 /10^6 tce	比重 /%	消耗量 /(10^{12} kJ/t)	消耗量 /10^6 tce	比重 /%
制浆生产	171.34	5.86	41.3	485.22	16.61	41.9	112.15	3.84	79.6
造纸生产	214.60	7.34	51.7	572.16	19.58	49.4	28.70	0.98	20.4
综合利用	29.12	1.00	7.0	100.44	3.44	8.7	0	0	0
总生产	415.06	14.20	100	1 157.82	39.62	100	140.85	4.82	100
比例/%	24.2			67.6			8.2		

（2）欧洲造纸行业煤炭能耗状况

在 20 世纪末，欧洲造纸发达国家的造纸能耗见表 1-28，为了便于与中国造纸的能耗进行对比，将其能耗分别折算为标准煤。欧洲造纸发达国家不同纸种、浆的热与动力需求见表 1-29。

表 1-28　欧洲造纸发达国家不同纸种的能耗

纸种		新闻纸	瓦楞原纸	未涂布木浆纸	未涂布非木纤维纸	KP 浆挂面纸板	涂布木浆纸
吨纸热耗	GJ	4.5 ~ 5.3	5.6	6.6 ~ 7.1	6.6 ~ 7.1	5.8	4.6 ~ 5.3
	tce	0.154 ~ 0.181	0.191	0.225 ~ 0.242	0.225 ~ 0.242	0.198	0.157 ~ 0.181
吨纸电耗	kW·h	550 ~ 585	510	535 ~ 670	535 ~ 670	530	700 ~ 770
	折标煤 1/kgce	0.068 ~ 0.072	0.063	0.066 ~ 0.082	0.089 ~ 0.105	0.065	0.086 ~ 0.095
	折标煤 2/kgce	0.184 ~ 0.195	0.170	0.104 ~ 0.241	0.240 ~ 0.284	0.177	0.234 ~ 0.257
总计	折标煤 1/kgce	0.222 ~ 0.253	0.254	0.229 ~ 0.273	0.277 ~ 0.331	0.263	0.243 ~ 0.276
	折标煤 2/kgce	0.338 ~ 0.376	0.361	0.258 ~ 0.425	0.428 ~ 0.550	0.375	0.391 ~ 0.438

注：①折标煤 1：按当量值，即按照物理学电热当量，1 kW·h = 3 596 kJ = 0.1229 kgce 来折算；
　　②折标煤 2：按等价值，即按照中国 2007 年火力发电，1 kW·h = 0.334 kgce 来折算。

表 1-29　欧洲造纸发达国家不同浆的热与动力需求

浆种		高得率浆		KP 液体浆		废纸浆	
		SGW/76 SR	CTMP	针叶木	阔叶木	未脱墨	脱墨
吨浆热耗	GJ	0 ~ 0.7	0	7.5 ~ 10.6	7 ~ 10.0	0	1.0
	tce	0 ~ 0.024	0	0.256 ~ 0.362	0.239 ~ 0.341	0	0.034
吨浆电耗	kW·h	1 650 ~ 1 700	2 000	400 ~ 490	390 ~ 500	50	310
	折标煤 1/kgce	0.203 ~ 0.209	0.246	0.049 ~ 0.060	0.048 ~ 0.062	0.006	0.038
	折标煤 2/kgce	0.551 ~ 0.568	0.668	0.134 ~ 0.164	0.130 ~ 0.167	0.017	0.104
总计	折标煤 1/kgce	0.203 ~ 0.233	0.246	0.305 ~ 0.422	0.287 ~ 0.403	0.006	0.072
	折标煤 2/kgce	0.551 ~ 0.592	0.668	0.368 ~ 0.526	0.369 ~ 0.508	0.017	0.138

注：①SGW：stone ground wood；②CTMP：chemi-thermo-mechanical pulp。

（3）　能耗指标的国际最佳实践

国际最佳实践案例的能源消耗主要是木质纤维纸浆和造纸技术。因此，本书确定的最佳实践技术也许不适用于非木纤维的纸浆厂。大部分的造纸技术是在欧洲（Metso 公司和 Voith 公司）和日本三菱公司开发和制造的，而生产特殊产品的技术来自北美（如毛毯）。

浆、纸综合造纸厂比单一制浆或单一造纸的能效水平更高，通过减少烘干制浆所需的能量，降低了制浆厂的能耗。而且，综合不同工艺会优化蒸汽的使用。最后，单一制浆厂所产生的多余蒸汽，因为回收黑液、绿液或预热机械浆工艺的热回收可能不会完全被利用，综合造纸厂可将多余的热量作为补充造纸机的用能。表 1-30 汇总了不同的综合造纸厂的终端能耗的最佳实践。

表 1-30　浆纸造纸综合厂终端能耗的国际最佳实践（吨风干能耗）

原料	产品	工艺	蒸汽用燃料		用电量	总计	
			GJ	kgce	kW·h	GJ	kgce
木质	漂白精致未涂布纸	硫酸盐法	14	478	1200	18.3	625
	牛皮纸（未漂白的）和包装纸	硫酸盐法	14	478	1000	17.6	601
	漂白精致涂布纸	亚硫酸盐法	17	580	1500	22.4	765
	漂白精致未涂布纸	亚硫酸盐法	18	614	1200	22.3	762
	新闻用纸	预热机械浆	−1.3	−44	2200	6.6	226
	杂志印刷纸	预热机械浆	−0.3	−10	2100	7.3	248
	纸板	50% 预热机械浆	3.5	119	2300	11.8	402
回收纸	纸板（无需脱墨）	—	8	273	900	11.2	384
	新闻用纸（脱墨）	—	4	137	1000	7.6	259
	棉纸（脱墨）	—	7	239	1200	11.3	386

（4）　中国制浆造纸行业能源消耗

制浆造纸行业在我国是重点耗能行业之一，在生产过程中消耗大量热能、电能和水。2008 年我国制浆造纸行业能源消耗总量为 3.998×10^7 tce，占整个工业能耗的 2% 左右，居轻工业能耗之首。我国造纸行业的总体的能源结构：所消耗的能源以外购为主，主要包括原煤（约占总能耗的 73%）、外购电力（约占总能耗的 23%）、天然气、重油及蒸汽。

根据《中国统计年鉴》（2010 年）和《中国能源年鉴》（2010 年）汇总的用于我国造纸及纸制品行业的能源消耗总量，根据《中国造纸年鉴》（2010 年）汇总的我国纸及纸板的产量，可以计算出我国纸和纸板的综合能耗，如表 1-31 所示，其发展变化情况见图 1-14。

表 1-31　我国纸和纸板的综合能耗

年份	能源消耗量/10^4tce	纸及纸板产量/10^4t	产品单耗/(10^4tce/t)
1985	1640	930.8	1.76
1995	2138.4	2812	0.78
2000	1826.84	3050	0.60
2001	1937.27	3200	0.61
2002	2180	3780	0.58
2003	2371.45	4300	0.55
2004	3081.35	4950	0.62
2005	3274.13	5600	0.58
2006	3443.68	6500	0.53
2007	3342.68	7350	0.46
2008	3998.65	7980	0.50
2009	4101.00	8640	0.47

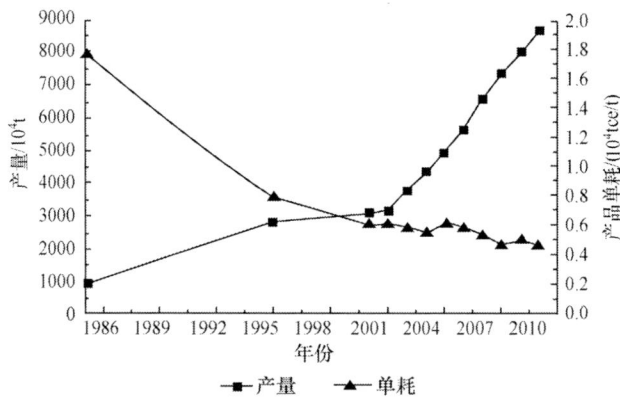

图 1-14　我国纸和纸板的综合能耗

　　进入 21 世纪以后,中国的造纸行业有了很大的转变,吨纸的能源消耗逐渐降低,从 1985 年的 $1.76×10^4$ tce 降低到 2000 年的 $0.60×10^4$ tce,达到造纸发达国家 20 世纪末的水平;再经过近 10 年的努力,造纸的能耗进一步降低到 2007 年的 $0.46×10^4$ tce。

　　最近几年来,国内引进了一批国际先进的制浆造纸生产线,自主研发出一批高性能设备,加上"十一五"期间集中淘汰了一批落后产能,使得我国制浆造纸的总体水平有了较大的提高,能耗有了较大的下降。但是,与发达国家的技术水平相比,还有一定的差距。造成我国造纸行业综合能耗高的原因,除管理水平外,主要包括能源结构、原料结构、企业规模、自产能源的利用、技术装备等 5 个方面。

1.2.7　纺织行业

(1) 国外

　　美国纺织工艺和纺织成品加工工艺能耗情况分别如表 1-32 和表 1-33 所示。

表 1-32　美国纺织工艺能耗情况　　　　　（单位：tce）

纺织工艺	总消耗	电耗	气耗	煤耗
总能耗	6 406 314	2 361 428	2 166 261	907 185
锅炉间接能耗	—	22 356.43	1 134 708	907 184.7
传统锅炉能耗	—	22 356.43	1 134 708	907 184.7
热电联产等新型工艺能耗	—	—	—	—
各工艺流程直接能耗	—	1 839 000	756 472	—
加热工艺能耗	—	237 444.9	722 086.9	—
冷却工艺能耗	—	321 465.7	—	—
电机设备能耗	—	1 258 225	—	—
化学工艺能耗	—	—	—	—
其他工艺能耗	—	—	—	—
非工艺过程能耗	—	500 071.5	275 080.7	—
暖通空调能耗	—	253 536.6	240 695.6	—
照明设备能耗	—	189 906.8	—	—
其他辅助设备能耗	—	44 467.18	—	—
现场运输工具能耗	—	6 510.388	—	—
其他非工艺过程能耗	—	—	—	—
未统计能耗	431 886.4	—	—	—

表 1-33　美国纺织成品加工工艺能耗情况　　　　　（单位：tce）

纺织成品加工工艺	总消耗	电耗	气耗	煤耗
总能耗	2 591 318	727 198	1 547 329	—
锅炉能源消耗	—	—	550 161.4	—
传统锅炉能耗	—	—	515 776.4	—
热电联产等新型工艺能耗	—	—	—	—
各工艺流程直接能耗	—	478 574.9	—	—
加热工艺能耗	—	79 230.2	—	—
冷却、制冷工艺能耗	—	61 910.1	—	—
电机设备能耗	—	310 287.5	—	—
化学工艺能耗	—	—	—	—
其他工艺能耗	—	25 795.9	34 385.1	—
非工艺过程能耗	—	215 579.8	103 155.3	—
暖通空调能耗	—	100 112.6	103 155.3	—
照明设备能耗	—	73 088.3	—	—
其他辅助设备能耗	—	25 795.9	—	—
现场运输工具能耗	—	16 214.6	—	—
其他非工艺过程能耗	—	614.2	—	—
未统计能耗	—	—	—	—

（2）国内

纺织行业在我国是重点耗能行业之一，在生产过程中消耗大量热能、电能和水。2009 年我国纺织行业能源消耗总量达到 7.348×10^7 tce。根据《中国统计年鉴》（1996~2011 年）可得到我国纺织行业的能源总消耗量及相关工业产品总量，由于纺织行业产品划分为纱和布两类，所以无法直接计算纺织行业产品单耗。为便于比较，先计算化纤行业的产品单耗和纺织行业（不包括化纤）单位产值能耗，其中纺织行业工业总产值来源于《中国统计年鉴》（1996~2011 年），具体如图 1-15 所示。

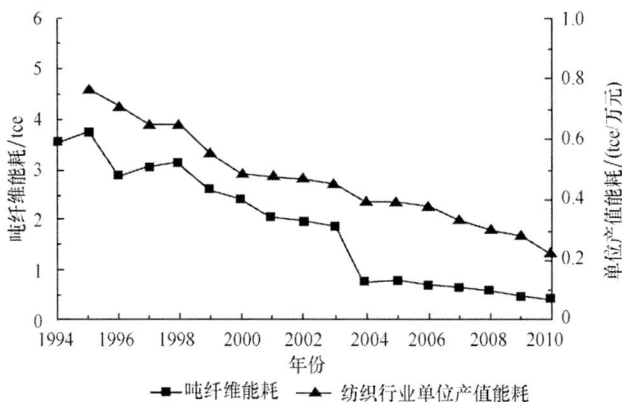

图 1-15 中国纺织行业单耗变化趋势

从图 1-15 可知，纺织行业吨纤维能耗从 1995 年的 3.74 tce 降为 2008 年的 0.59 tce。纺织行业单位产值单耗呈不断下降趋势，从 1995 年的 0.76 tce/万元降到 2008 年的 0.29 tce/万元。根据国家发展和改革委员会、国家统计局 2007 年 9 月发布的《千家企业能源利用状况公报（2007 年）》公布结果，纺织行业主要耗能工业产品综合能耗见表 1-34。

表 1-34 全国纺织行业主要耗能工业产品综合能耗

产品	2005 年	2006 年
纱(线)混合数全厂生产用电量/(kW·h/t)	2287.9	2237.7
布混合数全厂生产用电量/(kW·h/100m)	19.3	16.7
印染布用标准煤量/(kW·h/100m)	107.3	92.9
丝织品用标准煤量/(kW·h/100m)	12.4	11.9
黏胶纤维用标准煤量(短纤)/(kgce/t)	1355.3	1168.5
黏胶纤维用标准煤量(长丝)/(kgce/t)	5804.4	5516.9
锦纶用标准煤量/(kgce/t)	668.9	588.1
涤纶用标准煤量(短纤)/(kgce/t)	143.5	163.2
涤纶用标准煤量(长丝)/(kgce/t)	273.8	216.7
腈纶用标准煤量/(kgce/t)	983.7	927.9
维纶用标准煤量/(kgce/t)	2332.3	2183.3

此数据来自全国 22 家纺织企业，这些企业技术装备水平代表了我国纺织行业的先进水平。在企业新增设备中，有一半的装备代表了当前国际先进水平，相关辅助生产设备与国际水平有一定差距。

另外 2009 年全国印染行业节能环保年会上，东华大学奚旦立和陈季华等发表的印染行业节能减排潜力研究成果表明，我国纺织行业全过程吨纤维能耗大致为 4.84 tce。其中，服装行业吨纤维能耗为 1.05 tce，织造行业吨纤维能耗为 0.95 tce，印染行业吨纤维能耗为 2.5 ~ 3.2 tce，平均吨纤维能耗为 2.84 tce，印染行业约占全行业能源的 58.7%。印染行业是节能的重点。研究表明，印染生产加工过程中的能源以热能为主，30% ~ 40%用于烘干，25% ~ 35% 用于洗涤，10% ~ 15% 用于蒸煮，8% ~ 12% 用于高温热处理，5% ~ 10% 用于其他。其中蒸汽占印染总能耗的 80% 以上。2007 年我国规模以上①印染布产量达到了 490.2×10⁸ m，目前国内印染每万米耗煤 3 t，耗电 450 kW·h，耗水 300 ~ 400 t，水电汽耗费占印染布总成本的 40% ~ 60%，国内印染业平均耗能为发达国家的 3 ~ 5 倍，耗水为发达国家的 2 ~ 3 倍。废水排放量占纺织行业废水排放总量的 80%，平均回用率不足 7%。2007 年，印染废水年排放总量达到 23×10⁸ ~ 30×10⁸ t。

目前我国纺织行业的年总能耗超过 6×10⁷ tce，由于高温排液量大，热能利用率只有35% 左右，造成了能源的极大浪费，每百米布用电量约为 18kW·h，并且随着年产量的增加，耗电量也大幅增加。与国外相比，我国印染企业总体上单位产品取水量是发达国家的 2 ~ 3 倍，能源消耗量则为 3 倍左右。印染产品增长方式仍以粗放型为主，多数产品缺乏高科技含量，产品平均价格较低，仍以量取胜。

1.3　本章小结

2011 年中国工业消耗煤炭 3.26×10⁹ t，其中石化、钢铁、建材、化工、有色金属、造纸、纺织等高耗能行业消耗煤炭 1.19×10⁹ t，占全国煤炭消耗总量的 34.9%，占工业用煤的 36.7%。尤其钢铁、建材、石化和化工行业的煤炭消耗约占七大行业的 90%，并且煤炭占行业能源结构不小的比重，钢铁和建材行业的煤炭消耗比重达到 70% 以上。我国高耗能行业能源消费结构中的煤炭消耗比重及煤炭消耗量趋势分别见图 1-16 和图 1-17。

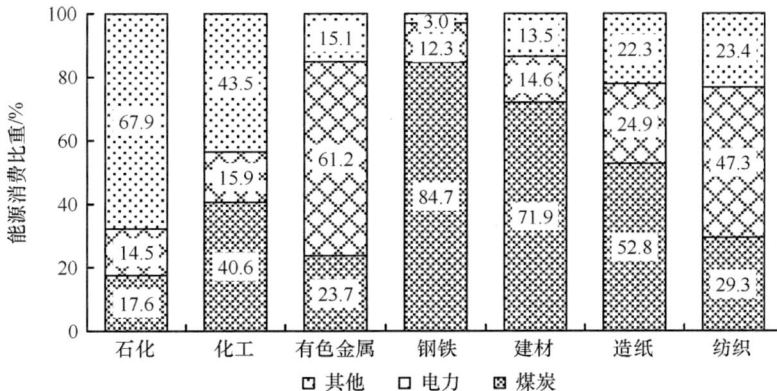

图 1-16　各行业煤炭消耗比重

① 国家规定年销售额达到 2000 万元以上的纺织企业（工业）为规模以上。

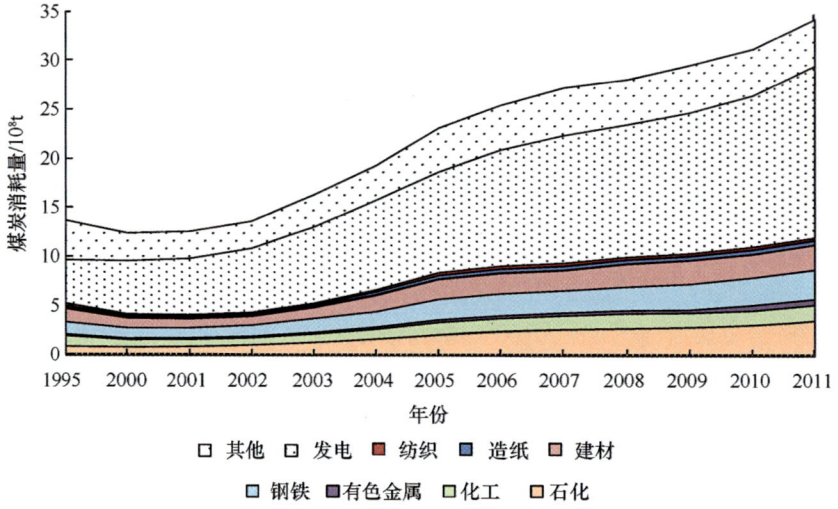

图 1-17　我国煤炭消耗量趋势

第2章

重点高耗能行业煤炭利用过程的节能技术

本章对7个高耗能行业节能技术进行总体论述，总结和归纳各行业重点节能环节及技术的应用状况，并与国外先进技术进行比较，分析差距存在的原因。技术评价根据各种节能技术的工艺特点，采用产品单耗及普及率等指标进行评价，加上对国内外技术水平的比较分析，整体把握节能技术水平的提升空间，并描述该节能技术对行业实现节能目标的贡献。同时，总结各行业在"十一五"期间节能减排工作所取得的成绩，并结合"十二五"期间的节能目标，讨论各行业煤炭利用过程中节能技术的应用前景。

2.1 各种节能技术

2.1.1 石化行业

石化行业煤炭利用的主要方式为燃煤锅炉用煤、煤制氢以及煤-天然气共气化，在这些煤炭利用的方式中，存在较多的节能技术。

对于燃煤锅炉用煤，其节能技术主要方向为利用炼厂的高硫石油焦等低值产品，发展流化床锅炉和造气-联合循环过程，向炼厂和石化厂供应电力、工艺蒸汽和氢气，提高资源和能源的综合利用率。

在煤制氢方面，近年来，我国加工原油劣质化趋势显著，原油逐年变重，硫含量、酸值逐年上升。因此，要从中获取更多符合环保要求的轻质油品，加氢技术堪称首选。大力发展各类加氢工艺将成为我国炼油工业发展的必然趋势。其节能技术的主要方向为调整炼化加工流程，采用先进煤制气产氢工艺，与重油加氢工艺耦合，促进资源利用过程的优化，提高煤炭资源的利用价值。

在煤-天然气共气化方面，加快共气化工艺技术的研发，尽快建立工程示范，解决在推广应用中的瓶颈问题。

（1）炼化一体化技术

炼化一体化技术在发达国家都比较成熟。在德国，尤以巴斯夫公司最为成功，其具体生产模式就是联合体。这个公司在位于德国总部的一个联合体中，有200多家工厂和生产装置聚合在一起，形成原料互供的状况。这种联合体在经济和环境上的意义不言而喻：节约能源，节省成本。如果把这个联合体拆分开，分别放在50个相距100 km的地方，每年将为此多支出5亿多欧元（约合43亿元人民币，2011年汇率）。炼化一体化技术因此成为一个既能改善炼厂经营、改进石化装置经营，又能降低成本和提高经济效益的有效做法。

（2）汽电或热电联产技术

汽电或热电联产技术也是近些年来广泛应用的节能新技术。这种技术以美国埃克森公司最为成功。埃克森公司的经验表明，实行汽电联产可以实现节能降耗、废热利用，还有环保上的优势。通过这种方式，大约节能30%。这个公司在美国建设了一套150 MW的联合发电装置，减少了电力的外购。目前，该公司在世界范围内联合发电装置的总容量已经达到了1500 MW。热电联产在我国的石化企业中开始大范围推广。过去以烧燃料油为主的炼油企业，现在纷纷改烧煤炭或利用蒸汽，这种方式节能效果非常显著，大约节能20%以上。

（3）系统优化技术

在石化行业的有机原料生产领域，利用节能新技术优化生产技术路线，也成为最主要的降低成本途径。乙烯是一个国家化工实力的体现。例如，瑞典开发出一种乙烯生成新技术，可适用多种裂解原料，提高了生成乙烯的选择性，降低了原料成本和能耗。这种技术在我国也得到应用。

2.1.2 化工行业

（1）先进煤气化技术

煤气化技术是煤化工的龙头，先进的煤气化技术对降低全系统消耗意义重大。目前以气流床水煤浆气化技术和粉煤加压气化技术为主要发展方向。固定床气化技术也通过提高系统压力开发单炉日处理1500 t的气化炉。

（2）先进的合成气净化（变换、脱硫、脱碳）技术

净化系统是消耗电力、蒸汽，产生低压余热的重要环节，采用先进的净化技术（如节能型变换流程、低温甲醇洗工艺、变压吸附、膜分离等）可大幅度降低系统能耗。

（3）先进高效的合成催化剂（合成氨、甲醇、间接液化、MTO、MTP、乙二醇等）技术

通过先进催化剂开发，实现合成氨、甲醇系统的等压合成，降低系统能耗，通过新一代分子筛催化剂降低甲醇制烯烃（methanol to olefin，MTO）、甲醇制丙烯（methanol to propylene，MTP）系统的甲醇单耗。

（4）煤炭分级利用及多联产技术

采用中低温热解方法析出固体燃料中所含活性较好的富氢的挥发分并获得焦油和热解煤气，然后将所产生的半焦作为原料经气化制取合成气，从而实现煤的热解气化分级转化。除可以从煤焦油中提取高价值的化学品外，以煤焦油为原料通过加氢工艺制取高品质液体燃料的能耗和成本，与合成气合成液体燃料相比，有大幅降低，而热解所获得的煤气则可与半焦气化生成的合成气一起用于后续化工合成。

2.1.3　有色金属行业

（1）电解铝

大型预焙电解槽产能迅速扩大，在建工程中，几乎全部采用 400 kA 电解槽，相应控制技术、磁场分布技术、供电整流中稳流技术等配套技术不断进步，因此，工艺生产中电耗降低是必然的。其中 400 kA 槽型的吨铝直流电耗已经达到 12 300 kW·h，比 2008 年全国电解铝平均吨铝直流电耗低 954 kW·h。

推广全石墨化阴极的应用，可以使每吨铝综合交流电耗降低 300 kW·h，能够比 2008 年节电 2.1%；铝电解余热回收技术的开发，可以回收侧部散热量的 80%，则吨铝回收热量相当于 1000~1500 kW·h 电能，节能效益巨大。

（2）氧化铝

开展一水硬铝石铝土矿浮选脱硅工艺和装备的优化以及铝土矿高效选矿药剂开发、低品位铝土矿高效节能生产氧化铝技术、拜耳法高浓度溶出浆液高效分离技术及高分解率生产技术研究，半干法和干法烧成技术、烧结法高浓度快速液固分离技术、氧化铝生产过程余热回收利用技术、大型高效节能新装备的应用研究，以及新型高效化学添加剂的开发应用，进而使利用国内铝土矿资源生产的氧化铝综合能耗降低 20% 左右。

（3）铜冶炼

金属铜的生产方法有火法和湿法两大分支，目前仍以火法为主，其产量约占世界铜产量的 80%。闪速熔炼已成为当今最具有竞争力的铜镍强化熔炼技术，被普遍认为是标准的清洁冶炼工艺。闪速熔炼工艺不仅能耗低、硫利用率高、环境保护好，而且生产潜力大，稍加改造就可使生产能力大幅增长。目前，世界上大部分新建或改扩建的铜镍冶炼企业均采用闪速熔炼工艺。

（4）铅锌冶炼

铅锌冶炼重点是推广液态高铅渣直接还原工艺技术、完善和提高氧气底吹熔炼炉熔炼技术、铅富氧闪速熔炼工艺、铅旋涡柱闪速熔炼工艺等先进技术，实现节能减排。液态高铅渣直接还原工艺技术是达到国际领先水平的铅冶炼新技术，将吨粗铅产品综合能耗由 380 kgce 降至 280 kgce，单位产品节能达到 26.3%，节能效果显著。铅富氧闪速熔炼工艺将使吨粗铅综合能耗达到 350 kgce，可降低单位产品能耗 7.9%。以中心旋涡柱流股连续熔炼技术及铅渣液态直接贫化技术为核心，进行流程原始创新，开发具有自主知识产权、短流程、连续化为主要特征的节能、高效、清洁强化炼铅关键技术和装备，提升我国铅冶炼工业整体技术装备水平和核心竞争力，可以把国内吨粗铅综合能耗降到 350 kgce，可降低单位产品能耗 7.9%。

2.1.4　钢铁行业

（1）钢铁行业节能技术的应用状况

日本钢铁行业自 1973 年开始实行了许多有效的节能措施（图 2-1），其中主要措施有干熄焦（coke dry quenching，CDQ）、高炉炉顶余压发电（blast furnace top gas recovery turbine unit，TRT）、煤气回收、工序连续化（continuous casting，CC）及连续退火机组（continuous annealing processing line，CAPL）等，实现了钢铁生产的集中化和大型化，实现了大幅度节能。20世纪90年代采取了扩大弱黏结煤比例、高炉喷煤（pulverized coal injection，PCI）、煤调湿（coal mosture control，CMC）、蓄热式烧嘴、加强废热回收等的节能措施。90年代中期至今是集成度更高的绿色制造时代，提出了旨在扩大资源、能源适应能力的下一代焦炉技术（super coke oven for productivity and environmental enhancement toward the 21st century，SCOPE21），积极致力于探索利用制取廉价的氢炼铁、生物碳资源炼铁（废塑料、废轮胎等）、吸附固定二氧化碳等技术以及中低温余热回收利用技术的发展。COURSE50（CO_2 ultimate reduction in steelmaking process by innovative technology for cool earth 50）技术是日本革新性的炼铁工艺技术，是日本钢铁工业为实现温室气体大幅减排而正在进行的突破性技术研发项目。其主要内容包括从高炉煤气中分离并回收CO_2技术，焦炉煤气显热对焦炉煤气重整技术，用氢还原铁矿石的机理以及反应控制技术等。该项目由日本新能源产业综合技术开发机构牵头，5大钢铁公司和新日铁工程公司联合开发。计划到2030年，最终实现煤气循环氧气高炉炼铁节能25%，CO_2减排26%。

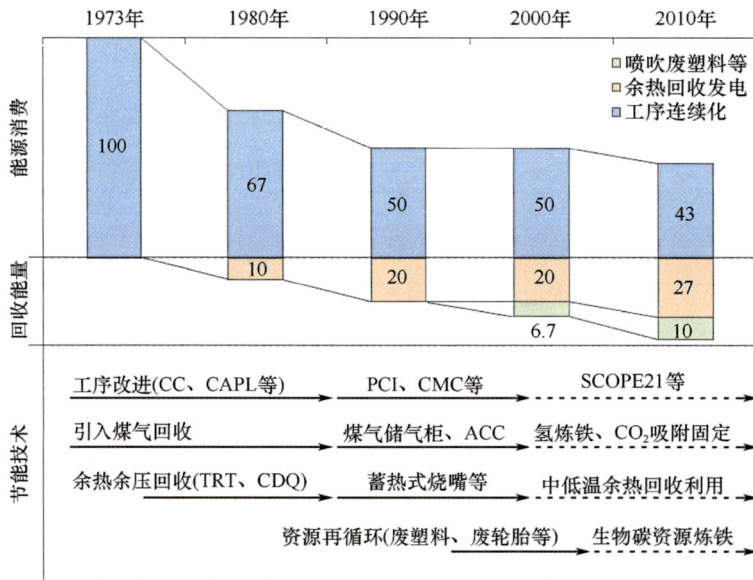

图 2-1 日本钢铁行业节能技术发展历程

高炉炉顶煤气循环利用技术（top gas recycling blast furnace，TGR-BF）是2004年以来欧洲钢铁技术论坛指导委员会决定实施的超低CO_2排放钢铁项目（ultra low CO_2 steel making，ULCOS）现阶段研究的重点。TGR-BF技术是将脱除CO_2后的高炉煤气，在加热到900℃后，喷进高炉体下部，风口用冷态的氧气和加热后的循环煤气代替空气以促进燃烧。据理论计算和实践结果，可以比常规炼铁工艺节碳25%。

韩国钢铁工业前沿研发的熔融还原炼铁（FINEX）是两种成熟工艺的组合，即流化床工艺和COREX（coal reduction extreme）的熔融气化炉工艺的组合。其特点是：①不需要炼焦厂和烧结厂，从而节省设备投资和减少环境污染；②可使用粉状铁矿石和普通

34

煤作为炼铁原料；③铁水质量可达到目前常规炼铁水平；④可减排二氧化碳 7% 左右。韩国浦项的 FINEX 工艺技术已投入工业性运作。

（2）钢铁行业节能技术的国内外对比

钢铁行业在煤利用过程中的节能技术（表 2-1）有两项：一是高炉喷煤技术，其技术指标为喷煤比。目前，国内的喷煤比为 145 kg/t（铁），国外的先进技术水平已达到 266 kg/t（铁）。为达到高的喷煤比，要在提高风温及富氧的条件下喷吹。二是二次能源回收技术，其中含 CDQ、烧结余热梯级回收、TRT 和转炉煤气回收 4 个先进技术部分。表 2-1 中分别列出各个技术的指标及国内外的技术水平差距。

表 2-1　国内外节能技术水平的对比

	节能技术		指标	国内水平	国外水平
1	高炉高风温富氧喷煤技术		喷煤比/[kg/t(铁)]	145	266
2	二次能源回收技术	干熄焦技术（CDQ）	普及率/%	70	100
		烧结余热梯级回收	普及率/%	20	40
		高炉炉顶余压余热发电（TRT）	普及率/%	85	100
		转炉煤气回收	吨钢回收气量/m³	74	110

2.1.5　建材行业

（1）建材行业节能技术的应用状况

水泥窑垃圾混烧代煤技术在国外发达国家已经开始应用。目前世界上约有 100 多家水泥企业用可燃性废弃物作为替代水泥窑燃料。法国、瑞士、德国、丹麦主要水泥制造商都在使用可燃性废弃物。法国拉法基公司可燃性废弃物替代自然矿物质燃料的替代率已达 50% 左右，年节约 $2×10^6$ t 煤等矿物质燃料，降低燃料成本 33% 左右，并且收回利用了 $4×10^6$ t 的废料。德国海德堡水泥集团，日本川崎公司、三菱材料公司，墨西哥西麦斯公司，丹麦史密斯公司在水泥窑焚烧垃圾方面也有丰富的经验。在国内，海螺集团与日本川崎公司首次合作开发了新型干法水泥窑处理城市垃圾系统。该项目在铜陵海螺公司进行试点，2010 年 4 月第一套 300 t/d 垃圾处理系统正式建成投产，每年可节约标煤达 $1.3×10^4$ t，减排 CO_2 约 $3×10^4$ t。

在日本水泥窑余热发电技术较为成熟，不但有二十几条预分解窑水泥生产线应用该技术，并且出口到韩国、中国台湾等一些国家和地区。1995 年日本新能源产业技术开发机构委托日本川崎重工向中国宁国水泥厂无偿提供一套技术成熟的中低温余热发电技术和设备，1998 年投入运行，纯低温熟料发电量达到 33 kW·h/t，2002 年日本新能源产业技术综合开发机构（NEDO）又向中国广西鱼峰集团柳州水泥厂提供了第二个示范项目，该项目利用 3200 t/d 水泥窑余热建设装机容量为 5700 kW 的低温电站，运行后平均发电功率 5910 kW，吨熟料发电量达到 35.6 kW·h。

（2）建材行业节能技术的国内外对比

建材行业煤利用过程中的节能技术可归纳如表 2-2 所示。有新型干法水泥窑垃圾混烧代煤技术和纯低温余热发电技术两项。表中分别列出各项技术指标及国内外的技术水平差距。

表 2-2 水泥行业国内外节能技术水平的对比

	节能技术	指标	国内水平	国外水平
1	新型干法水泥窑垃圾混烧代煤技术	水泥吨熟料能耗/kgce	120	106
2	新型干法水泥纯低温余热发电技术	吨熟料发电量/(kW·h)	24~36	28~39

2.1.6 造纸行业

2.1.6.1 国外

在低碳经济时代，节能已成为制浆造纸行业的重要课题。全球制浆造纸行业已经或正在致力于开发各种技术，想方设法降低能耗。

(1) 制浆

1) 化学法制浆。连续蒸煮控制系统。改进蒸煮器性能可以明显减少生产损失、操作成本和对环境的负面影响，同时可以提高纸浆的产量和质量。控制系统可以使生产工艺优化。例如，美国能源局赞助了一个计算机模型，用来计算各种木片通过连续蒸煮器时的物料平衡、能量平衡和扩散模拟，有助于强化工艺的改进。这种模型在得克萨斯州一家工厂第一次应用就使制浆工艺的温度有所降低，从而节约能耗约1%。

间歇蒸煮器改造。较小的工厂安装较大的间歇蒸煮器，操作上可能并不是很有效率；特种浆厂和那些需要生产各种不同纸浆的工厂也不适合采用连续蒸煮。间歇蒸煮有几种方法可以降低能耗，如间接加热和冷喷放。间接加热是用1根中央管把蒸煮液从蒸煮锅抽出，经过外部一个热交换器，再从两个不同位置送回蒸煮锅内。这可以减少直接蒸汽用量，估计吨浆可节能3165 MJ，但是这需要有热交换器的额外维修费用。对于冷喷放系统，是在蒸煮结束时用未漂浆洗浆废液把热蒸煮废液置换出来，蒸煮废液的热被回收用于随后的蒸煮加热，可以减少用来加热蒸煮药液和木片的蒸汽用量。回收的黑液可以用来预热和浸渍装锅的木片，或加热白液或过程用水。据估计日产1000t的工厂每年节能的价值约200万美元，但这一措施需要增加的设备费用也较高（如泵、黑液储槽等）。

蒸煮锅喷放闪蒸热回收。在硫酸盐化学浆厂，热浆和蒸煮液在放锅时会产生蒸汽。对于间歇蒸煮，蒸汽一般以热水形式储存在槽内；对于连续蒸煮，抽出的黑液流到一个槽内进行闪蒸。这些过程所回收的热可以用来预汽蒸木片，加热水甚至蒸发黑液。美国乔治亚-太平洋公司位于阿肯色州的 Crossett 工厂进行能源审计时，建议该厂两条平行间歇蒸煮生产线改进喷放热回收。当时该厂用1个冷却塔将喷放蒸汽收集槽过量的热除去，用1个蒸汽加热器产生热水用于漂白车间。审计组建议安装新的热交换器重新布置水流管线，这样可以关闭冷却塔和蒸汽加热器，估计可节省可观的燃料和天然气，每年可节省235万美元，1年就可以收回投资费用。惠好公司在华盛顿州的 Longview 工厂建议增加蒸煮热回收系统，估计每年可节约天然气费用达28万美元。

2) 机械法制浆。从整体能耗考虑优化磨浆。无论是原生纤维还是再生纤维都要通过磨浆以获得纤维的最佳性质，但是磨浆同时会增加纤维的保水值，这会使网部脱水能力下降，从而增加了干燥部的蒸汽消耗，保水值增加有可能导致每吨纸能耗增加 30～40 美元。因此，对于磨浆操作的优化策略，应把保水值考虑进去。

热制浆。这是热磨机械浆（TMP）工艺的变种，从第一段磨浆机出来的浆在热混合器内和随后的第二段磨浆机内进行短时间的高温处理。第一段磨浆机内的温度低于木素软化温度。在第二段磨浆机内，较高的操作压力减少了所产生蒸汽的体积流量。与其他节能技术不同的是，这一方法的优点是可以根据需要直接由操作人员接通或断开。但缺点是白度稍有降低，撕裂指数也略有下降。据估计这种方法可使 TMP 的能耗节约达 20%。

TMP 热回收。热磨机械法制浆产生大量的副产品蒸汽，这些低压蒸汽常被污染，但它们的大部分热能可以通过热回收设备回收用于其他工艺过程。热回收的途径：对于一个综合工厂来说，可以采用机械再次增压，所产生的洁净蒸汽可用于纸机干燥部；用热交换器加热的水用于纸机，或作为锅炉补给水；用于重沸器产生洁净的过程用蒸汽；利用其他设备如热蒸汽再次增压设备，热泵系统等回收利用余热。现代化新的 TMP 厂都带有热回收系统，估计压力磨浆系统典型热回收系统吨浆可以通过热回收产生 1.1～1.9 t 洁净蒸汽用于干燥部，投资回收期最快为几个月，但运行费用和维修费用明显增加。

（2）纸浆的洗、选、漂

1）ClO$_2$ 热交换。ClO$_2$ 溶液在送去漂白车间使用之前，通常被冷却以获得最大的 ClO$_2$ 浓度。但是在 ClO$_2$ 进入混合器之前进行预热，可以降低漂白车间的蒸汽用量，因此这是一个重要的节能环节。可以在输送 ClO$_2$ 的回路上安装热交换器，用再生热源进行预热。如在 Crossett 工厂审计时发现，可以用冷凝器的供水来预热 ClO$_2$。该厂有两个冷凝器为 ClO$_2$ 车间提供冷水，每个冷凝器把 21℃ 井水冷却至 7℃。建议采用一个预冷凝器，可以采用来自漂白车间的 10℃ 的 ClO$_2$ 溶液来冷却送来的井水，而同时对 ClO$_2$ 溶液进行预热，由此可减少漂白车间的蒸汽消耗。

2）漂白车间废水热回收。漂白车间废水含有大量的热量，如果不回收便排放会被浪费掉，可以安装热交换器来回收这些热，产生热水。乔治亚-太平洋公司位于阿肯色州的 Crossett 厂在审计时建议安装热交换器回收漂白车间废水的热，产生的热水供纸机使用。估计投资 160 万美元，每年可节能 939 TJ，约 240 万美元，大约 0.7 年可回收投资费用。

（3）纸机系统

1）靴压。靴压可以加大压区，同时增加纸幅在压区的停留时间，这可以挤压出更多的水（水脱除量约增加 5%～7%），可以达到 35%～50% 的干度，从而减少干燥部能耗，减少蒸汽消耗。如果干燥能力不足，由于降低干燥部负荷，这种方法可以使车间产能增加 25%，靴压还可以增加纸幅湿强度。估计通过安装靴压可节省蒸汽达 2%～15%，这取决于产品和车间布置。在某生活用纸车间采用 X. NIP T 靴压，干燥能耗减少 15%。

2）先进的烘缸控制。美国制浆造纸工业所用的蒸汽、电和直接燃料大约有 50% 用于造纸过程，造纸过程所耗热能大部分用在纸机干燥部上。因此造纸节能大都和改进干燥过程效率、回收干燥过程废热有关。控制系统是众所周知的优化工艺参数、降低能耗、提高生产率、改进工艺过程质量的手段。其中烘缸控制系统的一个例子是烘缸管理系统控制软件，据报道它可以提供烘缸系统设置点和过程参数的先进控制，以减少蒸汽用量，提高生产效率。这一技术的几个研究案例已见诸报道。Stora Enso 的一台 Voith 低定量涂布纸机有两组机内涂布头，安装了烘缸管理系统软件后，由于降低了能耗，减少了维修费用和提高了生产率，每年可节省 26.3 万美元。

3）多通道烘缸。据报道，由美国阿尔贡国家实验室开发的多通道烘缸，相对于传统烘缸生产能力可提高 50%，而相对于装有扰流棒的烘缸生产能力可提高 20%。传统烘缸在缸内有冷凝水，成为传热障碍。新式多通道烘缸在和烘缸内表面很近的地方装有比较小的通道，由于明显减小冷凝水层厚度和增加烘缸表面温度而提高热交换效率，这一技术可在技改时采用，所需费用仅是新装烘缸的 20%，多通道烘缸目前正在中试。

4）Condebelt 干燥。1996 年第一台 Condebelt 干燥器在芬兰投入应用，随后于 1999 年在韩国应用。这种干燥方式是在一个干燥室内，纸幅和连续的热钢带直接接触，该钢带用蒸汽或热风加热，纸幅的水分通过金属带加热被蒸发掉。这种干燥技术有可能完全取代传统的纸机干燥部，比传统蒸汽干燥效率高 5～15 倍。但这种干燥方式不适用于定量高的纸张，而且至今在美国还很少应用。尽管干燥区域可以缩小，但投资费用也比较高。据估计这一技术可节省蒸汽消耗 15%，电耗亦稍有下降 [20 kW·h/t（纸）]。

5）空气冲击干燥。空气冲击干燥技术是将 300℃ 的热空气高速喷向湿纸幅上，这种技术蒸汽消耗少，但电耗稍有增加，最有可能用于涂布纸的干燥，但也可以取代传统蒸汽烘缸而用于一般纸张。据估计，冲击干燥比传统燃气或红外干燥技术可节省蒸汽 10%～40%，电耗却增加 5%。因此，这种方法牵涉到热能和电能应用的平衡，而这种平衡程度因设备不同而异，因此净能耗的节省还应根据不同设备进行验证。

6）纸张燃气干燥。美国气体技术研究所和美国能源部合作正在开发新的纸张干燥方法，这可能大大提高效率。这种燃气烘缸系统在烘缸内用小凹坑进行燃烧，这可取代目前的蒸汽烘缸，蒸汽烘缸的干燥能力限制了它的生产率。新技术明显增加烘缸温度（超过 316℃），增加干燥速率，从而可以降低能耗，纸机产量估计可增加 10%～20%。这一技术的关键在于扩散燃烧可以高度回收热来预热燃烧空气。

（4）化学品回收

1）优化稀释因子控制。在提取黑液时优化稀释因子控制可以减少从稀黑液蒸发的水量，从而减少蒸发器的蒸汽消耗。稀释因子可以通过控制最后一段洗浆的喷淋水量达到一个最佳值来优化，这一最佳喷淋水量是从蒸汽费用、漂白药品费用、废水质量等方面考虑决定的。惠好公司在华盛顿州 Longview 的浆纸厂一个改进蒸煮器洗涤和降低稀释因子的项目，估计每分钟可节省水 0.9 m³，每年节省天然气 327 TJ。

2）黑液浓缩。黑液浓缩器用来增加黑液浓度，以便送去回收炉燃烧。燃烧浓度高的黑液可以减少在回收炉内的水蒸发。目前应用的主要有两种浓缩器：浸管式和降膜式。浸管式浓缩器（submerged tube concentrator）是黑液在浸管内循环，黑液只被加热并不蒸发，然后黑液在浓缩器、蒸发器的蒸发室间进行闪蒸。投资费用包括浓缩器、输送黑液和蒸汽用的管道和泵。管式降膜蒸发器的操作几乎和传统升膜蒸发器一样，只不过它们的黑液流向相反，由于黑液流下的速度更快，泡沫又以相反方向流动，使得这种蒸发器不易结垢，可以产生高浓黑液（高达 70%，而非传统的 50%）。美国一家日产

900 t 的浆纸厂安装了黑液浓缩器,把黑液浓度由 73% 增加至 80%,每年可节约费用 90 万美元。

3)黑液气化。黑液在美国制浆造纸工业所消耗的燃料中占很大比例,硫酸盐浆厂一般用 Tomlinson 回收锅炉燃烧黑液回收化学药品并产生蒸汽发电。通常这种锅炉效率很低,为 65%~70%。所谓黑液气化是指通过把黑液中的有机物加工转化成洁净的合成气,后者可用在锅炉,或者用在联合循环过程产生电能或过程用蒸汽。当碱回收炉能力不足而成为生产瓶颈时,黑液气化器可以用作碱回收炉的补充。黑液气化器和联合循环动力系统结合应用可取代传统的碱回收炉系统,并为石灰窑提供燃料,甚至还可生产汽车用燃料或氢。黑液气化有两种主要形式,即低温/固相和高温/熔融相。气化过程所产生的燃料气体需要清洁以除去杂质,供动力系统和回收制浆化学药品用。低温气化是以常压下的流化床为基础,温度在 700℃ 或以下,低于无机盐熔点,无机物中含有大部分来自黑液的焦炭。碳酸钠用作流化床介质,它可被沉淀出来再用。

4)富氧石灰窑煅烧。富氧燃烧是为增加燃烧效率而开发的技术,已在采用高温燃烧工艺的工业部门以不同形式被应用。富氧石灰窑燃烧可以使燃料用量减少 7%~12%。据报道,应用富氧技术的投资不高,只需进气管道、氧气喷枪和控制仪表投资,投资回收期估计为 1~3 年。

5)石灰窑改造。石灰窑可以通过几项改造来降低能耗。可以安装高效过滤器以降低进料的水分,从而减少蒸发能耗;可以用高效耐火砖以减少热辐射损失,据估计用新型高效耐火砖可使石灰窑能耗节约达 5%。可以从石灰和石灰窑排气回收热量来预热进窑的白泥和空气。据估计,通过结合采取上述措施,吨产品节能达 496 MJ,同时,还可以提高绿液的石灰回收率,减少工厂外购石灰量。

(5)废纸制浆

1)增加废纸浆的应用。废纸浆生产所消耗的平均能量明显比机械木浆和化学木浆少。根据美国林纸协会数据,约有 200 家美国工厂仅用废纸生产纸浆,美国大约 80% 的纸厂以不同方式利用废纸,美国的制浆造纸工业不断增加废纸利用,进一步降低和原生浆生产相关的能耗。不过废纸浆会产生污泥,需要加以处理。

2)脱墨废水的热回收。通常废纸浆厂排放的脱墨废水温度都比较高,这可以回收低能级的热量。在废水回路装上热交换器可以回收这些热量用于水的加热。某工厂有 3 台纸机生产新闻纸和特种纸,以 60% 来自旧报纸和旧杂志纸的纤维为原料,工厂综合废水温度约为 49℃,流量为 2.7 m^3/min,使用热交换器可以产生加热经过滤的纸机喷淋水,这可以节省工厂蒸汽用量。

2.1.6.2　中国

(1)制浆节能

1)快速置换加热间歇蒸煮技术。传统的间歇蒸煮喷放时逸出大量热量,由于喷放时间短,热回收系统受容量的限制,难以达到较高的回收率,回收的热水不能充分利用,以致大量损失热能。采用连续蒸煮在蒸煮器内扩散洗浆的原理,利用洗浆系统的白水在蒸锅内分步洗浆，把蒸煮废液快速置换出来，以回收热量，实现冷喷放，降低能耗和减少废水污染。这种称为快速置换加热间歇蒸煮（RDH）的新技术与传统间歇蒸煮相比，可节省蒸煮用汽 60%～75%，纸浆强度可提高 10%～20%。

2）各式连蒸技术。由于连蒸技术具有优越性，先后出现了改良连续蒸煮（modified continuous cooking，MCC）、等温连续蒸煮（iso-thermal cooking，ITC）、低固形物连续蒸煮（lo-solids cooking，LSC）等。

3）蒸煮工序乏汽回收。对间断蒸煮喷放仓放出的乏汽，其回收方法主要有两种：一是用乏汽加热水；二是乏汽送入下一个蒸球。连续蒸煮时，乏汽连续排放，乏汽回收的难度相对较低，连续回收乏汽也可以用上述两种方式回收。蒸球蒸煮用汽的变压供汽汽轮机背压汽在向蒸球的供汽中占有大部分，以汽机背压汽 0.3 MPa、汽机抽汽 0.8 MPa 计，蒸球内温度从 20℃最后加热到 174℃（0.8 MPa 饱和温度），背压汽可以加热到 143℃，占总加热量的 80%，再加上从 0.3 MPa 升压至 0.8 MPa 过程中，压力匹配器抽吸的背压汽大约占 5%，因此 85% 的蒸球加热蒸汽可以用汽机的背压汽，只有 15% 用汽机 0.8 MPa 抽汽。比直接用 0.8 MPa 抽汽蒸煮，可增加热化发电量。

（2）造纸节能

1）造纸机干燥部热泵供热。目前国内各类造纸机的干燥部普遍采用单段、二段或三段通汽方式的常规热力系统，致使废热蒸汽排放污染环境，烘缸积存蒸汽冷凝水，吨纸汽耗高，影响纸机提高车速和提高产品质量，是当前造纸行业普遍存在而又急需解决的问题。热泵供热技术采用专门研制的热泵供热系统由独特设计的热力单元（热泵、高效汽水分离罐、专用调压罐、专用排水器等）进行优化组合，技术新颖，解决了造纸机烘缸积存蒸汽冷凝水问题，吨纸汽耗降低 20% 左右，还提高了车速和产品质量。

2）自由半浮球式蒸汽疏水技术。该疏水阀漏汽率特别低（<0.2%）、过冷度小（<3℃）、排水快、工作稳定可靠、使用寿命长，非常适于纸机烘缸疏水系统蒸汽凝结水，不论因温度高而含有大量"显热"，还是洁净的软水，均无需软化处理，可直接供锅炉使用。该阀突出的高背压率性能，可实施凝结水无泵背压闭路回收，使节能降耗再上一个新台阶。

3）热压榨。采用热压榨装置，可大大提高出压榨部的纸页干度。对于 120 g/m^2 的卡纸，出压榨部的纸页干度可从 40% 提高到 46%，使烘干部蒸发水量负荷从吨纸 1.50 kg 降到 1.17 kg，减少了 22%，扣除热压榨特种烘缸吨纸用汽 0.15 kg，可节省烘干用汽 17%。

4）新型量调节多喷嘴热泵。在引进国外先进纸机的基础上，国内企业逐渐推广蒸汽喷射式热泵，用于纸机烘干部，利用锅炉新蒸汽引射烘缸回水的闪蒸汽，升压后再利用。这使得烘缸凝结水回水背压降低，回水通畅，减少了烘缸积水，提高了烘缸转速和产量。另外，还回收了凝结水的闪蒸汽，减少了锅炉的新蒸汽用量。

（3）资源化利用

不断提高碱回收率。非木材纤维，特别是难度较大的麦草浆碱回收系统经多年研制、运行和改进，近年来已取得突破性进展，主要有：①干湿法备料和横管式连蒸制浆；②采用挤压与扩散相结合的封闭洗浆系统，提高黑液提取率；③开发和应用板式降膜蒸发器；④锅炉制造厂开发出适用于非木材纤维浓黑液燃烧的环保节能型系列燃烧炉，适用于日处理 100 t、150 t、200 t、300 t 碱法麦草浆，热效率高，节省重油用量，静电除尘率达 96% 以上，用变频调速风机，节约电能。

高效节能卧式喷淋薄膜蒸发通过蒸发干燥可提取黑液中有用的碱木素，变废为宝。

（4）余热、余压、余能利用技术

在众多的造纸节能技术中，余热、余压、余能利用技术与煤炭节能最为密切。其思路如下：生产过程中产生的余热、余压、余能的利用，应遵循"梯级利用，高质高用"的原则，把高品位余热余能用于发电，低温余热用于空调、采暖或生活用热。在制浆造纸工业常用的技术有：

1）自备电站的热电（冷）联供系统；

2）碱回收炉排气用于加热蒸煮木片；

3）回收纸浆黑液、树皮、木屑、可燃垃圾、污水处理厂排出的污泥和沼气等，利用其中的可燃性成分作燃料产生热能。污泥可制成轻质节能墙体材料或者与煤掺烧替代部分燃料；

4）化学制浆过程的二次热能利用，如利用蒸煮大放气或喷放的热量预热下一锅蒸煮液、蒸发废液、加热污水或通过换热器生产清洁的温热水；

5）热磨机械浆的热回收利用，将 TMP 排出的蒸汽直接用于加热生产用水，或利用换热器间接加热空气和水；

6）造纸机干燥部供热应用喷射式热泵建立新的热力系统，替代传统的三段通汽系统，使高、低参数的蒸汽都得到合理应用；

7）烘干部热回收系统，可将烘干部排出的绝大部分回收的热量用于加热生产用水。

（5）造纸行业节能减排的主要技术创新

造纸行业节能减排的技术创新和开发工作从以下几个方面进行。

1）研发能量系统诊断与集成优化技术。从系统优化的角度研究企业的能量系统（包括物料系统），研究过程能量系统的全局优化并兼顾单项节能措施的优化，提出过程系统用能效率的改进措施和工程实施方案，从而降低总能耗和产品成本，达到节能降耗、提高企业经济效益的目的。

2）研发节能工艺装备关键共性集成技术。急需研发和推广应用的造纸企业节能工艺装备关键共性集成技术主要有：①蒸汽动力系统能量梯级（多级）利用与集成技术，如能量转换环节与利用环节各级能流的耦合与最优匹配技术，全厂热、电、冷三联供优化耦合技术，生物质能源转化技术；②低位能量的利用技术，低能耗打浆技术、低能耗原材料替代技术、强机械脱水节能集成技术、高效干燥技术、软测量与优化控制技术、变频驱动技术应用；③过程余热回收集成技术等。

3）节能减排重点技术。制浆造纸行业节能减排必须重视的技术如下：推广纤维原料洗涤水循环使用工艺系统；推广低卡伯值蒸煮、漂前氧脱木素处理、封闭式洗筛系统；发展无元素氯或全无氯漂白，研究开发适合草浆特点的低氯漂白和全无氯漂白，合理组织漂白洗浆滤液的逆流使用；推广中浓技术和过程智能化控制技术；发展提高碱回收黑液多效蒸发站二次蒸汽冷凝水回用率的工艺；发展机械浆、二次纤维浆的制浆水循环使用工艺系统；推广高效沉淀过滤设备白水回收技术，加强白水封闭循环工艺研究；开发白水回收和中段废水二级生化处理后回用技术和装备。

2.1.7 纺织行业

2.1.7.1 纺织节能技术

"十一五"期间，纺织行业自主创新能力明显提高，高性能、功能性、差别化纤维材料技术，新型纺纱、织造与非织造技术，高新染整技术，产业用纺织品加工技术，节能环保技术，新型纺织机械以及信息化技术等重点领域的关键技术攻关和产业化取得重大进步，多项高新技术在纺织产业领域取得实质性突破，一批自主研发的科技成果和先进装备在行业中得到广泛应用。《纺织工业"十二五"科技进步纲要》指出，"十一五"期间，全行业共引进国外先进装备近 200 亿美元，采用国产先进装备约 2800 亿元人民币；化纤行业共淘汰陈旧的小型聚酯装备约 3×10^6 t，淘汰落后抽丝能力约 1.5×10^6 t，印染行业 74 型染整设备基本淘汰。目前，全行业 1/3 左右的重点企业技术装备总体上达到国际先进水平。

（1）节能、节水的新技术

"十一五"期间，按可比价计算，纺织行业单位增加值综合能耗累计下降约 40%，节能新装备、新技术在行业中得到广泛应用。棉纺行业推广采用节能电机、空调自动控制等技术，其中空调自动控制技术可降低空调能耗 10%~15%。化纤行业推广差别化直纺技术、新型纺丝冷却技术等实用节能型加工技术，其中新型熔体直纺热媒加热系统可减少燃料消耗近 1/3。印染行业节能降耗的新工艺技术研发和推广成效显著，其中高效短流程前处理技术可节约电、汽消耗 30% 以上，已经应用于各类棉及其混纺织物；冷轧堆染色可节约蒸汽 40%，已在中厚型织物上应用。

"十一五"期间，纺织行业节水工作取得进展，用水量最大的印染行业百米印染布生产新鲜水取水量由 4 t 下降到 2.5 t，累计减少 37.5%。在印染行业中开始大量推广应用的高效短流程前处理技术可减少水耗 30% 以上，生物酶退浆可节水 20% 以上，冷轧堆染色可节水 15%。

国产绿色环保纺织专用装备的研发和制造能力提高为纺织行业实现节能降耗创造了良好基础条件。其中，国产连续前处理设备和连续染色设备可有效节约蒸汽、水各 20%；新型间歇式染色机可节水 50%，节能 40%。

（2）污染物控制技术

"十一五"期间，按可比价计算，纺织行业单位增加值污水排放量的累计下降幅度超过 40%，污染物减排及治理技术明显进步。印染行业开发了对废水分质分流进行深度处理及回用的新技术，实现废水处理稳定达标，同时使印染布生产水回用率由 2005 年的 7% 提高到 2010 年的 15%，大幅减少了污水排放。丝绸行业研发了缫丝生产废水深度净化循环技术，缫丝废水循环使用率可达 90% 以上，基本实现污水零排放，目前已在大中型缫丝企业中推广应用。化纤行业采用膜技术处理化纤废水，采用长网洗浆机、连续打浆机和漂白自控系统等装置进行黏胶浆粕黑液治理，采用活性炭吸附法、废气制硫酸装置等治理黏胶废气，有效减少了液体、气体污染物的排放，提高了行业的清洁生产水平。

（3）资源循环利用技术

废旧聚酯瓶回收利用技术得到有序推广，技术不断升级。再生纺纤维用于家纺填充料已经开发出三维中空纤维等新品种，卫生性能也显著改善；用于生产可纺棉型短纤维、有色纤维等差别化纤维、中等强度工业丝的新技术也已实现突破，正在加强推广应用。目前，国内再生纤维生产能力达到 $7×10^6$ t，产量达到 $4×10^6$ t。行业利用速生林材等可再生、可降解生物质资源开发纤维材料的能力提高，竹浆、麻浆纤维已实现产业化。冷凝水及冷却水回用、废水余热回收、中水回用、丝光淡碱回收等资源综合利用新技术在行业中推广应用比例均已达到 50%，提高了水、热等各种资源的使用效率，同时也减轻了排污压力，产生了较好的经济和社会效益。

2.1.7.2　纺织发展趋势

（1）目前纺织业节能存在的主要问题

一些企业环保意识薄弱，节能减排积极性不高。为提高企业的经济效益，增强市场竞争力，提升企业综合素质，大部分企业都能够重视节能降耗工作。但管理机制粗放，节能减排措施不到位。在工程设计时，没有充分考虑节能降耗和污染治理问题，厂房、水、电、汽、热等系统设计不规范，给节能减排增加了难度。

一些企业产品结构、生产加工模式不合理，资源、能源浪费严重。由于产品缺乏原创性，来样生产所占比例大，打样、印花对色、多种纤维织物一次染色成功率（RFT）低，导致企业生产消耗过高。我国印染行业以中低档印染产品为主，为降低成本，所用纤维（主要指棉、毛、麻、丝）品质较低、含杂量高。

一些企业节能减排研发投入不足，缺少关键技术支撑。印染行业平均利润率只有 3% 左右，对节能节水关键技术和工艺研发的投入严重不足，尤其是小型民营企业，盲目追求近期利益，忽视甚至无视环境保护。

缺少对行业能耗、水耗的科学评价体系。科学制定印染企业的水取用量和废水排放量标准是完成节能减排目标的关键。当前行业管理弱化，对行业中能耗和水耗的数据采集、汇总和分析难度大。

（2）我国纺织行业发展趋势

1）棉纺。减量升级，明确技术改造和淘汰重点。棉纺织行业技术改造和淘汰的重点在淘汰所有 "1" 字头和 "A" 字头棉纺织设备的同时，要通过更新改造，推广应用新型、高效、节能的棉纺设备，提高劳动生产率。支持采用紧密纺纱机及紧密纺长车、集体落纱细纱机长车（1008 锭以上）、粗细络联合机；全自动转杯纺纱机及喷气、涡流纺纱机；增加无梭织机、自动络筒机、精梳联合机、高效精梳机生产"二无一精"①产品的技术改造。

2）纺机。朝高精化、柔性化、多功能复合加工方向发展，纺机自身也需要先进技术来淘汰落后产能。纺机行业下一步重点就是要推进新型设备的制造工艺，提高高精化、柔性化、多功能复合加工的制造技术水平，同时也会采用一些少切削、无切削的成形工艺。通过这些工作，在"十二五"末期，把纺机制造企业的工艺单位产品能耗降低25%，生产过程中主要污染排放量减少10%，材料利用率提高5%。

3）印染。淘汰落后产能要与技术改造相结合，在淘汰落后产能的同时，要推动行业的科技进步，促使企业加快产业升级，实现我国从印染大国向印染强国的转变。

2.1.7.3 节能减排的技术创新和开发工作

我国纺织行业将以增强产业创新能力为核心，以提高科技贡献率来化解行业发展瓶颈；引导企业推动重点科技攻关、研发成果转化和推广，推进全行业产品差异化水平，加大企业自主研发强度，提高产学研和产业链集成创新水平，加大技术改造规模，大力普及先进工艺和产品功能、性能创新，提升质量水平。我国纺织工业节能减排的技术创新和开发工作从以下4个方面进行。

（1）要开发新型工艺设备和改造落后高耗能设备

目前纺织行业节能工艺装备关键共性集成技术主要有：高效短流程前处理、小浴比染色、自动印花调浆、高效能定型、印染生产线在线检测及控制、废水废气的热能回收利用等。就技术层面而言，新型工艺设备和改造落后高耗能设备对纺织行业节能减排具有决定性的作用。开发新型节能节水环保型工艺和设备，改造落后的高耗能设备，是我国纺织行业和纺织机械行业当前亟待完成的重要工作。

（2）加强管理，落实节能减排

清洁生产是节能减排的重要途径，要进一步推行清洁生产工艺。减少污水产生量和污染物排放量，实现纺织行业污染防治从末端治理向源头预防转变，促进节能、降耗、减污、增效。更新改造或新建集中式污水处理设施，保证污水稳定达标排放。建立多级计量管理体系，确立消耗排放定额，实行计量消耗、计量排放，落实责任。加强用电需求侧管理，坚持多用谷电、少用峰电、尽量不用尖峰电。在生产中尤其在不满负荷生产的情况下，首先安排谷电时间生产，安排高耗能设备在谷电时段生产。在保证质量的前提下，加强工艺管理，合理安排设备流程。

（3）制定水耗、能耗和排污定额指标，完善节能减排标准

对全国纺织的水耗、能耗和排污指标进行调查摸底，制定纺织染产品单耗和排污要求，建立纺织产品的单耗及排污考核体系，为企业开展节能降耗工作提供依据。定额指

---

① "二无一精"是指"无棉卷、无接头纱、精梳纱"。

标既要有利于各生产企业赶超先进水平，也要有利于各地区对落后工艺和设备的淘汰及节能降耗工作的管理与指导。

（4）要科学规划纺织工业园区

各地政府在发展规划中，要科学规划、合理布局、督促引导企业向纺织园区集中，走"聚集发展、集中治污"的道路。各地政府要创造条件引导社会资金建立专业化废水处理厂，采取印染废水与生活污水集中统一处理的方式，实现污水处理的产业化和运营的市场化。

2.2　节能潜力分析

2.2.1　石化行业

（1）技术节能

生产技术水平无疑是影响石油炼制工艺能耗水平最核心的要素，往往也是最具定量化特点和时间、空间可比性的要素。研究分析显示，技术进步对节能贡献率可达到 40%~60%。要提高能源利用效率，缩小与国际先进水平的差距，必须大力开发和推广节能先进适用技术，重点是局部节能技术、能量集成优化技术、功热联产相关技术等。

我国炼油行业基于技术进步所能实现的节能总量预计可从 2010 年的 1.9×10^8 GJ 以每年 9% 的增幅持续增长，到 2020 年节能总量将达 4.6×10^8 GJ，约占同年行业总能耗的 21%，其对应的技术成本约为 166.5 亿元，约占行业年利润的 15%。

技术推广的政策性推动将有助于炼油行业实现更大的节能潜力。实施经济刺激计划可使行业节能总量到 2020 年达到 6.0×10^8 GJ，进一步实施技术的市场化战略可使行业节能总量再提高约 15%，最终达到 6.8×10^8 GJ，约占同年行业总能耗的 32%。技术推广应用的总成本也随之略有上升，到 2020 年最多将达到 191.6 亿元，约占行业年利润的 26%。

（2）管理节能

在炼油企业中，实际生产过程中加强管理对节能降耗工作很关键，对降低实际能耗至关重要。炼油企业通过健全完善的节能管理制度和节能考核制度，实行能耗的定额管理，根据生产计划安排和装置的实际运行水平，制订偏紧的能耗定额指标作为各装置年度能耗的工作目标，并结合实际情况进行考核，使节能工作更加深入和细化，不断提高职工的节能意识。炼油企业还可根据所加工原料的实际性质和产品质量的实际要求，做好操作条件的优化工作，可使节能工作取得事半功倍的效果。要注重细节节能。在节能方面，加强细化管理，将水、电、汽、燃料等消耗以指标形式下达到各部门，从日常生产操作的每一个细节抓起。设专门的机构和人员，专职负责节能的日常管理工作，使节能工作具有针对性和稳定性；节能工作计划和节能目标制定具有科学性，节能工作管理细致有效，既抓大（如提高加热炉的热效率），也不放小（如照明灯的管理；空调温度的设定规定，气温在 32℃ 以下时不允许使用空调；空冷要随气温的变化而调节），节能工作与生产操作指标挂钩，制定科学合理的奖惩办法，提高全员的节能意识，加强节能工作的综合管理。

2.2.2 化工行业

（1）煤化工应考虑单项技术能耗最低，整体系统能量最优

煤化工产品的生产集成了空分、煤气化、热量回收、煤气净化、气体分离、合成、高压加氢等一系列过程，因此每个单项技术水平及能耗高低直接影响其产品的能耗。建立完整的工序能耗核算规范及评价体系对促进煤化工单项技术水平的提高、降低工序能耗具有积极推进作用。例如，上海焦化通过空分上塔改造、空分预冷改造、气化装置废热蒸汽回收利用、净化闪蒸汽回收利用、德士古棒磨机改造、净化闪蒸汽回收利用、甲醇合成驰放气膜分离回收氢气增产甲醇、甲醇精馏改造等一系列节能改造项目，每年通过单项装置改造优化节能 $4 \times 10^4 \sim 5 \times 10^4$ tce。上海焦化为新型煤化工企业创建煤基多联产示范基地建立了高度稳定可控的协调组织系统，是针对新型煤化工建立起的一套实时能源消耗管理系统。煤化工整个系统由于不同过程存在不同等级的能量释放或利用，能量的平衡及能源品质的梯级利用应成为整个系统重点考虑的问题。上海焦化在蒸汽的利用中采用了较好的能源梯级利用方式。

（2）积极开拓低位能利用技术，做好低位能合理利用

煤化工的各类化学反应中产生大量热能，热能的利用水平直接影响产品的能耗。大量能源利用后，往往会产生大量的低位能源而难以得到有效利用。因此，需积极开拓应用高效余热回收技术和低品位热能转换为高品位热能或电能技术，同时配合区域集中供热供暖减少废热排放。上海焦化在低位蒸汽利用上就通过向周边单位供热和试用螺杆膨胀动力机发电技术解决过剩的低位蒸汽和多余的废热蒸汽。仅此一项每年就有效利用低位蒸汽 30 多万吨，同时产生部分电能，年节约能源近 3×10^4 tce。

（3）谨慎探索跨行业联产，摸索煤基多联产高效节能之路

基于目前煤化工欲跨行业联产呼声很高，如结合整体煤气化联合循环发电等，但笔者认为对于采用类似的煤基多联产路线应谨慎探索，与电力行业联合对发电企业减少 CO_2 排放是一条技术路线，但对煤化工行业能否提高能源效率值得商榷。此外，由于煤化工行业碳排放占排放总量比例较小（3%～4%），况且目前煤化工行业成本也无法承担 CO_2 的分离、捕集、处置。煤基多联产对实现能源的梯级利用、减少污染物的排放、提高整个系统的综合经济效益有独特的意义，是新型煤化工的主要特征。

（4）着力发展煤化工精细产品，真正体现化工产品

循环利用和煤炭资源价值利用从现有的煤化工产品看，产品能耗较高，产品链较短，产品产值低，较难体现煤炭利用价值，因此煤化工发展必须体现其价值。以煤气化为龙头，通过延伸煤化工产品链将多种技术有机集成在一起，实行煤的深度加工，获得众多高附加值的精细化工产品（如醇、酸、酐、醚等），以真正达到煤资源利用效率高耗能低、污染小、综合成本和环境成本低的目的。在精细化工发展过程中，应鼓励企业采用拥有自主知识产权的先进技术，同时适当引用国外先进技术，拓展技术运用渠道，通过引进、研发等手段掌控精细技术。如果说掌握煤气化技术是进入新型煤化工产业的大门，那么掌握各类精细化工产品技术就是找到了煤化工产业的"金元宝"。因此无论是企业还是国家都应加大对精细化工技术研发投入，使煤化工成为我国资源高效利用和经济持续发展的强大动力。

2.2.3　有色金属行业

"十一五"以来，有色金属行业节能降耗成效显著，而与此同时，节能降耗工作的基础仍不稳固。2008 年和 2009 年，能源效率大幅提高主要是由于节能减排工作的不断深入，但国际金融危机对能源利用技术水平较低的企业造成更大冲击也是重要原因。2010 年上半年，随着国际金融危机的影响减弱，有色金属行业能源效率大幅下降，在一定程度上反映了行业内部依然存在相当数量的相对落后产能。目前我国处于工业化中期阶段，作为工业体系中的基础性行业，有色金属行业在未来一段时期仍将保持较快增长。据中国有色金属行业协会预测，2015 年我国 10 种有色金属表观能源消耗量达 $4.38×10^7$ t，为 2008 年消耗量的 1.74 倍。在这种情况下，有色金属行业节能降耗的压力仍十分突出。

(1) 能源技术升级仍将是节能的重要内容

在各级政府和有关企业的共同努力下，"十一五"期间有色金属行业能源技术水平大幅提高，部分产品单产能耗已达到国际先进水平，为行业节能降耗做出了重要贡献。但整体而言，有色金属行业能源技术水平仍有一定的提升空间。2008～2010 年国家发展和改革委员会先后推出了三批《国家重点节能技术推广目录》，第二批和第三批目录预计到 2015 年相关技术将取得的节能效果，其中直接应用于有色金属行业的节能技术共 5 项，预计到 2015 年共实现节能能力 $340×10^4$ tce。有色金属行业协会"十二五"节能减排前期研究显示，如果 2015 年全国有色金属冶炼的主要产品综合能耗指标达到国际先进水平，2015 年相对 2005 年当年节能量约为 $2124×10^4$ tce，与 2010 年预计相比节能量达到 $895×10^4$ t。由此可见，能源技术进步仍将是有色金属行业"十二五"期间节能降耗的主要途径。另外，随着我国有色金属行业能源技术水平逐渐与国际先进水平接近，单纯依靠引进国际先进技术的能源技术升级模式的节能潜力将不断缩小。从长远来看，在引进国外先进能源技术的同时，积极开展有色金属行业节能技术的研发，提高我国相关技术的原始创新能力将成为我国有色金属行业能源技术升级和技术节能的根本保障。

(2) 再生有色金属在节能中的作用更加突出

有色金属具有很强的重复利用特性，废旧有色金属经过回收加工再处理可以实现有色金属的再生使用。我国有色金属资源相对较为匮乏，就目前的生产规模而言，我国有色金属资源可供开采年限十分有限，根据中国有色金属行业协会再生金属分会公布的《有色金属行业实施循环经济试点单位进展及措施建议》，即使按照 2005 年生产规模计算，铜保有储量的静态保证年限约为 9 年，铝土矿静态保证年限不足 18 年，铅静态保证年限仅为 5 年，锌的静态保证年限仅为 8 年。充分利用废旧有色金属资源，实现有色金属再生利用是解决我国资源不足问题的重要途径。除此之外，由于不需要采矿、选矿以及冶炼等环节，再生有色金属相对于原生金属能耗大幅下降，具有很好的节能效果（表 2-3）。

表 2-3　原生有色金属与再生有色金属能耗指标

金属	采矿综合能耗 /(kgce/t)	选矿综合能耗 /(kgce/t)	冶炼综合能耗 /(kgce/t)	原生金属生产能耗 /(kgce/t)	再生金属生产能耗 /(kgce/t)	再生金属节能量 /(kgce/t)	再生金属能耗占原生金属能耗的比重/%
铜	334	623	486	1444	390	1054	27
铝	36	1997	1881	3916	150	3443	4
铅	176	117	551	844	185	659	22

从总体上看，尽管我国废旧有色金属大量进入循环周期还需时日，但近年来依赖废旧有色金属的进口，我国再生金属行业发展迅速，2009 年我国主要再生有色金属产量达到 $6.33×10^6$ t，同比增长 19.4%，占 10 种有色金属产量比重达到 24.3%。其中，再生铜产量 $2×10^6$ t，再生铝产量 $310×10^4$ t，再生铅产量 $123×10^4$ t，分别较 2005 年增长 41%、60% 和 339%，相对于原生金属当年共实现节能 $1.359×10^7$ tce。但相比而言，我国再生有色金属发展依然较为落后，2008 年，我国再生铝占铝（包括原铝和再生铝）产量的比重为 17.27%，而世界平均水平为 20.41%，美国再生铝的比重为 56.42%，日本再生铝的比重更是高达 99.38%。"十二五"期间随着我国废旧有色金属量的增加，加之相关政策的完善，再生有色金属将进入快速发展阶段。目前《2009—2015 年再生有色金属利用专项规划》初稿已经完成，根据规划，2015 年我国再生有色金属总产量将达到 $1.1×10^7$ t，再生精炼铜、再生铝和再生铅产量分别达到当年精炼铜、电解铝、精铅产量比例的 40%、30% 和 30% 以上。按照 2009 年的水平，2015 年再生有色金属相比原生金属年节能量将超过 $2×10^7$ tce，即使考虑到原生金属能耗降低因素，2015 年再生有色金属年贡献节能量也应在 $1.5×10^7$ tce 左右。可见，再生有色金属行业将成为"十二五"乃至更长时期有色金属行业节能降耗的重要产业，其整体贡献随着我国废旧金属大量进入循环阶段而日益突出。

（3）有色金属行业循环经济节能潜力巨大

就内涵而言，有色金属再生利用属于循环经济的范畴，但循环经济的内涵更为丰富。除了废旧有色金属再生利用之外，还包括以余热回收利用为代表的能源梯级利用、尾矿、冶炼渣、炉渣和粉煤灰等废弃物的资源化，共生矿、伴生矿的综合利用等。近年来，我国有色金属行业循环经济发展迅速，尽管受矿产资源品质下降的影响，我国资源利用效率和综合利用率仍明显提高。2007 年公布的《有色金属行业实施循环经济试点单位进展及措施建议》中，有色金属行业协会再生金属分会的数据显示，国内有色金属矿山回采率平均达到 79%，选矿回收率平均达到 87%，冶炼回收率平均达到 95%；10% 的黄金、90% 的白银是在有色金属冶炼过程中综合回收的，有色金属行业综合回收的金属量已占年产量的 15% 左右。在多年的发展过程中，许多企业也创造了多种循环经济的模式，通过余能的回收再利用、废弃物的综合利用以及与相关产业的协作发展，在降低单产能耗的同时增加了企业的经济效益，综合能源效率大幅提高。目前，我国有色金属行业循环经济仍处于发展初期，循环经济发展主要集中于大型企业和试点企业，循环经济技术路线还有待优化，企业间和产业间的循环尚不健全。"十二五"期间，根据相关规划，有色金属行业循环经济将进入快速发展阶段，鉴于循环经济在降低能源和资源消耗的同时增加本产业和相关产业经济效益的特点，循环经济将成为未来有色金属行业节能降耗的重要支持。

2.2.4　钢铁行业

2000～2010 年我国重点钢铁企业炼铁工序的技术指标，2000 年的喷煤比为 118 kg/t（钢），焦比为 429 kg/t（钢），到 2010 年喷煤比提高到 149 kg/t（钢），焦比降到了 369 kg/t（钢）。许多钢铁企业在新增和改造设备，扩大喷煤能力，并通过提高风温、富氧和改善炉料质量等措施，以增加喷煤量。但是与国外的喷煤比相比还存在很大的差距。目前世界喷煤先进水平为 180～220 kg/t（钢），世界一流水平应为日本 NKK 厂高炉曾创出月平均 266 kg/t（钢）的最高纪录。存在差距的主要原因是富氧率低，风温不高和相关技术落后等。

钢铁行业余热资源回收利用率等技术指标与国外先进产钢国家相比还有较大的差距，配套设备的国产化率也比较低。国内外技术指标的差距见表 2-4。在电炉钢比例、干熄焦、高炉炉顶余压余热发电技术、烧结余热梯级回收及转炉煤气回收量方面的差距表明，我国钢铁行业节能潜力还有很大的空间。

表 2-4　国内外节能技术水平的对比

节能技术	国内水平	国外水平
电炉钢比例/%	10	40
高炉喷煤比/[kg/t(钢)]	149	266
干熄焦技术普及率/%	80	100
烧结余热回收普及率/%	20	40
高炉炉顶余压余热发电设备装备率/%	80	100
吨钢转炉煤气回收量/m³	74	110

2.2.5　建材行业

我国建材行业在水泥生产替代燃料和余热发电等两个方面还具有很大的潜力。以海螺集团为例，与日本川崎公司共同开发出了具有自主知识产权的利用新型干法水泥窑处理城市垃圾系统，2010 年 4 月第一套 300 t/d 垃圾处理系统正式建成投产，每年可节约标煤 1.3×10^4 t，减排 CO_2 约 3×10^4 t。新型干法水泥窑纯低温余热发电系统吨熟料发电能力平均可达到 29 kW·h。表 2-5 显示出国内外新型干法水泥窑垃圾混烧代煤技术及新型干法水泥窑纯低温余热发电技术指标及国内外的技术水平差距。

表 2-5　水泥行业国内外节能技术水平的对比

节能技术	指标	国内水平	国外水平
新型干法水泥窑垃圾混烧代煤技术	吨熟料水泥能耗/kgce	120	106
新型干法水泥纯低温余热发电技术	吨熟料发电量/(kW·h)	29	34

2.2.6　造纸行业

从吨浆纸综合能耗（包括制浆和造纸两个过程的综合能耗）来看，2005 年国际先进水平为吨浆纸综合能耗 0.9 ~ 1.1 tce。我国除少数企业或部分生产线达到国际先进水平外，大部分企业吨浆纸综合能耗为 1.38 tce 左右。主要浆、纸产品的能耗水平见表 2-6。对比可见，我国制浆、造纸的能耗值普遍比国际"最佳实践"能耗值高出 1 倍。

表 2-6　主要浆、纸产品的能耗水平

过程	我国浆、纸能耗限额参考值		国际"最佳实践"参考值	
	原料、工艺、产品	风干产品能耗/(kgce/t)	原料、工艺、产品	风干产品能耗/(kgce/t)
制浆	漂白化学非木浆	950	非木商品浆	407
	本色硫酸盐木浆	400	本色硫酸盐木浆	320
	漂白硫酸盐木浆	500	漂白亚硫酸盐木浆	532
	化学机械木浆	1100	热磨机械浆	224
	木色废纸浆	230	废纸浆	51
	脱墨废纸浆	310		
造纸	木浆新闻纸	530	木浆新闻纸	244
	废纸浆新闻纸（含脱墨制浆过程）	550	废纸浆新闻纸	259
	印刷书写纸	600	漂白的未涂布纸	307
	铜版纸	730	涂布纸	355
	白纸板	500	纸板	229
	箱纸板	500	牛皮纸板	267

随着我国废纸回收率和利用率的不断提高，我国造纸业逐步形成以木纤维和废纸为主，非木纤维为辅的造纸原料结构。按 2009 年统计数据，中国造纸行业废纸浆占 62%，非木浆占 15%，木浆占 23%，其中进口木浆占消耗制浆总量的 16%。此外，废纸浆单耗远低于木浆，依据制浆方法的国际最佳实践值，木浆最低单耗为 224 kgce/t，废纸浆仅为 51 kgce/t。大量废纸浆以及进口木浆的造纸原料结构促使中国造纸行业产品单耗相对较低。2009 年，中国造纸行业产品单耗按照行业消费总能耗、年产品产量计算，其产品单耗为 470 kgce/t。但是，按照中国 2009 年造纸行业中各类纸和纸板的生产量及浆原料结构，以国际最佳实践值计算，产品单耗应不高于 383 kgce/t。由此可见，我国造纸行业产品平均能效与国际先进水平相比还有相当大的差距，我国造纸行业节能潜力巨大。

以造纸污泥与煤混烧技术为例，与污泥外运到污水处理厂集中处理相比，造纸污泥与煤直接混烧吨污泥可节省能耗 0.044 tce；采用燃煤锅炉蒸汽能量梯级利用技术可以大大提高煤炭的综合利用效率，使吨纸能耗下降 0.029 tce。

2.2.7　纺织行业

相关研究数据表明，我国纺织行业全过程吨纤维能耗大致为 4.84 tce。其中，服装行业吨纤维能耗为 1.05tce，织造行业吨纤维能耗为 0.95tce 左右，印染行业吨纤维能耗大体为 2.5～3.2 tce，平均为 2.84tce，印染行业约占全行业能耗的 58.7%。印染行业是节能的重点。研究表明，印染生产加工过程中的能源以热能为主，30%～40% 用于烘干，25%～35% 用于洗涤，10%～15% 用于蒸煮，8%～12% 用于高温热处理，5%～10% 用于其他；其中蒸汽占印染总能耗的 80% 以上。2007 年我国规模以上印染布产量达到了 490×10^8 m，目前，国内印染每万米耗煤 3 t，耗电 450 kW·h，耗水 300～400 t，水电汽耗费大约占印染布总成本的 40%～60%，国内印染业平均耗能为发达国家的 3～5 倍，耗水为发达国家的 2～3 倍。废水排放量占纺织行业废水排放总量的 80%，平均回用率不足 7%。2007 年，印染废水年排放总量达到 23×10^8～30×10^8 t。

目前，我国纺织行业的年总能耗超过 6×10^7 tce，由于高温排液量大，热能利用率只有 35% 左右，造成了能源的极大浪费，每百米布用电量约为 18 kW·h，并且随着年产量的增加，耗电量也大幅增加。与国外相比，我国印染企业总体上单位产品取水量是发达国家的 2～3 倍，能源消耗量则为 3 倍左右。印染产品增长方式仍以粗放型为主，多数产品缺乏高科技含量，产品平均价格较低，仍以量取胜。由此可见，我国纺织行业还有很大的节能潜力。

2.3　"十一五"节能目标完成情况

2.3.1　石化行业

"十一五"期间，石化行业加大了节能工作力度，并以此作为实现可持续发展的重要抓手，通过完善法规标准、加大问责力度、淘汰落后产能、实施重点节能工程、推动技术进步、强化政策激励、加强监督管理等措施，推动节能工作取得重大进展。"十一五"时期，石化行业节能减排工作有力地促进了产业结构调整和技术进步，提高了全行业的节能环保意识，遏制了能源消耗强度大幅上升的势头，成为行业贯彻落实科学发展观的一大亮点。

2010 年，吨原油加工综合能耗为 99.3 kgce，比 2005 年下降 27.6%；吨乙烯综合能耗为 880.7 kgce，下降 11.6%；全行业绝大部分重点耗能产品的能耗逐年下降，主要耗能产品的能耗水平与国外先进水平之间的差距逐步缩小。

2.3.2　化工行业

"十一五"期间，化工行业根据国家总体要求，加大全行业节能工作力度，选择合成氨、甲醇、炼焦、电石乙炔等高耗能产业作为突破口，进一步完善法规标准、推进技术升级换代、淘汰落后产能、实施重点环节节能工程、落实节能责任制等管理和技术措施，节能减排工作取得了重大进展，加快了产业结构调整和技术进步的步伐，提高了全行业的节能减排意识，遏制了能耗强度上升过快的势头，完成了全行业节能减排的总体目标。

化工行业在"十一五"前四年，万元工业增加值能耗累计下降 10.0% 左右。其中合成氨行业综合能耗下降约 8%，甲醇行业综合能耗下降约 10%，焦炭行业综合能耗下降约 14%，电石行业综合能耗下降约 15.5%，重点企业累计实现节能量约 $0.8×10^8$ tce。2010 年化工行业万元工业增加值能耗降低到 2.2 tce，与 2005 年相比下降约 38.63%。

2.3.3 有色金属行业

（1）有色金属行业"十一五"节能目标

为了实现"国民经济和社会发展第十一个五年规划"中提出的 2010 年单位国内生产总值能耗降低 20% 的目标和落实国家《节能减排综合性工作方案》，有色金属行业协会等单位制定了《有色金属行业节能减排方案》，并于 2007 年 11 月发布。《有色金属行业节能减排方案》提出了我国有色金属行业"十一五"期间节能的具体目标：

2010 年有色金属行业节能总量为 $1600×10^4$ tce，约占当年能源消耗总量的 10% 左右；全国冶炼的主要综合能耗指标达到世界先进水平。

1）在氧化铝领域，到 2010 年，拜耳法和其他生产方法之比将达到 2∶1，氧化铝综合能耗低于 650 kgce/t。

2）在电解铝领域，新建电解铝生产能力综合交流电耗低于 14 300kW·h/t。现有的电解铝企业综合交流电耗必须低于 14 450 kW·h/t。现有企业要通过节能技术改造，在"十一五"末期达到新建企业水平。

3）在铜冶炼方面，粗铜冶炼综合能耗低于 500 kgce/t，铜冶炼综合能耗低于 700 kgce/t。

4）在镍冶炼方面，高硫镍综合能耗低于 800 kgce/t，镍冶炼综合能耗低于 4000 kgce/t。

5）在铅冶炼方面，现有铅冶炼综合能耗低于 650 kgce/t，新建铅冶炼综合能耗低于 600 kgce/t；现有粗铅冶炼综合能耗低于 460 kgce/t，新建粗铅冶炼综合能耗低于 450 kgce/t；再生铅冶炼综合能耗低于 130 kgce/t。

6）在锌冶炼方面，现有锌冶炼精馏锌综合能耗低于 2200 kgce/t，电锌综合能耗低于 1850 kgce/t；新建锌冶炼电锌综合能耗低于 1700 kgce/t。

7）镁冶炼综合能耗低于 7000 kgce/t。

（2）有色金属行业"十一五"节能效果

"十一五"时期，经过大规模的技术改造和淘汰落后生产能力，有色金属行业节能降耗成效显著，具体表现以下几方面：

1）铝锭综合交流电耗已达到国际原铝协会制定的 2010 年节能目标。2003 年 3 月，中国有色金属行业协会在国家发展和改革委员会、原国家环保总局的支持下，率先在电解铝行业内发起有影响的 8 家骨干企业带头淘汰落后自焙槽生产工艺,并提出了到 2005 年 12 月底全行业基本淘汰落后自焙槽生产工艺的目标。到 2005 年年底,全国基本淘汰了落后自焙槽生产工艺,共淘汰自焙槽产能 $1.54×10^6$ t,仅此按产能替代计算,年节电 $18.9×10^8$ kW·h,年减少氟化氢气体排放量 $2.5×10^4$ t,取得了非常明显的实施效果。2005 年我国铝锭综合交流电耗下降到 14 575 kW·h/t,比 2000 年下降 905 kW·h/t,实现了国际原铝协会制定的铝锭综合交流电耗到 2010 年降低到 14 600 kW·h/t 的节能目标;随着“不停电停槽和启槽技术”、“三度寻优技术”、“全息”技术、“全石墨化阴极”、“新型阴极”等先进技术的不断采用,2008 年进一步下降为 14 283 kW·h/t,三年又下降了 292 kW·h/t,比 2005 年节电 $38.4×10^8$ kW·h,折标煤 $47×10^4$ t[按 0.1229 kg/(kW·h) 折算],节能率约为 2%。2009 年全国铝锭综合交流电耗为 14 171 kW·h/t,比 2008 年同期又下降了 1.06%。

2) 氧化铝综合能耗创历史最低。经过科技工作者和工程技术人员的不断努力,攻克多项关键技术,对低品位矿石实现了选矿拜耳法、管道化间接加热熔出、降膜蒸发、闪速焙烧等工艺,使生产过程简化,能耗降低。“十五”时期,新建项目均采用低能耗的拜耳法生产工艺,单位产品能耗比烧结法降低一半以上。2005 年氧化铝综合能耗首次降到 1000 kgce/t 以下,为 998.2 kgce/t,比 2000 年下降 214 kgce/t,下降 17.7%;2008 年进一步降至 794.4 kgce/t,与 2005 相比(扣除折标系数影响因素,下同)节约标煤 $272.3×10^4$ t,节能率 13.1%。2009 年,氧化铝综合能耗下降到 656.7 kgce/t,比 2008 年同期下降了 19.6%。

3) 铜冶炼骨干企业综合能耗已接近国际先进水平。随着铜冶炼骨干企业不断进行技术改造和扩建,骨干企业生产所占份额不断扩大,能耗水平不断降低。2005 年铜冶炼综合能耗降到 733.1 kgce/t,比 2000 年下降 544.1 kgce/t,下降幅度为 42.6%;2008 年进一步降到 444.27 kgce/t,与 2005 年相比节约标煤 $2×10^4$ t,节能率 1.7%。2009 年铜冶炼综合能耗 366.3 kgce/t,比 2008 年同期下降了 7.2%。

4) 铅锌冶炼综合能耗均呈逐步下降趋势。随着引进的艾萨炉炼铅技术获得成功,具有我国自主知识产权的 SKS 氧气底吹——鼓风炉炼铅技术在国内的迅速普及,氧压浸出工艺研究和工业化应用取得突破,铅锌冶炼综合能耗均呈逐步下降趋势。2008 年铅冶炼综合能耗进一步降到 463.31 kgce/t,相比 2005 年节约标煤 $0.77×10^4$ t,节能率 0.6%,2008 年精锌综合能耗下降到 1888.4 kgce/t,与 2005 年相比节约标煤 $22.66×10^4$ t,节能率 15.9%。2009 年铅冶炼综合能耗下降到 459.4 kgce/t,比 2008 年同期下降 2.8%,电解锌综合能耗下降到 922.1 kgce/t,比 2008 年同期下降 3.2%。

(3) 有色金属行业“十一五”节能降耗存在的问题

1) 部分产品单耗与世界先进水平仍存在一定的差距。受我国铝土矿为一水硬铝石的影响,我国氧化铝的生产能耗高于国外采用三水软铝石铝土矿的企业,即使同为拜耳法,我国的熔出温度也较国外企业高一倍左右,在当前国内氧化铝生产能力已达 $3372×10^4$ t,其中国产铝土矿生产氧化铝能力达 $2250×10^4$ t 的情况下,尚有 $700×10^4$ t 在建和拟建,恰恰是利用耗能较高的国产铝土矿生产氧化铝。再加上企业原有的烧结法和联合法仍占较大比重,因此,虽然 2008 年氧化铝综合能耗降为 794.41 kgce/t,但仍远高于国外先进企业，且企业之间差距较大。先进的单位产品综合能耗达到了 445 kgce，比国外拜耳法平均能耗水平 405 kgce/t 高出不到 10%，而落后的单位产品综合能耗仍有 1310 kgce/t。

2）淘汰落后工艺任务艰巨。虽然淘汰落后生产能力在有色金属行业已取得重要进展，但能源消耗高、环境污染大、劳动强度高的落后生产能力在有色金属行业中仍占相当比例。截至 2008 年年底，国内能耗高、污染重、80 kA 及以下的预焙槽产能为 1.02×10^6 t，100 kA 及以下的预焙槽产能为 1.67×10^6 t。此外，还有 100～160 kA 的预焙槽产能 3.25×10^5 t。反射炉及鼓风炉铜冶炼产能有 3.0×10^5 t/a，烧结锅铅冶炼和落后锌冶炼产能分别有 4.0×10^5 t/a、6.0×10^5 t/a。此外，还有环保不达标、能耗高的烧结机铅冶炼能力 1.5×10^6 t/a，共有约 46% 的落后能力。有色金属行业淘汰落后产能的任务仍十分艰巨。尤其是铅锌产业企业集中度低，中小企业居多，很多企业位于经济发展相对落后的地区，淘汰落后生产能力难度很大。

2.3.4 钢铁行业

"十一五"期间，我国粗钢产量由 3.5×10^8 t 增加到 6.3×10^8 t，年均增长 12.2%；共淘汰落后炼铁产能 1.227×10^8 t，炼钢产能 7.224×10^7 t，高炉炉顶压差发电、煤气回收利用及蓄热式燃烧等节能减排技术得到广泛应用，部分大型企业建立了能源管理中心，促进了钢铁工业节能减排。2010 年，重点统计钢铁企业各项节能减排指标全面改善，吨钢综合能耗降至 605 kgce、耗新水量 4.1 m³、二氧化硫排放量 1.63 kg，与 2005 年相比分别下降 12.8%、52.3% 和 42.4%。固体废弃物综合利用率由 90% 提高到 94%；我国新增查明铁矿石资源储量 151×10^8 t，平均每年增加 30.2×10^8 t，国内铁矿石年产量从 4.2×10^8 t 增加到 10.7×10^8 t，年均增长 20.6%，为"十一五"钢铁行业主要生产工序能耗稳步下降和降低吨钢综合能耗奠定了基础。同时，钢铁行业各工序能耗达到国家《粗钢生产主要工序单位产品能源消耗限额》限定值的比例大幅提高，详见表 2-7。

表 2-7 钢铁行业各工序能耗与国家限额标准比较

工序	焦化	烧结	炼铁	转炉	电炉
国家限额标准限定值/(kgce/t)	165	65	460	10	215
2005 年能耗指标/(kgce/t)	142.21	64.83	456.79	36.34	201.02
企业达标率/%	74.0	44.8	47.0	0	51.6
国家限额标准限定值/(kgce/t)	155	56	446	0	92
2009 年能耗指标/(kgce/t)	112.28	54.95	410.65	3.24	72.53
企业达标率/%	92.6	54.5	79.7	31.9	72.4
达标率变化/%	18.6	9.7	32.7	31.9	20.8

注：①2005 年各工序对标的电力折标系数为 0.404 kgce/(kW·h)；②2009 年各工序对标的电力折标系数为 0.122 9 kgce/(kW·h)。

从表 2-7 可以看出，2009 年与 2005 年相比，焦化工序能耗企业达标率提高了 18.6%，烧结工序能耗企业达标率提高了 9.7%，炼铁工序能耗企业达标率提高了 32.7%，转炉工序能耗企业达标率提高了 31.9%，电炉工序能耗达标率提高了 20.8%。

这说明，"十一五"期间我国钢铁企业各生产工序节能措施得当，节能效果明显，取得了显著成绩。

2005～2009 年，占钢铁企业二次能源回收总量 70% 的高、焦、转炉煤气的利用量逐年提高，损失率逐年降低。与 2005 年相比，2009 年焦炉煤气利用率提高了 2.6 个百分点，高炉煤气利用率提高了 4.2 个百分点，转炉煤气利用率提高了 10 个百分点，企业自发电量占生产总用电量比例提高了 5.8 个百分点。这些成果说明，钢铁行业近几年在二次能源利用和节能管理方面有了很大提高。

"十一五"期间，我国钢铁行业节能取得可喜进步，主要表现在以大型化、现代化和采用先进节能技术，使各主体设施的工序能耗、吨钢综合能耗大幅度下降。2009 年年底，仅重点大中型钢铁企业就拥有各类机械化焦炉约 340 座，已配备 89 套干熄焦装置，干熄焦技术的普及率 70%，比 2005 年提高了 45%。2009 年年底，拥有 456 台烧结机，大于 180 m^2 的有 135 台（基本上都配有余热回收装置或发电装置），4 年时间 180 m^2 以上烧结机就增加了 85 台，烧结装备水平及采用厚料层焙烧技术逐年提高。至 2009 年，球团产量提高到 1.06×10^8 t，比 2005 年增加 102%；采用高碱度烧结矿配加酸性球团矿是高炉实现合理炉料结构的重要基础条件。2009 年年底，拥有高炉 560 座，其中大于 1000 m^3 的有 189 座，比 2005 年增加了 110%。2000 m^3 以上高炉 TRT 配备率 100%，1000 m^3 以上高炉 TRT 配备率达到 96.3%，这是钢铁行业各主工艺节能措施配备最高的工序。2009 年年底，拥有转炉 689 座，大于 100 t 的有 197 座。转炉煤气回收量由 2005 年的 50 m^3/t 钢提高到 2009 年的 88 m^3/t。2009 年，转炉"负能"炼钢的企业有 23 家。轧钢工艺装备水平有了很大提高，各钢铁企业基本上都拥有二三套现代化轧机，甚至是全部现代化轧机。在热轧系统上，加热炉采用蓄热式燃烧和先进的燃烧控制技术，吨材燃料消耗降低了 20%。

至 2010 年，在我国重点大中型企业中，高效能源转换的燃气－蒸汽 CCPP（combined cycle power plant）机组由 2005 年仅宝钢 1 家，增加到 16 家，台数由 1 台增加到近 20 台。所有企业均配有中温中压或高温高压全燃煤气锅炉和热电联产装置；企业的自发电装机容量由 2005 年的 680×10^4 kW·h 增加到 1.68×10^7 kW·h；自发电量由 270×10^8 kW·h 增加到 765×10^8 kW·h，不但降低了企业副产煤气的放散率，也提高了企业的经济效益。

综上所述，"十一五"期间在国家政策引导和财政资金支持下，我国钢铁行业的节能降耗取得了明显效果，进一步缩小了与国外先进钢铁行业在能源利用上的差距。虽然"十一五"钢铁行业在节能减排上取得很大成绩，但仍存在以下问题：

1）淘汰落后产能的工作依然艰巨。我国钢铁行业还存有 1 亿多吨钢的落后产能，影响了钢铁行业能源利用效率的进一步提高。

2）现代化能源管理手段须完善，传统的粗放式能源管理模式难以满足现代的精细化能源管理工作的需要。

3）在能源利用上还存在不足和薄弱环节。例如，部分企业的工序能耗还未达到国家标准的要求，煤气损耗的绝对量（值）仍然较高，二次能源利用率还有待进一步提高，特别是低温余热利用方面还有潜力可进一步挖掘。在系统节电上，还存在落后的电器设备，企业电力调度尚未形成数字化、自动化的系统以及根据负荷容量合理调整供配电系统等。

2.3.5 建材行业

"十一五"期间，在科学发展观的正确指导下，在国民经济快速发展的强劲带动下，建材行业继续实施"由大变强、靠新出强"的跨世纪发展战略，我国建材行业实现了又好又快的发展，在满足市场需求强劲增长的同时，全行业在结构、技术和工艺装备水平、节能减排等各方面都取得了长足进步，新型干法水泥、浮法玻璃、池窑拉丝玻璃纤维等先进工艺技术比例不断提高；经济运行质量明显提升，全行业销售收入、利润总额等主要指标都有较大幅度的增长；节能减排成效显著，万元增加值综合能耗逐年下降，二氧化硫及烟气粉尘排放量持续降低；循环经济积极推进，固体废弃物利用量逐年增长；对外合作水平进一步提高。"十一五"是新中国成立以来我国建材行业发展最快的时期之一，也是发展水平提升、发展质量提高和经济效益最好的一个五年期。

1）主要产品产量和经济效益保持较快增长。2010 年水泥产量 1.88×10^9 t，平板玻璃产量 6.6×10^8 重量箱，建筑陶瓷产量 8.08×10^9 m^2，卫生陶瓷产量 1.6×10^8 件，其产量年均增长分别为 11.7%、10.3%、14.2%、21.3%。

2010 年规模以上建材工业企业实现销售收入 2.7 万亿元，"十一五"期间年均增长 29.5%；2010 年实现利润总额 2000 亿元，"十一五"期间年均增长 44.2%。

2）主要的生产工艺技术、装备水平接近或达到了世界先进水平。我国已全面掌握了大型新型干法水泥、大型浮法玻璃、大型玻璃纤维池窑拉丝等先进生产工艺技术，具备了成套装备的生产制造能力。新型干法水泥在预分解窑节能煅烧工艺、大型原料均化、节能粉磨、自动控制和环境保护等方面，从设计、装备制造到工程建设整体都接近或达到了世界先进水平，并实现了大型成套技术装备的出口；建筑陶瓷和玻璃纤维的生产技术装备在部分领域达到了世界先进水平，大规格建筑陶瓷薄板的研制与开发取得突破性进展；12 万 t 超大型玻璃纤维池窑及全氧燃烧技术，达到了国际领先水平。

3）结构调整取得重大进展。"十一五"期间，水泥、平板玻璃分别累计淘汰落后产能 3.4×10^8 t、6×10^7 重量箱。技术和产品结构不断优化。2010 年新型干法水泥熟料产量比重达到 81%，比 2005 年提高 41 个百分点；浮法玻璃产量比重达到 87%，比 2005 年提高 8 个百分点，单线最大规模达到日熔化量 1000 t；池窑玻璃纤维产量比重达到 85%，比 2005 年提高 16 个百分点；新型墙体材料比重达到 55%，比 2005 年提高 13 个百分点。

产业集中度进一步提高。2010 年水泥行业前 10 家企业产量 4.7×10^8 t（其中有 2 家企业水泥产能过 10^8 t），占全国水泥产量的 25%，较 2005 年增长 9.6 个百分点；全国前 10 家平板玻璃企业产量占全国总产量的 57%。有 8 家大型建材企业集团进入中国企业 500 强，市场供需秩序有所改变，区域竞争有所规范。

产业结构比例进一步优化。传统的能耗高的产业增加值比重下降是"十一五"时期建材工业结构发生变化的又一个显著特征。水泥制造业工业增加值占建材工业增加值总量的比重从 2002 年的 43%下降为 2005 年的 34%，2010 年下降到 24%；玻璃纤维增强塑料、建筑用石、云母和石棉制品、隔热隔音材料、防水材料、土砂石开采、技术玻璃、水泥制品等行业的发展速度远超过了传统的能耗高的行业增长速度。2010 年低能耗产业工业增加值比重已经达到建材行业增加值总量的 43%，其对建材行业增长的贡献率，已接近传统的能耗高的建材产业。

产业布局进一步改善。在国家实施西部大开发战略和产业转移等政策引领下，中西部地区建材工业的发展速度和主要建材产品生产能力增长明显快于东部地区。"十一五"时期中西部地区建材行业增加值年均增长 32.7%，高于东部地区年均增长 10.7 个百分点。

4）节能减排、综合利用废弃物成效显著。2010 年建材行业万元增加值综合能耗为 3 tce，比 2005 年下降了 52.6%，超额完成了"十一五"计划目标。主要污染物排放总体呈明显下降趋势，其中烟气粉尘排放量由 2005 年的 7.02×10^6 t 降低到 2010 年的 3.8×10^6 t，比 2005 年减少了 46%；二氧化硫排放量由 2005 年的 170×10^4 t 降低到 2010 年的 150×10^4 t，下降了 12%。

2010 年，建材行业利用各类工业固体废弃物 6×10^8 t，其中粉煤灰的综合利用量占到全国利用总量的 30% 以上，煤矸石的利用量占全国利用总量的 50% 以上。工业副产石膏也得到有效利用。

水泥工业余热利用技术得到普遍认可和推广应用，到 2010 年年底，累计约有 700 条生产线建成余热发电站，总装机容量达到 4800 MW；玻璃熔窑余热发电技术也已得到开发应用。

水泥工业已基本掌握了利用水泥窑无害化处置工业废弃物的关键技术。利用水泥窑协同处置工业废弃物、危险废弃物、城市生活垃圾、污泥等综合利用工程陆续启动。同时，以可燃性废弃物替代燃料的研究与实施也在积极推进之中。

5）参与国际竞争的能力进一步提高。"十一五"期间建材商品出口总体保持了较快增长态势，年均增长速度为 17.3%。以具有国际先进水平的大型新型干法水泥成套技术为依托，大企业积极参与国际工程建设领域的竞争，目前已占到国际水泥工程建设市场份额的 40% 以上，并由此带动了成套技术装备和劳务的出口。玻璃纤维行业大企业启动实施了海外投资战略，瞄准海外市场，"走出去"积极参与国际市场竞争，提升了行业在国际竞争中的影响力。

综上所述，"十一五"指标及完成情况汇总在表 2-8。

表 2-8　建材行业指标完成情况

指标	2005 年	"十一五"指标	2010 年完成指标
建材行业增加值年均增值/%	16.4	8～10	27.9
水泥产量/10^8 t	10.7	12.5	18.8
新型干法熟料比重/%	40	70	81
浮法玻璃比重/%	79	>90	87
新型墙体材料比重/%	42	60	55
建材万元增加值能耗/(tce/万元)	6.38	-20	3
新型干法水泥采用余热发电生产线比例/%	—	40	55

2.3.6 造纸行业

"十一五"期间，关停了制浆造纸企业 2000 多家，淘汰落后产能 1000 余万吨。吨纸浆平均综合能耗由 0.55 tce 降至 0.45 tce；吨纸及纸板平均综合能耗由 0.83 tce 降至 0.68 tce；已建成的先进产能的质量、消耗定额、污染物排放负荷达到国际先进水平，顺利完成"十一五"节能目标。

其中造纸行业的企业有 24 家，"十一五"期间的节能目标是 1.333×10^6 tce，"十一五"前四年，24 家造纸企业共实现节能量 2.432×10^6 tce，完成"十一五"节能目标的 182.50%。其中超额完成的 14 家，占 58.3%；完成的有 9 家，占 37.5%；1 家未完成节能目标。国家监管的重点耗能造纸企业"十一五"前四年节能完成情况如表 2-9 所示。

表 2-9 造纸行业国家监管的部分重点耗能企业"十一五"节能情况

企业	考核等级	"十一五"节能目标/10^4tce	完成进度/%
金城造纸股份有限公司	超额完成	4	205.44
延边晨鸣纸业有限公司	超额完成	3.75	448
延边石岘白麓纸业股份有限公司	未完成	4.75	-6.35
金东纸业(镇江)有限公司	超额完成	10.8	298.91
芬欧汇川(常熟)纸业有限公司	超额完成	2.98	426.16
金华盛纸业(苏州工业园区)有限公司	完成	4.85	76.38
宁波中华纸业有限公司	完成	3.06	378.81
福建南纸股份有限公司	超额完成	5.17	125.58
福建省青山纸业股份有限公司	完成	5.94	70.2
山东博汇纸业股份有限公司	超额完成	3.74	84.43
华泰集团有限公司	超额完成	6.17	305.68
山东晨鸣纸业集团股份有限公司	超额完成	22.3	161.25
山东太阳纸业股份有限公司	完成	7.23	157.1
山东晨鸣纸业集团齐河板纸有限责任公司	超额完成	3.86	109.83
中冶纸业银河有限公司(原临清银和纸业)	完成	1.24	585.21
河南省银鸽实业投资股份有限公司	超额完成	3.2	241.2
新乡新亚纸业集团股份有限公司	完成	3.7	115.12
武汉晨鸣汉阳纸业股份有限公司	完成	5.5	127.82
湖南泰格林纸集团有限责任公司	超额完成	5.89	272.04
广州造纸股份有限公司	超额完成	3.7	145.8
东莞理文造纸厂有限公司	完成	4.03	95.2
东莞玖龙纸业有限公司	完成	5.59	150.8
宜宾纸业股份有限公司	超额完成	1.8	239.4
中冶美利纸业股份有限公司	超额完成	10	96.99

在对造纸行业国家监管的重点耗能造纸企业进行调研的同时，也对广东地区部分重点能耗的造纸企业进行了调研，其节能任务完成情况见表 2-10。

表 2-10　造纸行业广东地区部分重点耗能企业"十一五"期间节能情况

企业	考核等级	年份	完成进度/%
广州市花都长兴纸业有限公司	完成	2006～2009	111
东莞市中堂镇吴家涌有利造纸厂	完成	2006～2009	124
东莞市中堂东江造纸厂	完成	2006～2009	169.9
东莞市振兴造纸有限公司	完成	2006～2008	155.9
东莞市金桦纸业有限公司	完成	2006～2007	653.93
东莞市骏业纸业有限公司	完成	2006～2009	118
东莞市强安造纸有限公司	完成	2006～2009	1096.96
东莞市永安造纸有限公司	完成	2006～2008	284
东莞建晖纸业有限公司	完成	2006～2008	119.65
广州市番禺区莲花山造纸有限公司	完成	2006～2010	131.51
东莞市宝力造纸厂	完成	2006～2007	122
东莞建辉纸业企业	完成	2006～2009	153
东莞市鸿业造纸厂	完成	2006～2008	544.63

自 2006 年开展千家企业节能行动，特别是 2007 年开展节能目标评价考核工作以来，造纸企业对节能工作的重视程度明显提高，能源管理制度不断完善，节能技术改造投入显著增加，能源计量、统计等基础工作趋于规范。通过开展能源审计、编制节能规划、编报企业能源利用状况报告、开展能效水平对标、实施节能技术改造等工作，造纸企业各项节能工作都取得了积极进展，能源利用效率得到大幅提高，前四年就超额完成"十一五"节能任务，这将对国家在"十一五"期间完成国内生产总值能耗比"十五"末降低 20% 的目标做出重大的贡献。

2.3.7　纺织行业

《纺织行业"十一五"发展纲要》明确指出到"十一五"末，我国纺织行业自主创新能力得到较大提高，形成一批具有自主知识产权、有一定国际影响力的技术和知名品牌；产业结构进一步优化，整体技术装备水平大幅提高；低效率、高耗能、高污染的低水平初加工能力得到有效限制和淘汰，节能降耗、环境保护取得实质性进展；在更高层次上形成以质量、创新和快速反应为主体的产业竞争优势，构筑起符合新型工业化道路要求的产业发展模式。纺织行业"十一五"节能目标如表 2-11 所示。

表 2-11　纺织行业"十一五"部分目标

指标	2005 年	2010 年	年均增长	属性
节能指标	—	吨纤维耗电量比 2005 年降低 10%	—	约束性

续表

指标	2005 年	2010 年	年均增长	属性
降耗指标	—	单位产值的纤维使用量比 2005 年降低 20%，吨纤维耗水量比 2005 年降低 20%	—	约束性
环保指标	—	单位产值的污水排放量比 2005 年降低 22%	—	约束性
主要产品产量	化纤：1629×10^4 t 纱：1440×10^4 t	化纤：2400×10^4 t 纱：1850×10^4 t	化纤：8% 纱：5%	预期性

总量上节能减排的任务很重。按国家统计局统计，2006 年纺织规模以上企业总能耗为 7.803×10^7 tce，占全国工业总能耗的 4.4%；新鲜水取用量为 9.55×10^9 m^3，占全国规模以上工业企业总用水量的 8.5%，居全国第二；年废水排放量是 2.61×10^9 t，占全国工业废水排放量的 10%，居全国第六。《纺织工业"十一五"发展纲要》提出了关于节能降耗和减排的四项约束性指标，水耗、能耗下降幅度均高于全国"十一五"规划的要求。其中，棉纺织行业，万元产值耗电比 2005 年降低 10%～15%；化纤行业，万元产值耗电比 2005 年降低 10%～15%；产业用纺织品行业，万元产值耗电比 2005 年降低 10%；家用纺织品行业，万元产值耗电比 2005 年降低 10%；印染行业，万元产值耗电比 2005 年降低 10%～15%；麻纺织行业，万元产值耗水、耗电、污水排放量比 2005 年降低 10%～15%；丝绸行业，万元产值耗电比 2005 年降低 10%。

"十一五"期间节能降耗和环境保护取得实质性进展。纺织行业能耗所占工业能耗比重在逐年下降，从 2005 年的 4.34% 下降到 2009 年的 3.60%，下降了 0.74 个百分点。行业能耗增长幅度大大低于行业增加值增长幅度，纺织行业增加值从 2005 年的 5145.4 亿元增加到 2009 年的 10 352 亿元，上升了 101.18%；能耗从 2005 年的 6.87×10^7 tce 增加到 2009 年的 7.946×10^7 tce，上升了 15.71%。"十一五"期间，纺织行业增加值能耗持续下降，规模以上企业单位工业增加值能耗分别比上年降低 8.65%、13.36%、18.77%、10.54%，2005 年以来累计降低了 42.10%。

我国纺织行业节能减排取得积极进展，主要表现在：制定政策措施，引导节能减排；开展清洁生产审核，实现源头控制；制定系列标准、规范，为节能减排提供基础和依据；重点设备技术改造取得明显效果；开发先进的节能减排技术和装备；废水余热回收技术和中水回用技术取得实质性进展；资源回收利用技术逐步完善。

2.4 "十二五"节能目标

2.4.1 石化行业

面对日趋强化的资源环境约束，"十二五"时期石油和化工行业节能减排的压力显著加大。积极应对全球气候变化，牢固树立绿色、低碳发展观念，加快构建资源节约型、环境友好型、本质安全型的发展模式，既是"十二五"转变发展方式的根本要求，也是我国石化工业由大做强转变的必然使命。

近年来，石化行业大力开发应用节能减排、清洁生产新技术新工艺，充分发挥化工园区和典型企业的示范作用，已取得了一定成绩和成功经验。发展绿色化工，观念转变是源头，科技创新是核心，清洁生产是关键，结构调整是重点，强化管理是保障。"十二五"期间石化行业转型升级的核心任务是发展高端石化产品，以差异化、高质量、低消耗的产品技术引领发展，实现原料多元化、生产清洁化、管理高效化，在转变发展方式上迈出扎扎实实的步伐，取得实实在在的成效。

石化行业到"十二五"末，万元工业增加值能耗比"十一五"末下降 18%。以提高石化产品附加值为重点，大力发展高端或专用石化产品，加强可再生树脂的研发和废塑料的回收利用，努力增加节能环保型新产品、新牌号，积极推进节能型橡胶的应用。优化原料结构，推动原料的轻质化，支持乙烯生产企业进行节能改造，实现生产系统能量的优化利用，到 2015 年，乙烯综合能耗降至 857 kgce/t。

2.4.2　化工行业

化工行业到"十二五"末，万元工业增加值能耗比 2010 年下降 20%。到 2015 年，合成氨综合能耗降至 1350kgce/t，烧碱（离子膜法 30%）综合能耗降至 330kgce/t；纯碱综合能耗降至 320kgce/t；电石综合能耗降至 1050kgce/t。

2.4.3　有色金属行业

通常而言，节能降耗效果主要表现在两个方面：一是由万元增加值能耗衡量的整体节能效果；二是由单产能耗衡量的能源技术水平。"十二五"发展基本思路提出，2015 年 10 种有色金属产量控制在 4200 万 t 以内，其中铜 650 万 t（矿产铜 500 万 t），电解铝 2000 万 t（氧化铝 41 万 t），铅 500 万 t（矿产铅 350 万 t），锌 680 万 t，镁 100 万 t。按此测算，各金属品种节能目标如下：

（1）电解铝

2015 年，平均每吨铝综合交流电耗为 13 670kW·h，与 2005 年比，吨铝降低电耗 905 kW·h，节电率为 6.21%，可节电 181×10^8 kW·h，折合标煤减少消耗 2.225×10^7 t；与 2010 年预计比，节约标煤 4 万 t。

（2）氧化铝

2015 年氧化铝平均综合能耗降为 650 kgce/t，与 2005 年比，将降低能耗 263.9 kgce/t，节能率为 28.9%，可减少标煤消耗约 1.082 万 t；与 2010 年预计相比，节约标煤 410 万 t。

（3）铜冶炼

2015 年，平均每吨精炼铜综合能耗为 350 kgce/t，与 2005 年比，吨铜综合能耗降低 102 kgce，节能率为 22.57%，可减少标煤消耗 51×10^4 t；与 2010 年预计比，节约标煤 30 万 t。

（4）铅（锌）冶炼

2015 年，平均每吨铅冶炼综合能耗为 430 kgce/t，与 2005 年比，吨铅降低能耗

36. 3 kgce，节能率为 7.78%，可减少标煤消耗 12.7 万 t。锌冶炼节能潜力不大。

（5）镁冶炼

到 2015 年，吨镁综合能耗下降到 4000 kgce，与 2005 年比，吨镁降低能耗 4635 kgce，节能率为 53.67%，可减少标煤消耗 463.5 万 t；与 2010 年预计比，节约标煤 150 万 t。

（6）其他

根据测算，其他有色金属品种（包括镍、锡、锑、钛等其他金属冶炼、铜铝加工及矿山采选等）2015 年节能量为 250 万 t。

总节能目标：以 2005 年为基数，2015 年当年节能量约为 2124 万 tce，节能率17.4%；与 2010 年预计比，节能量为 895 万 t，节能率 7.1%，到 2015 年全国有色金属冶炼的主要产品综合能耗指标要达到世界先进水平。

2.4.4 钢铁行业

钢铁行业到"十二五"末，淘汰 400 m³ 及以下高炉（不含铸造铁）、30 t 及以下转炉和电炉。重点统计钢铁企业焦炉干熄焦率达到 95% 以上。单位工业增加值能耗和二氧化碳排放分别下降 18%，重点统计钢铁企业平均吨钢综合能耗低于 580 kgce，吨钢耗新水量低于 4.0 m³，吨钢二氧化硫排放下降 39%，吨钢化学需氧量下降 7%，固体废弃物综合利用率 97% 以上；基本建立利益共享的铁矿石、煤炭等钢铁工业原燃料保障体系，新增境外铁矿石产能 1 亿 t 以上；重点统计钢铁企业建立起完善的技术创新体系，研发投入占主营业务收入达到 1.5% 以上。大中型钢铁企业余热余压利用率达到 50% 以上，利用副产二次能源的自发电比例达到全部用电量的 50% 以上。

在此基础上，钢铁行业确定了自身的节能减排的目标：普及推广已成熟的节能减排技术，到 2015 年国内大中型钢铁企业的干熄焦率达到 100%；按照国家相关要求，中钢协会会员企业焦化、烧结、炼铁、炼钢的工序能耗达标率要达到 100%；凡没有通过国家建设项目环境影响评价的企业，要努力完善环保措施，补办手续，获得审批。为了确保目标的实现，"十二五"期间钢铁行业必将在多个方面继续提高与完善。

首先，在钢铁生产各环节制定详细的节能减排措施，重点大中型企业的吨钢综合能耗从 2010 年的 605 kgce 降低到 580 kgce 以下，烧结、炼铁、焦化、电炉等环节的能耗标准也都有相应降低。

为了实现生产工序的节能，就要求钢铁企业从结构节能、技术节能、管理节能等多个方面对标挖潜：①原材料方面，降低原燃料灰分、硫分，提高入炉矿品位等措施，可能增加采购成本，但有利于节能减排，仍可降低制造成本。②技术创新方面，加快推广节能减排新技术，如焦化煤调湿技术、降低烧结漏风率技术、烧结余热发电技术、高炉脱湿鼓风技术、高炉喷吹焦炉煤气技术等。③加强循环利用，提高效率。例如，与供热企业合作，扩大余热利用范围；利用高炉或焦炉消纳社会废塑料等，发挥钢铁企业的社会功能；与电力企业合作，开展"共同火力"发电；副产煤气的资源化高效利用；与建材企业合作，提高冶金渣利用附加值等。

其次，继续加大淘汰落后产能的力度。《国务院关于进一步加强淘汰落后产能工作的通知》明确 2011 年年底前，钢铁企业高炉有效容积 400 m³ 以下，转炉或电炉公称容量 30 t 以下（不含特殊钢电炉）产能将被全部淘汰。相应淘汰落后炼铁能力 7200 万 t、炼钢能力 2500 万 t。2010 年年底前要求的标准仅为淘汰 300 m³ 及以下高炉，淘汰 20 t 及以下转炉、电炉。同时，国务院要求，实施淘汰落后、建设钢铁大厂的地区和其他有条件的地区，要将淘汰落后产能标准提高到 1000 m³ 以下高炉及相应的炼钢产能。此举意味着，中小钢铁企业将大量出局，其中，为数众多的民营钢铁企业将不得不遭遇生死劫。若这些淘汰落后的措施能得以切实有效的落实，不仅于节能减排非常有利，对于缓解我国钢铁产能增长过快，部分产品供大于求的矛盾也将产生实际的作用。

在"十二五"的开局之年，淘汰落后的工作已经紧锣密鼓地展开，各省市都已经确定了 2011 年的淘汰目标，共计计划淘汰落后的炼铁产能和炼钢产能各 2.65×10^6 t 和 2.62×10^7 t，其中炼钢产能的淘汰目标比 2010 年增加了 1.8×10^7 t 左右，淘汰力度大大加强，主要是河北、内蒙古和湖北等地大幅加强了淘汰的力度。

2.4.5　建材行业

"十二五"是建材行业坚持科学发展、加快转变发展方式、实现转型升级的重要时期，是我国工业化向现代化发展、经济社会向两型方向发展的重要时期，也是实施建材行业"由大变强、靠新出强"发展战略第三阶段进程的重要五年规划期。到"十二五"末，建材行业将在技术进步、产业规模与结构、节能减排及循环经济、新兴产业发展、国际竞争力等方面初步实现"由大变强"的阶段目标。

综合经济发展目标：建材行业"十二五"期间工业增加值和利润总额年均增长 10%。主要产业技术进步目标：到"十二五"末，新型干法水泥技术要超越与引领世界水泥工业的发展，达到世界领先水平；浮法玻璃、建筑卫生陶瓷、池窑玻璃纤维等主要行业技术与装备水平赶上或基本达到世界先进水平。

结构调整目标：到"十二五"末，基本完成淘汰水泥、平板玻璃和建筑卫生陶瓷落后产能的任务；低能耗新兴产业和制品加工业等产品的累计工业增加值在全行业的比重超过一半；加快水泥、平板玻璃等主要行业的兼并重组进程，生产集中度进一步提高，全行业有 1~2 家企业（集团）进入世界 500 强。

节能减排及循环经济发展目标：到"十二五"末，建材主要行业能耗、二氧化碳和污染物排放量均达到国家规定，万元增加值能耗比 2010 年降低 20%，万元增加值二氧化碳排放比 2010 年降低 18%。

新兴产业发展目标：新兴产业实现多元化发展，共性基础材料、新兴功能材料、战略性新兴产业配套材料及节能环保材料在建材行业中占有一定份额与比较优势，成为发展增长的主要来源之一。

国际化水平提高目标：形成多层次、多元化的科工贸一体化的发展格局，由主要以原材料产品输出和工程总承包为主的经营格局转向以技术、装备、工程、服务、资本经营和各种实体并举的国际化发展格局，使优势产业在国际市场占有较大的份额，成为在国际建材界有影响力的国家之一。

2.4.6　造纸行业

国家"十二五"节能规划明确提出，到 2015 年，全国万元国内生产总值能耗下降到 0.869 tce（按 2005 年价格计算），比 2010 年的 1.034 tce 下降 16%，比 2005 年的 1.276 tce 下降 32%；"十二五"期间，实现节约能源 6.7×10^8 tce。2015 年，全国化学需氧量和二氧化硫排放总量分别控制在 2.348×10^8 t、2.086×10^7 t，比 2010 年的 2.552×10^7 t、2.268×10^7 t 分别下降 8%；全国氨氮和氮氧化物排放总量分别控制在 2.38×10^6 t、2.046×10^7 t，比 2010 年的 2.64×10^6 t、2.274×10^7 t 分别下降 10%。

造纸行业在"十二五"期间，将完成节能减排方面制定的约束性指标，即实现吨浆纸平均综合能耗比"十一五"末降低 18%、平均取水量降低 18%、全行业化学需氧量排放总量下降 10%、生物质能源比例占全行业能源消费 20%。

为了应对越来越严格的环保政策带来的各种挑战，近几年来，有实力的生产企业在技术设备上均增加了投入，从而加大了落后生产线的淘汰力度。比如，在包装纸行业，因为与大型现代化生产线在效率和低能耗等方面无竞争优势可言，不少小型瓦楞纸和箱板纸生产线退出了市场。

未来几年，造纸行业从以下几个方面努力，以实现绿色生产：一是积极传播绿色理念，追求可持续发展；二是严格执行国家法律法规，自觉履行社会责任和义务，推进行业健康发展；三是大力推进循环经济在行业中的发展，以尽可能少的资源消耗取得最大经济产出和最少的废弃物排放，共同构建装备先进、生产清洁、循环节约、发展协调、增长持续、竞争有序的绿色产业链。

国家发展和改革委员会、国家工业和信息化部、国家林业局公布了《造纸工业发展"十二五"规划》。根据该规划，到 2015 年，预计全国纸及纸板消费量为 1.15×10^8 t，比 2010 年年均增长 4.6%；纸及纸板总产能为 1.3×10^8 t 左右，总产量达到 1.16×10^8 t，年均增长 4.6%。到 2015 年年末，吨纸浆、纸及纸板的平均取水量由 2010 年的 85 m^3 降至 70 m^3，减少 18%；吨纸浆平均综合能耗由 2010 年的 0.45 tce 降至 0.37 tce，比 2010 年降低 18%；吨纸及纸板平均综合能耗由 2010 年的 0.68 tce 降至 0.53 tce，比 2010 年降低 22%。

2.4.7　纺织行业

纺织行业是一个资源依赖型产业，对资源的依赖程度相当高，2010 年纺织行业对资源的消耗量约占全国行业总能耗的 4.3%，占全国规模以上工业企业用水总量的 8.5%，占全国工业废水排放总量的 10% 左右。其中，印染和化纤行业的年废水排放量高达 26×10^8 t 以上，是我国纺织行业中节能减排的重要领域。

到"十二五"末，纤纺吨纤维能耗下降到 0.25 tce，纺织工业单位产值能耗下降到 0.50 tce/万元。纺织行业单位产值的纤维使用量比 2010 年降低 18%，吨纤维耗水量比 2010 年降低 18%，单位产值的污水排放量比 2010 年降低 20%。每百米印染布能耗指标下降 17%，吨纱（线）单位能耗指标下降 18%，而印染企业产品能耗下降 20%，水用量降低 10%。

我国纺织行业节能减排的技术创新和开发工作从以下 4 个方面进行：一是进一步提高生产装备与工艺水平，开发印染生产线在线检测及控制、废水废气的热能回收利用等新型工艺，改造落后高耗能设备；二是建立行业能耗科学评价体系，加强管理，建立多级计量管理体系，确立消耗排放定额，落实节能减排；三是对全国纺织的水耗、能耗和排污指标进行调查摸底，制定水耗、能耗和排污定额指标，完善节能减排标准，提高企业的节能减排意识和环保意识；四是增加节能减排研发投入，寻找关键技术支撑，科学规划纺织工业园区，走"聚集发展、集中治污"的道路。

2.5　本章小结

高耗能行业由于工序复杂、物料繁多、能耗较大，现有多种节能技术已被广泛应用。节能技术可有效降低单位产品的能耗，提高能源加工转化效率，同时直接或间接地减少煤炭的消耗量。高耗能行业产品平均能效的国内外水平还有较大的差距，经分析主要工业产品综合能耗相比国际先进水平平均高出 30% 以上，因此节能潜力还很大。

"十一五"期间，我国单位国内生产总值（GDP）能耗下降 19.1%，全国二氧化硫排放量减少 14.29%，全国化学需氧量排放量减少 12.45%，通过节能提高能效少消耗能源 6.3×10^8 tce，减少二氧化碳排放 1.46×10^9 t，为应对全球气候变化做出了重要贡献。我国大部分高耗能行业和重点耗能企业完成了国家或地方政府下达的节能目标任务。

"十二五"期间，中国高耗能行业和重点耗能企业面临煤炭供应紧张、价格上涨、节能减排目标提高的压力，需完成的万元工业增加值能耗下降 18%~20%。而这一目标的完成，对全社会完成单位 GDP 能耗下降 16% 的节能目标，有着至关重要的影响。因此，推动高耗能行业煤炭利用过程中的节能是我国可持续发展战略的重大需求。

高耗能行业以煤为主要能源现状，还将继续给节能和环保带来技术和管理难题，企业自身生产力的发挥受节能减排的限制还面临着很大的挑战。与此同时，世界经济格局的变化及全球低碳发展为产业进一步转移和高耗能产业加快调整升级提供了契机，并且国家支持对节能技术的引进、研发和推广，以及相关政策法规的确立为节能技术带来机遇。本章将针对高耗能行业煤炭清洁高效利用所面临的挑战和机遇，分别从煤炭利用与经济可持续发展的矛盾、煤炭利用能源效率与环境问题、煤炭利用中的安全和职业健康问题、煤炭利用中的人才和职工队伍素质约束、煤炭利用中存在的科学技术瓶颈和煤炭利用中的政策管理等方面进行论述。

3.1 石化行业

3.1.1 石化行业煤炭利用与经济社会可持续发展需求的矛盾

中国是世界上最大的煤炭生产国和消费国，也是世界上少数几个以煤炭为主要一次能源的国家之一。煤炭能否高效节能利用，是关系我国能源安全的战略性问题。统计资料显示，目前，世界煤炭的可开采年限为 204 年，而中国煤炭可开采年限达 116 年，中国煤炭占世界人均的 1/2，而石油和天然气的储量相对贫乏。因此，在中国开展低成本的煤等含碳能源直接制氢具有重要的意义，它关系着我国未来能源的可持续发展和能源转换。中国目前必须依靠科学技术进步和不断创新，有步骤、积极地消除煤利用所面临的转换效率低、环境污染严重等给经济发展带来的负面影响。

3.1.2 石化行业煤炭利用能源效率和环境问题

石油和化工行业是我国主要的能源消费行业之一，同时也是废水、废气和固体废弃物产生大户。2011 年全行业综合能源消费量 1.54 亿 tce，约占全国能耗总量的 4.7%，工业能耗总量的 9.1%；2010 年全行业排放二氧化碳 8.63 亿 t，仅次于电力和钢铁行业，位居工业行业第 3 位；2009 年全行业排放废水 41.6 亿 t，化学需氧量（COD）63.9 万 t，氨氮 9.9 万 t，二氧化硫 174.1 万 t，氮氧化物 89.9 万 t，分别位居工业行业的第 1、第 2 位和第 1、第 2、第 3 位，行业节能减排面临巨大压力。

3.1.3 石化行业煤炭利用中的安全和职业健康问题

（1）石化行业煤炭利用过程中的安全问题

石化行业的工艺特点是生产装置工艺复杂，具有高度生产连续性，工艺条件多为高温高压状态，石化产品多以气体和液体形式存在，易泄漏和挥发，易燃易爆；石化产品或原料多含硫化物、氮氧化物等，本身既有毒又有腐蚀性。一旦发生事故不仅给个人、家庭带来伤害，而且给企业造成经济财产损失和不良的社会影响。

在石化企业中，煤炭主要用于燃煤锅炉，近年来，随着氢气需求用量的增加，煤炭也逐步用于氢气的制备。在这些煤炭利用的过程中，事故的发生主要由以下四大要素引起：

1）违规操作。尽管目前的石化工业生产系统的自动化程度已经大幅提高，但归根结底还需要人进行操作控制。人因失误已成为事故发生的最重要的根源之一。

2）技术隐患与设计欠缺。在生产中能量、物质在工艺装置内流动、转换，并通过各种手段对这些能量和危险物质进行约束、控制。在这些装置或工艺设计阶段，由于存在某些缺陷和隐患，一旦控制失效或者没有进行有效控制，能量和危险物质的释放和泄漏就很可能带来事故。

3）生产环境不良。不安全的环境是导致事故发生的基础，它也是事故产生的直接原因。

4）生产管理不善。生产和领导者对安全生产的责任心不强，健康、安全与环境管理体系（HSE）管理人员配备不足，没有落实安全生产责任制，企业管理松懈，操作标准不明确，操作规程不完善，缺乏严格的规章制度等管理缺陷。

（2）石化行业煤炭利用过程中的职业健康问题

石化行业自备燃煤电厂由于其大部分规模较小，设计不够先进，石化燃煤电厂的职业卫生现状距离国家相关法规、标准的要求仍有一定的差距。石化燃煤电厂职业病危害因素种类繁多（表3-1），主要包括粉尘、毒物和物理因素。粉尘类危害因素又包括煤尘、炉渣尘、飞灰尘、石灰石尘、电焊尘等，此外，如果燃料使用石油焦还有石油焦尘，其中炉渣尘、飞灰尘中游离二氧化硅含量通常高于10%，属于矽尘。毒物包括氨、联氨、氯、氢氧化钠、盐酸、硫酸、一氧化碳、二氧化硫、氮氧化物、六氟化硫、氟化氢等，其中氨、联氨、氯、一氧化碳、二氧化硫、氟化氢属于高毒物品目录所列高毒物质。物理因素包括噪声、高温、工频电场、紫外线等。

表 3-1　石化燃煤电厂主要职业病危害因素分布

危害因素		产生环节	导致的危害
化学毒物	氨	凝结水精处理	氨中毒
	联氨	凝结水精处理	联氨中毒
	氯	循环水处理	氯气中毒
	氢氧化钠	锅炉补给水处理、循环水处理、废水处理	化学性皮肤灼烧、接触性皮炎、化学性眼部灼伤
	盐酸、硫酸	锅炉补给水处理、循环水处理、废水处理	化学性皮肤灼伤、接触性皮炎、化学性眼部灼伤、牙酸蚀病
	一氧化碳、二氧化硫、氮氧化物	锅炉、电除尘、脱硫	一氧化碳中毒、二氧化硫中毒、氮化物中毒
	六氟化硫及其同系物	高压变压器、断路器	窒息、六氟化硫及其分解产物中毒
	氢氟酸	锅炉维修	化学性皮肤灼伤、接触性皮炎、化学性眼部灼伤、工业性氟病

危害因素		产生环节	导致的危害
物理因素	噪声	运煤、磨煤、锅炉、汽轮机、发电机、脱硫系统等	噪声聋
	高温	锅炉、汽轮机、发电机维修等变电所、电除尘	中暑
	工频电场	变电所、电除尘	—
	紫外线、γ射线或X射线	电焊、锅炉维修探伤	电光性皮炎、电光性眼炎、职业性放射性疾病
	煤尘(石油焦尘)	翻车机、运煤皮带、碎煤机、给煤机、磨煤机	煤工尘肺
	炉渣尘、飞灰尘	锅炉、电除尘、捞渣机、灰渣库(灰渣装车)	矽肺

3.1.4　石化行业煤炭利用中的人才和职工队伍素质约束

石化行业属于技术密集、集约化生产行业，对人的素质要求比较高，人力资源素质的高低，决定产品质量的优劣和劳动生产率的高低，决定投入与产出的比例，决定产品的市场竞争力和市场占有率。对人才和职工队伍进行合理有效管理，调动劳动者积极性，在石化行业发展中具有至关重要的作用。

目前，石化行业的煤炭利用对于煤制氢专业技术人才相对比较缺乏，解决这一问题要结合人才引进和内部培养相结合。

在人才引进方面，对于急需人才、短缺人才，企业要舍得花本钱，投入时间，下工夫去培养，坚信一定能培养出来。要合理引进思想素质好、专业对口、有培养前途的大专毕业生，不盲目引进高层次人才，避免"大材小用"；又不能降低标准引进低层次人员，避免"小材大用"、力不从心。同时要注重潜人才的开发和利用。

在企业中进行人才培养要突出技能开发，在技术管理队伍中，要从注重学历、文化的开发，转向以专业技术、管理能力、运用现代高新技术和管理手段的能力及复合型、创新型、潜能方面的开发。在生产工人队伍中，首要的是合理确定满足企业生产发展需要的高中初级工比例；其次是根据技能开发的需要，制定与企业技术进步和发展相适应的技能开发标准，引导和激励工人提高技能的热情和积极性。企业人力资源开发要突出主体内容的技能性。处理好专业技术人员培训与操作服务人员岗位技能培训的关系，专业技术人员和操作服务人员在人力资源开发上同等对待。操作服务人员在生产一线，他们的技术水平、思想素质的高低直接影响产品质量、经济效益和企业信誉，所以人力资源开发要正确处理好专业技术人员培训和操作服务人员培训的关系，二者一定要兼顾。

3.1.5　石化行业煤炭利用中存在的科学技术瓶颈

加快整体煤气化联合循环发电系统的推广应用。该系统是将煤气化技术和高效的联合循环相结合的先进动力系统，由两大部分组成，即煤的气化与净化部分和燃气-蒸汽联合循环发电部分。IGCC技术把高效的燃气-蒸汽联合循环发电系统与洁净的煤气化技术结合起来, 既有高发电效率, 又有极好的环保性能, 是一种有发展前景的洁净煤发电技术。

利用低成本的煤制氢气, 大力发展加氢工艺。调整炼化加工流程煤制氢气可使加氢裂化的成本降低, 其尾油蒸汽裂解制取乙烯的成本会相应降低。在新一轮油品质量升级中, 采用催化剂在线置换反应器的减压渣油加氢, 氢气采用水煤浆气化技术生产。也就是说, 在新建重油加工中, 对于获取煤炭资源比较方便的企业, 采用煤造气产氢-减压渣油加氢技术组合工艺, 有利于资源优化, 提高资源利用价值, 减少含硫废料废气的排放。

3.1.6　石化行业煤炭利用中的政策、法规和行业管理问题

(1) 行业政策有待健全

石化行业能源消耗以油为主, 近年来, 受原油价格上涨和油品质量升级的影响, 广泛实施了煤 (焦) 代油工程, 蒸汽成本大幅降低。同时, 部分炼化企业采取煤造气生产氢气, 大幅降低了生产成本, 取得较好效益。但是在用煤企业煤源供应, "煤代油" 工程改造, 煤炭的节能、高效、清洁利用方面缺乏相应鼓励政策, 企业投入较大。

(2) 行业管理体制不够系统、完整

虽然我国石化行业制定了一些能量利用规范和标准, 但监管机制还是不够系统、完善。大部分石化企业能量利用观念落后, 仍把对于能量利用的投资视为成本的一部分, 而非决策考虑因素之一。企业在能量利用环节缺乏激励机制、目标责任制和评价考核制度, 因缺乏操作性而导致执行困难。另外, 石化企业还存在设备管理不够严格、能耗监测工作松懈等一系列问题。

3.1.7　石化行业煤炭清洁高效利用的发展机遇

近年来, 我国加工原油劣质化趋势显著, 原油性质逐年变重, 硫含量、酸值逐年上升。根据中石化股份公司炼油事业部的统计, 2009 年中国石化炼油企业加工高硫、高酸劣质原油的比例达到 49%, 含硫、含酸原油的比例达到 80%。我国炼厂原油普遍较重, 渣油或重质油中硫、氮、沥青质、金属含量高, 黏度和沸点高, 氢碳比低。因此, 要从中获取更多符合环保要求的轻质油品, 加氢技术堪称首选。大力发展各类加氢工艺将成为我国炼油工业发展的必然趋势。

3.2　化工行业

3.2.1　化工行业煤炭利用与经济社会可持续发展需求的矛盾

我国除石化行业以外的其他化工行业 (如合成氨、甲醇、焦炭、电石等行业) 的原料和能源消耗一直以煤炭为主。化工行业的原料用煤有一些特殊的限制, 因此适合气化、焦化的煤在我国的储量并不丰富。化工行业煤炭利用与经济社会可持续发展的主要矛盾是, 行业的快速发展对优质煤炭需求不断增长的趋势与我国优质煤炭资源短缺之间的矛盾, 煤炭广泛使用与环境恶化的矛盾。这些矛盾将长期存在, 解决的主要对策是开发适应

劣质煤炭资源的高效煤炭转化技术，依靠科学技术进步和不断创新，有步骤、积极地消除煤利用所面临的转换效率低、环境污染严重等给经济发展带来的负面影响。

3.2.2　化工行业煤炭利用能源效率和环境问题

化工行业在我国的国民经济中占有举足轻重的地位，是我国的基础产业与支柱产业，然而对是名副其实的高耗能行业。2011年全行业消费煤炭约1.1亿tce，约占全国煤耗总量的4.6%，占工业煤耗总量的11.8%。在化工产品成本中，能源通常占到20%~30%，高耗能产品甚至达到60%~70%。化工行业能源利用效率比发达国家低10%~15%，一些产品的单位能耗比发达国家高10%~20%。在能源供应十分紧张的今天，化工行业能源效率低下，不仅造成能源浪费，同时也是产品竞争力难以提高的因素之一。

化工行业除是高耗能行业外，其污染物排放对环境的影响也不容忽视。2012年，化工行业中的化学品原料及化学制品制造业废水排放总量为27.4亿t，占41个重点调查工业行业废水排主总量的13.5%。2012年化学原料和化学制品制造业、工业固体废物产生总量为2.7亿t，占重点调查工业企业的8.5%。

3.2.3　化工行业煤炭利用中的安全和职业健康问题

（1）化工行业煤炭利用过程中的安全问题

化工生产的显著特点是高温、高压装置多，易燃、易爆、有毒、有害产品多，工艺流程长，系统复杂，具有连续化大生产的特点，安全风险高。一旦发生事故，社会影响大，环境危害大，给个人、家庭和企业造成危害和社会影响难以消除。

在化工企业中，煤炭主要用于合成气生产或公用工程产生蒸汽，前者用气化炉，后者用锅炉。在这些煤炭利用或转化的过程中，事故形式主要表现为可燃气体泄漏、装置爆炸、氧气管线爆炸、粉尘泄漏等。

（2）化工行业煤炭利用过程中的职业健康问题

化工行业合成气生产（气化、净化）工段过程复杂，自备燃煤锅炉（或电厂）规模较小，技术不够先进。职业病危害因素种类繁多，主要包括粉尘、毒物接触和物理因素。粉尘类危害因素又包括煤尘、炉渣尘、飞灰尘、石灰石尘、电焊尘等；毒物包括甲醇、氨、CO、H_2S等；物理因素包括噪声、高温、工频电场、紫外线等。

3.2.4　化工行业煤炭利用中的人才和职工队伍素质约束

化工企业属于人才密集、技术密集、集约化生产的行业，对职工队伍的素质有很高的要求。人才队伍的总体水平和职工队伍的总体素质，在很大程度上决定着装置能否安全、稳定、长周期、满负荷运行，从而决定全厂的能源消耗、原料消耗、产品质量等。建设高水平的人才队伍和职工队伍，调动全员劳动积极性，对化工行业的可持续科学发展具有重要的作用。

从全国范围看，由于近10年来现代煤化工的快速发展，化工行业高层次管理人才、技术人才、高水平技术工人短缺非常严重，需要高校、企业加强合作，加快各类人才的培养。

3.2.5　化工行业煤炭利用中存在的科学技术瓶颈

化工行业煤炭利用的技术瓶颈主要有:

1)煤炭气化技术的进一步大型化,进一步拓展气化技术的原料适应性;

2)进一步加大甲醇下游产品的开发力度,延伸煤化工产业链;

3)煤炭液化技术继续做好示范运行工作,总结经验,优化技术,降低消耗;

4)电石行业要采用新的思路,比如风力发电与电石行业的结合,太阳能利用与电石行业的结合;

5)煤炭分级利用技术的开发和示范;

6)煤基多联产系统的延伸和拓展,从传统的化工-发电多联产向化工-冶金-石化-发电等多行业、大系统发展。

3.2.6　化工行业煤炭利用中的政策、法规和行业管理问题

1)行业发展规划需要进一步加强,体现前瞻性。煤化工行业发展过热,与化工行业缺乏前瞻性的行业发展规划不无关系,需要由行业协会牵头,制定具有前瞻性的行业发展规划。

2)行业政策法规需要进一步健全,体现科学性。化工行业市场和技术发展很快,政策法规相对滞后,需要相关部门根据新情况、新问题,拿出新思路,制定新法规,体现科学性。

3)缺乏有效的行业管理机制。

3.2.7　化工行业煤炭清洁高效利用的发展机遇

1)原油价格不断上涨,我国化工行业对煤炭原料和能源的依赖程度有增无减,为化工行业煤炭高效清洁利用技术的发展提供了难得的机遇。

2)石油化工企业认识到了煤炭的重要性,中石化、中海油都专门成立了煤化工发展领导小组,中石化由董事长亲自任组长,将石油化工和煤化工的发展逐渐融合,以石油化工的技术优势、人才优势、资金优势推进煤炭高效清洁转化技术的发展。近年来,我国加工原油劣质化趋势显著,原油性质变重、变差,硫含量、酸值逐年上升。根据中石化炼油事业部的统计,2009 年中国石化炼油企业加工高硫、高酸劣质原油的比例达到 49%,含硫、含酸原油的比例达到 80%。我国炼厂原油普遍较重,渣油或重质油中硫、氮、沥青质、金属含量高,黏度和沸点高,氢碳比低。因此,要从中获取更多符合环保要求的轻质油品,加氢技术堪称首选。大力发展各类加氢工艺将成为我国炼油工业发展的必然趋势。

3.3　有色金属行业

3.3.1　有色金属行业煤炭利用与经济社会可持续发展需求的矛盾

有色金属行业是国民经济的重要支柱产业。推进我国工业化、城市化进程,提高国

防工业现代化水平，促进尖端制造业的发展，需要有色金属行业的健康快速发展。近年来，随着国民经济的快速发展，我国的镍、铝、铜等有色金属产量都跃居世界前列。但有色金属行业可持续发展也对该行业中煤炭的高效利用提出了新的要求：一是要不断开发新的节能技术，尽可能实现近零排放目标，实现全行业的清洁生产；二是实现资源循环利用，最大可能地降低全行业能源消耗水平，也就是煤炭能源的消耗水平。

3.3.2 有色金属行业煤炭利用能源效率和环境问题

在我国有色金属行业发展的问题中，突出的是废弃尾矿的开发利用、冶炼矿渣的综合开发利用、二氧化碳减排。提高废弃尾矿的开发利用、实现冶炼矿渣的循环利用对提高有色金属行业煤炭利用效率，降低行业综合能耗意义重大，也是减少二氧化碳排放的切实有效途径。

我国有色金属行业环境问题主要在于矿渣形成的固体废弃物、生产过程中的有害气体排放、废水排放、噪声污染等。

3.3.3 有色金属行业煤炭利用中的安全和职业健康问题

有色金属行业煤炭利用过程中安全及职业健康问题因素种类较多，根据有色金属生产工艺及类比，高温和热辐射、粉尘、噪声和毒物是主要因素和关键控制要点。

3.3.4 有色金属行业煤炭利用中的人才和职工队伍素质约束

我国有色金属行业总体发展平稳，人才队伍和职工队伍的总体水平较高。企业中煤炭利用处于从属地位，人才队伍和职工队伍面临断层危险，企业应该高度重视煤炭利用人力资源管理工作，将其与采掘、冶炼等人才置于同等重要的地位，采取有效措施优化人才结构，完善人才激励机制，激发人才创造活力，开展职工教育培训，提高人才能力素质。

3.3.5 有色金属行业煤炭利用中存在的科学技术瓶颈

1）总体技术比较落后，燃气生产采用落后的固定床技术比较多，需要采用先进的煤气化技术；

2）蒸汽、动力系统采用常规粉煤锅炉比较多，需要采用先进的循环流化床锅炉，提高煤炭利用效率，降低污染物排放水平；

3）采用多联产系统，将功能（蒸汽）-供电-供热结合起来，将有色冶金和化工生产结合起来。

3.3.6 有色金属行业煤炭利用中的政策、法规和行业管理问题

（1）进一步完善行业政策法规体系

有色金属行业能源管理处于比较分散的状态，相关政策法规相对滞后。政府应组织相关人员进行研究，以有色金属产业可持续发展为目标，以科学发展观为指导，尽快完善促进有色金属工业生态化低碳经济发展的政策支持体系，进一步明确有色金属行业重点领域发展生态化低碳经济的总体思路、主要目标、重点任务和政策措施等。完善有色

金属再生资源回收交易市场建设，强制淘汰资源利用率低和环境污染严重的落后产能，促进再生金属产业健康发展。

（2）缺乏有效的行业管理机制

1998 年国务院部分专业部撤销后，建立了行业协会，但现在的行业协会脱胎于计划经济时代的专业部门，在市场经济条件下前行艰难，自身生存都有困难。作为行业协会，能减排的规范和标准缺少有效监管机制。

（3）管理创新需要进一步加强

随着节能技术的快速发展，众多有色金属企业纷纷加大先进煤炭利用节能技术装备的应用和推广力度，节能技术水平提高很快。但大型有色企业由众多生产单位组成，相互之间除主体生产线外，基础节能设施往往缺乏统一的调度指挥。

3.3.7　有色金属行业煤炭清洁高效利用的发展机遇

有色金属行业要严格控制冶炼产能过快增长，加速淘汰落后产能，推进兼并重组，鼓励煤、电、铝跨行业重组。要积极发展精深加工，加强再生金属回收，促进节能减排和资源综合利用，鼓励在优势地区打造一批深加工产业基地，建设一批再生有色金属示范工程。力争到 2015 年，有色金属行业主要技术经济指标达到世界领先水平，总体实力跃升至世界前列，为实现有色金属行业由大到强的转变奠定坚实基础。

3.4　钢铁行业

3.4.1　钢铁行业煤炭利用与经济社会可持续发展需求的矛盾

钢铁行业是国民经济的重要支柱产业。随着我国工业化进程的快速发展，钢铁需求量快速增加。自 1996 年起我国钢产量一直稳居世界第一，同时，钢铁行业也是能源消耗的大户，约占我国总能耗的 14%~18%。钢产量的快速增长带来了能耗的急剧增加，同时污染物排放问题日益突出，产业发展与资源环境的矛盾日趋尖锐。我国的环境污染为典型的能源消费性污染，以煤为主的能源消费结构引起的污染物排放已使环境不堪重负。如果不尽快调整产业结构、转变增长方式，产业的可持续发展将难以为继。节能减排是我国钢铁行业可持续发展的前提条件。

中国钢铁行业可持续发展应包括两层含义：一是应充分利用现有钢铁生产资源，不断开发新的节能技术，增强二次能源的综合利用，同时消除污染物排放，尽可能达到零排放目标，实现钢铁生产的高效、清洁和可持续发展；二是应合理地节约使用钢铁行业中与其他行业共用的资源，如煤炭资源，应建立以钢铁生产为中心的循环生态链与其他相关生态链互相交叉，互为资源提供、互为污染物处理、资源再生环节，与整个社会协调发展。

3.4.2　钢铁行业煤炭利用能源效率和环境问题

全球气候变化是人类面临的共同挑战，在我国钢铁行业发展的问题中，碳排放正越来越受到社会各界的关注。钢铁产业是我国国民经济的重要基础产业，也是资源能源密集型行业，消耗了大量的化石燃料，排放大量的温室气体。中国已连续 16 年是世界第一大产钢国，作为国家基础产业，钢铁生产是推动我国经济增长的重要动力之一。图 3-1 给出了 1995~2010 年我国钢铁行业 CO_2 排放占 CO_2 总排放的变化趋势，同时给出了我国钢铁行业能源消耗占全国能源消耗总量的比重的变化趋势。可以看出，我国钢铁行业 CO_2 排放占 CO_2 总排放量的比重在 15% 左右，充分说明了钢铁行业是我国碳排放的主要行业之一。同时钢铁行业能源消耗占全国能源消耗总量比重的趋势基本和碳排放的趋势相似。因此，从钢铁行业能源消耗量和碳排放的关系来看也呈现明显的正比关系。

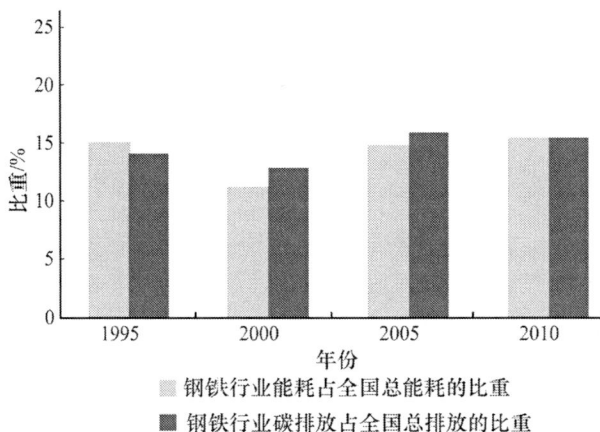

图 3-1　1995~2010 年我国钢铁行业碳排放和能源消耗

另外，从表 3-2 中可以清楚地看到我国钢铁行业 CO_2 排放量大部分来自煤炭类能源的消耗。1995~2010 年煤炭类（煤炭、焦炭）能源占能源消耗量的 96% 以上，且呈逐年上升趋势，而石油类和天然气消耗导致的 CO_2 排放几乎可以忽略。究其原因，煤炭在钢铁行业中属于重要的还原剂和生产原料，最主要的原因还是在于我国目前以煤炭为主的能源消费结构。由此可以清楚地揭示出，优化我国钢铁行业的能源消耗结构具有极大的节能减排潜力，优化核心是减少煤炭类能源的消耗。

表 3-2　1995~2010 年我国钢铁行业不同能源种类碳排放结构

年份	CO_2 排放比例/%		
	煤炭类能源	石油类能源	天然气能源
1995	96.1	3.8	0.2
2000	96.8	3.1	0.1
2005	98.7	1.0	0.2
2010	99.7	0.3	0.03

钢铁行业中的环境污染还有大气污染、水污染、固体废弃物污染、噪声污染等，其中与大气污染有关的主要是烟尘、粉尘、硫化物、氮氧化物、二噁英等。水质污染主要是 COD、石油类、氨氮、酚氰等。表 3-3 及表 3-4 为我国大气污染物排放水平和水污染物排放水平。

表 3-3　大气污染物排放水平

吨钢污染物排放指标	单位	排放水平		
		国内平均	国内先进	国际先进
SO_2	kg	2.0	1.0	—
NO_x	kg	—	—	—
烟粉尘	kg	1.35	0.52	—

表 3-4　水污染物排放水平

吨钢污染物排放指标	单位	排放水平		
		国内平均	国内先进	国际先进
废水排放总量	m^3	2.03	0.22	1.43
COD	kg	0.09	0.02	0.008
氨氮	kg	0.008	0.003	—

3.4.3　钢铁行业煤炭利用中的安全和职业健康问题

钢铁行业煤炭利用过程中安全及职业健康问题因素种类较多,根据钢铁生产工艺及类比,高温和热辐射、粉尘、噪声和毒物是主要因素和关键控制要点。表 3-5 总结了钢铁行业煤利用过程中的危害因素及防护措施。

表 3-5　主要危害因素、分布及防护措施

危害因素	产生环节	防护措施
高温和热辐射	焦炉周围、拦焦、熄焦、热风炉、高炉出铁口、冲渣等	炼焦、烧结和高炉用煤过程采用机械化作业,炉前值班室设工业电视。温度较高的管道和设备均设有保温隔热措施
煤尘和粉尘	焦炉装煤、燃料系统、上料系统、煤气清洗、除尘设施等	炼焦的装煤、出焦和熄焦设除尘装置,出铁设一次和二次烟尘系统。操作人员严格做好个人防护,佩戴防尘口罩,尽量减少粉尘对操作人员健康的危害
噪声	炉顶均压放散管、除尘风机、热风炉助燃风机、高炉鼓风机、TRT 装置、磨煤机、给料机等	高炉放风阀、炉顶煤气均排压放散管安装消声器,余压发电组安装隔声罩,高炉电动鼓风机采用建筑隔声、隔声罩、消声器,除尘风机采用消声器、建筑隔声和隔声包扎,空压机采用消声器、建筑隔声。工人作业时必须佩戴有效的护耳器
毒物	高炉炉顶、高炉出铁口、煤气洗涤设施、煤气供应管道	煤气管道等设有放散管,设备检修或事故时将煤气引至高空放散。热风炉设有煤气低压检测报警,燃烧阀和切断阀之间设有氮气吹扫。设 CO 检测与报警装置和机械通风装置。工作人员佩戴氧气呼吸器或供气面罩

3.4.4　钢铁行业煤炭利用中的人才和职工队伍素质约束

在钢铁产业调整和振兴规划政策出台后,钢铁行业的进一步发展既存在着新的机遇,也面临着严峻的挑战,结构调整、技术进步、产业升级、全面提升经营管理水平和

核心竞争力，对人才需求和职工队伍的建设提出了更高的要求。认真落实科学发展观，实施人才战略，进一步加强职工教育培训工作，提高企业的自主创新能力，成为实现钢铁强国目标的关键。随着"十二五"人才规划的提出，我国钢铁行业存在的人力资源总量庞大、结构不合理、整体素质不高等问题，严重影响和制约着我国钢铁行业的进一步发展（图 3-2）。

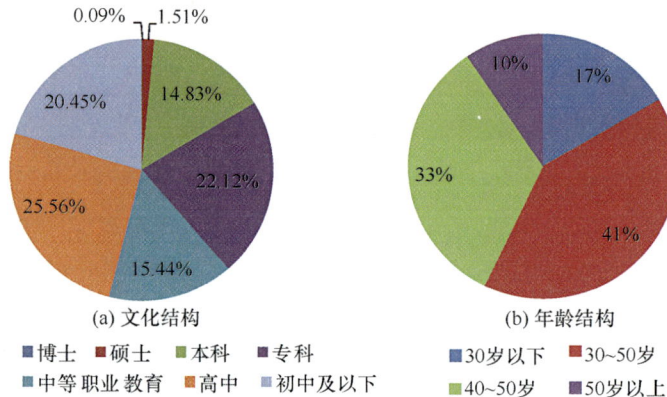

图 3-2　我国钢铁行业职工文化结构和年龄结构

　　为此，钢铁行业应该高度重视人力资源管理工作，采取有效措施优化人才结构，推进各类人才队伍建设，完善人才激励机制，激发人才创造活力，开展职工教育培训，提高人才能力素质，加强企业文化建设，加大人力资源开发。图 3-2 说明我国钢铁行业人才结构还有待优化，高学历文化人才结构还有待提高。钢铁行业的员工队伍以 30～50 岁为主，占员工队伍的 74%，但与欧美、日韩等国的钢铁企业人力资源要求相比，我国的人力资源还存在一定的差距。突出表现在：一是层次结构不合理，技术骨干不足，高级人才、拔尖型人才短缺；二是专业结构配套不均匀，适应国际竞争能力的研究开发人员便少；三是人力资源管理体制不够完善，浪费现象严重，员工积极性有待提高；四是年龄结构不合理，高素质的人力资源流失严重等。

3.4.5　钢铁行业煤炭利用中存在的科学技术瓶颈

　　钢铁行业一次能源消耗以煤炭为主，比重约占总能耗的 85%，节约能源的主要途径是结构调整、提高钢铁产品使用效率、淘汰落后产能、提高喷煤比和二次能源的回收利用、提高能源利用效率及加强能源管理等。目前喷煤技术开始从单一追求高喷煤量，向提高喷煤量同时追求高置换比发展，高炉喷煤的最终目标是实现综合燃料比的降低，因此研究煤粉的燃烧过程，最大限度地提高煤粉在风口区域的燃烧率和喷煤置换比，是当前喷煤技术攻关的课题。

　　我国三分之一的重点钢铁企业科学技术水平达到了国际水平，但非重点钢铁企业的发展速度也非常快，使我国钢铁产业集中度不断下降，也反映出我国钢铁行业处于多层次、不同技术水平共存阶段。而二次能源综合利用的推广与企业对技术装备的投资，以及设备大型化、生产连续化、紧凑化和高效化紧密相关，此环节又恰是非重点钢铁企业的软肋，进而严重制约了二次能源综合利用的推广发展。例如，高炉炉顶压力利用 TRT

技术、烧结余热发电技术对其生产装置规模就有一定的限制门槛。

我国干熄焦技术起步晚，尚有诸多技术难题需要协同解决。干熄焦工艺流程紧密，技术参数相互制约性强。在我国干熄焦技术大型化应用的进程中，存在干熄炉环形烟道损坏严重这一突出问题，威胁着干熄炉的寿命，成为干熄焦技术推广应用的瓶颈，其材质及设计亟待优化。

3.4.6　钢铁行业煤炭利用中的政策、法规和行业管理问题

面对发展低碳经济和节能减排的新形势，解决钢铁行业能源种类繁杂、煤炭利用效率不高、二次能源回收率偏低等现实难题，需在管理上探索出一条适合钢铁行业系统节能管理的新模式。目前，钢铁行业煤炭利用中的管理工作存在以下问题和不足：

一是能源管理处于分散状态，能源管理职责归属多个部门，统一规划、决策、管理的职能不突出，缺乏集中统一的能源管理机构，不利于统筹规划和综合协调，难以应对重大能源形势变化和经济社会发展的挑战。

二是管理创新与技术创新不同步。随着节能技术的快速发展，众多钢铁企业纷纷加大先进煤炭利用节能技术装备的应用和推广力度，节能技术水平提高很快，但由于钢铁企业节能技术涉及领域较多，涵盖范围较宽，同时这些技术装备运行时往往存在着关联，如果不统一进行优化管理，效能的发挥将受到很大制约。目前，由于大型钢铁企业由众多生产单位组成，相互之间除主体生产线外，基础节能设施往往缺乏统一的调度指挥。

三是主体装备改造与节能技术配套不同步。我国钢铁企业多达上千家，不仅产能布局分散，而且工艺装备新旧并存。由于先进节能技术的推广应用力度不够，重点大中型企业 TRT、CDQ、转炉干法除尘配备率低，造成钢铁行业整体能源利用效率不高。

面对上述管理上存在的问题应采取以下的政策来规范能源管理：

一是要加大节能技术改造及财政奖励支持力度，鼓励、引导钢铁企业积极推进节能技术改造。

二是完善落后产能退出机制，妥善解决钢铁企业在淘汰落后产能过程中的职工安置、企业转产和债务化解等问题。

三是要适时修订钢铁产业政策，调整更新《产业结构调整指导目录》，修订完善《钢铁产业发展政策》，包括提高吨钢综合能耗、增加节能减排指标等。

3.4.7　钢铁行业煤炭清洁高效利用的发展机遇

钢铁行业的联合重组、产业布局、结构调整是"十二五"规划的重点，它将给冶金装备制造业发展提供有利机遇。

1）呼唤节能环保和大型高效设备。在产业的技术、装备上，钢铁行业向集约化、大型化、高效化、节能化方向发展。在"十二五"期间，按照钢铁产业发展政策，凡新上项目高炉必须同步配套高炉余压发电装置和煤粉喷吹装置；焦炉必须同步配套干熄焦装置并匹配收尘装置和焦炉煤气脱硫装置；焦炉、高炉、转炉必须同步配套煤气回收装置；电炉必须配套烟尘回收装置。钢铁企业根据发展循环经济的要求，建设污水和废渣综合处理系统，采用干熄焦、焦炉、高炉、转炉煤气回收和利用，煤气-蒸汽联合循环发电，高炉余压发电、汽化冷却，烟气、粉尘、废渣等能源和资源回收再利用技术，

提高能源利用效率、资源回收利用率，并改善环境。

2）加快自主创新的先进工艺研发。在"十二五"期间，钢铁企业将加快培育钢铁工业自主创新能力，支持企业建立产品、技术开发和科研机构，增强开发创新能力，发展具有自主知识产权的工艺、装备技术和产品。

3.5 建材行业

3.5.1 建材行业煤炭利用与经济社会可持续发展需求的矛盾

建材行业作为我国重要的基础原材料行业，不仅为建筑业及相关产业的发展提供支撑和保障，同时也为解决和改善居住条件、提高人民生活水平提供物质保障，在国民经济发展中具有重要的地位和作用。我国已成为世界建材生产大国和消费大国，多年来，主要建材产品水泥、平板玻璃、建筑卫生陶瓷、墙体材料生产量和消费量一直位居世界第一。在发展较快的同时，建材行业又是一个资源能源消耗较大的行业，建材行业量大面广、品种繁多，且大多是以窑炉生产为主，资源和能源依赖度比较高。与发达国家相比存在行业整体水平低、产品档次低、配套能力差、能源资源消耗高、环境污染负荷大等问题。怎样贯彻和落实科学发展观，节约资源和能源，走可持续发展之路，成为建材行业发展必须解决的问题。

3.5.2 建材行业煤炭利用能源效率和环境问题

建材行业从原料开采到产品出厂整个生产过程中产生的主要污染物有：废气、粉尘、CO_2、SO_2、NO_x、废水以及固体废弃物等。表 3-6 显示 2001～2007 年全国建材行业主要污染物排放量。

表 3-6　2001～2007 年全国建材行业主要污染物排放量

年份	2001	2002	2003	2004	2005	2006	2007
废气/10^8 m^3	34 506	36 550	39 993	47 571	51 133	66 572	68 869
粉尘/10^4 t	546	520	517	583	574	514	452
烟尘/10^4 t	133	133	124	136	140	127	113
SO_2/10^4 t	162	161	160	178	184	192	189

从表 3-6 中可以看出，废弃物排放随着生产的快速增长及能耗总量增加，排放的废气量逐年增加。建材行业粉尘排放量在全国工业粉尘排放中位居首位，其中水泥工业是最大的粉尘排放源，占全国工业排放的 65%。烟尘排放占全国工业烟尘排放量的比重 2007 年为 15% 左右，在全国各工业部门排名第二。SO_2 排放量随着结构调整及技术进步，排放量小幅上升趋势得到抑制，占全国工业 SO_2 排放量的 8.8%。

3.5.3 建材行业煤炭利用中的安全和职业健康问题

随着我国基础建设力度的不断加大，建材行业中水泥的需求量与日俱增，许多新型干法水泥生产线在各地相应上马，规模 700～12 000t/d 不等，建设投资差距也很大，多的达到吨熟料 800 元, 低的吨熟料仅为 300 元。新型干法水泥生产线具有技术先进、节能、高产优质的特点, 其工艺流程实现了自动控制调节的优势, 符合我国节能减排可持续发展的战略思路, 也是我国水泥行业实现工业现代化的必由之路。干法水泥生产工艺经过多年的推广应用, 各地区在新型干法水泥生产过程中都积累了很多宝贵经验, 但由于地理位置不同, 各地区引进新型干法水泥生产工艺时间不一, 有经验的安全管理人员匮乏, 管理水平良莠不齐, 安全事故仍时有发生。结合水泥工艺从以下几个方面讨论需要注意的安全问题。

(1) 煤粉

国内水泥厂回转窑生产线煤粉制备目前一般采用风扫式煤磨, 煤磨设置在摇头, 利用冷却机废气作为烘干热源。系统中某些沉积的和煤仓中储存的煤粉, 在堆积状态下, 氧化速度超过散热速度就会出现自燃现象 (自燃温度 120 ~ 150℃)。由于煤的自燃会在局部或整个系统中引起火灾、爆炸事故, 造成人员伤亡、设备损坏, 为保证安全生产, 需在煤磨房内设有防爆阀、CO_2 灭火装置和消防水系统等。

(2) 高温设备

水泥生产设备中有许多是表面高温设备, 如窑头罩、篦冷机、窑体、窑尾预热器和尾气管道等, 若人员接触设备、管道超温的表面, 管道外保温层损坏未及时发现, 高温烟气泄漏等均会造成人员烫伤, 电焊、氧焊及球磨机、破磨机、电机、空压机、风机、提升机、皮带运输机等转动部分经过长时间工作未及时冷却, 人体无意或有意触及, 都有可能引起人体被高温体烫伤。生料预热分解及煅烧, 煤烘干等均采用的高温工艺废气流温度 (为 200 ~ 1700℃), 物料温度为 250 ~ 1300℃, 在排除堵料故障、检修作业时, 可能发生高温气流及炽热粉料的灼烫伤害; 看火工操作时, 从窑内冲出的火球能烧伤皮肤。发生窑喷时, 会将高温热气流和炽热的物料喷出窑外, 一旦操作人员躲避不及就会被灼烧, 造成严重烧伤事故, 甚至死亡。同时对于在高温环境下作业人员如不采用有效的劳动防护措施, 降低作业环境温度, 会影响操作者身体热平衡, 危害工人的身体健康, 造成职业健康问题。

(3) 噪声

水泥生产噪声较高的设备有破磨机、提升机、球磨机、空压机、通风机和电动机等。噪声会对现场作业人员健康带来危害, 长期在高噪声环境中作业会对人听觉系统造成损伤。在噪声环境下工作, 人们的注意力不容易集中, 工作易出差错, 不仅影响工作进度, 而且容易引起工伤事故。

(4) 粉尘

水泥生产过程中一系列的生产工艺都会产生大量的粉尘, 在煤炭破碎、喂料、粉磨、煅烧等主要产尘点, 如果不选用合适的收尘设备来防治粉尘, 既污染环境, 又严重危害作业人员的健康。

3.5.4　建材行业煤炭利用中的人才和职工队伍素质约束

自改革开放以来,我国建材行业作为竞争性行业进入市场,之后的产业结构调整基本实现了以新工艺技术为先导的优化升级目标,我国已经能够自主设计超大规模的新型工艺生产线,产能和人均生产率迅速提高,水泥、玻璃、建筑卫生陶瓷等主要建材产品的总产量已经连续多年雄踞世界首位。但要把中国建材行业建设成为现代化的原材料及制品行业,人才问题成为主要矛盾。建材行业普遍存在着高学历职工数量少、从业人员岗位分布不合理、专业技术人才和高技能人才匮乏等问题,无论技术人才和管理人才,其数量和质量均远远不能适应行业发展需要。

现在建材行业大量采用现代控制技术,自动化程度越来越高,企业对技能型人才的需求向高层次、复合型方向发展,这是建材企业的需求导向。一方面生产服务一线高技能人才与劳动力严重短缺,广大劳动者的职业技能和创业能力与劳动力市场需求有较大的差距;另一方面高技能人才培养面临着诸多困难,培养条件比较差,培养机制不够完全,技能人才培养在数量、结构和质量上还不能很好地满足经济建设和社会发展的需要。当务之急是要尽快改变这种局面,加强建材职工队伍的培养教育,以帮助建材行业的可持续发展。

3.5.5　建材行业煤炭利用中存在的科学技术瓶颈

建材行业目前的发展还没有从根本上完全脱离依靠投资增量扩张和以生产要素驱动的发展模式。主要产业的产量早已位居世界第一,但整体而言,产品种类、档次、性能、质量与国际先进水平相比,存在着较大差距,中低档产品较多,技术含量相对低、效益比较差。产业集中度低、能耗高、资源消耗大、环境负荷重的现状没有得到根本改善,资源能源环境的瓶颈约束日益显现。这种状况根本上是自主创新能力不足、技术创新力度不够与资源缺乏所致。从技术创新与技术发展的角度来看,原因可归纳于以下几个方面。

1)技术研发与创新缺乏明确的目标和顶层设计。缺乏行业宏观的科技创新指导目录,企业的技术创新和创新资源配置与急需解决的重大关键共性技术问题未能紧密结合,新兴产业和重点产业的转型升级和结构调整缺乏先进技术和新产品支撑。

2)自主创新投入严重不足。大多数企业在技术创新方面的投入远远没有达到国家要求的水平,达到3%以上水平的企业更少,未能发挥技术自主创新的主体和主导作用。许多企业对自主创新的重要性和必要性缺乏认识,不愿对自主创新加大投入,期望通过技术引进走捷径。由于发达国家已将中国视为竞争对手,越来越多的外国企业在关键核心技术领域对中国实施技术封锁,靠引进技术发展这条路越走越窄,产业核心和关键的技术装备长期短缺,发展受制于人。

3)科技资源配置效率较低,自主创新成果少。国家财政对科技创新工作的支持力度越来越大,全行业获得的科研项目经费总量不断增加,但科技资源配置的效率较低,有产业化前景的成果很少。一些项目无疾而终,一些企业仅仅满足于成功拿到项目,把获得国家的经费多少当作成果大小。由于缺乏原始创新能力,企业技术开发多为模仿、复制或技术集成。因此,一些企业的技术、装备和产品在国外参展中被诉侵权时有发生。

4）以企业为主导的产学研相结合的技术创新和成果产业化开发体制和机制尚未建立，产学研相脱节。科技成果因不能及时转化为现实生产力和核心竞争力，在市场竞争中失去时效，不能支撑企业的持续发展和核心竞争力提高。

3.5.6　建材行业煤炭利用中的政策、法规和行业管理问题

淘汰落后产能不仅仅是建材行业发展自身的需要，也是国家应对气候变化的战略发展需要。中国水泥行业正在参与国家的《循环经济统计指标建设》、《水泥工业污染防治技术政策》、《水泥工业污染防治最佳可行技术指南》、《低碳水泥认证标准》等标准的制定工作。可以看出，今后国家对水泥企业的污染排放和能源消耗将管理得越来越紧，政策和法规逼着落后产能要淘汰。一是政策导向，二是市场竞争法则，使得许多落后企业产生主动退出的意愿。

从2008年年底开始中国水泥行业参与《水泥行业准入条件》和《水泥产业发展政策》文件的制定和修订工作。从政策发展角度讲，鼓励企业重组联合、适度发展新线建设、注重环保、节能减排、延伸产业链将是发展的主题。从技术发展角度讲，锁定低碳减排的技术，如余热发电、垃圾混烧代煤等技术是发展方向。

3.5.7　建材行业煤炭清洁高效利用的发展机遇

1）市场需求持续增长。"十二五"虽然把促进经济转型提高到非常重要的位置，但是还将加快推进工业化的进程，并着力推进城市化，要把城市化率从"十一五"的47.5%提高到51.5%，因此可以推断固定资产投资仍然是推动国民经济高速发展并实现7%增长率的主要动力。虽然"十一五"末水泥市场容量已经达到$1.88×10^9$ t如此高的水准，但大规模的基础设施建设、经济适用保障房的建设、西部大开发的重点项目建设等，必然拉动水泥市场需求保持适度的增长。

2）盲目和重复建设必然得到有效遏制。随着深入贯彻落实科学发展观，国家对高耗能产业的新开工项目建设实行严格的管理，这对已经出现全国范围内产能过剩的水泥行业来说无疑是个福音，几年来部分地方政府招商引资出现的盲目投资、重复建设会得到有效遏制，为水泥工业健康可持续发展提供政策保证。

3）有利于推进企业战略重组。"十一五"期间虽然出现了像中国建材、海螺水泥等这样初具国际竞争能力的大企业，已经有60家企业的年产能突破500万 t，年产能超过1000万 t的20家企业已经控制了全国熟料产能的45%，2010年实现利润550亿元，但是到2010年年末全国仍然有水泥企业5114家，众多的小企业，尤其是小粉磨站，规模偏小、装备落后、产品质量差、竞争无序，导致销售利润率只有10%。水泥与冶金、有色等行业比，在原材料行业中还是一个企业平均规模偏小、市场秩序混乱、整体效益不高的行业。最近国家把水泥列入重点支持战略重组的行业，"十一五"在加快推进工业化的进程中重点推进结构调整，这无疑对有志于做强做大的水泥企业是一个千载难逢的好机会。

4）有利于做长产业链。对于终端市场来说，水泥是中间产品，在水泥的中下游分布有丰富的产业链。一些大型水泥生产企业开始进入商品混凝土、水泥制品预制、利废型的新型墙体材料产业等，正在为企业打造新的系统竞争优势。

5）有利于进一步降低成本。哥本哈根会议以后，国家出台了一系列鼓励利废（废物利用）的政策，这为水泥行业发挥自身优势，充分利用各类废弃物生产水泥，进一步降低成本开辟了新的途径。近日国务院部署了处置城市垃圾的工作，城市垃圾是工业垃圾、建筑垃圾和生活垃圾等城市固体废物的集合体。国家关于利废政策的进一步强化，将会为水泥产业利废不断带来政策性的实质利好。

3.6 造纸行业

3.6.1 造纸行业煤炭资源与经济社会可持续发展需求的矛盾

造纸工业与国民经济发展和社会文明息息相关，纸及纸板消费水平是衡量一个国家现代化和文明程度的重要标志之一。我国纸及纸板的生产量和消费量均居世界第一位，2009 年我国制浆造纸工业能源消费总量 4.06×10^7 tce，占整个工业能耗的 2% 左右，居轻工业能耗之首。造纸工业资源和能源依赖度比较高，与发达国家相比存在行业整体水平低、产品档次低、企业规模偏小、落后产能偏高、能源资源消耗高、环境污染负荷大等问题。按照《国民经济和社会发展第十二个五年规划纲要》的部署，要积极推广节能、节水、降耗技术与装备，加强资源节约和管理；强化污染物减排和治理，加强环境保护；按照"减量化、再利用、资源化"的原则，大力发展循环经济。

3.6.2 造纸行业煤炭利用中的能源效率和环境问题

（1）能源效率

造纸企业的自备电厂基本上均为热电联产机组，而且热电联产很重要的一点是"以汽定电"，但是与发电厂相比，单个造纸企业的产汽产电规模不大，整体来看，效率比大规模的热电联产机组低。这就造成造纸行业煤炭利用的能源效率偏低。

（2）环境污染问题

煤炭的利用率低，燃烧物和排放物对环境造成严重破坏，其中主要表现为污染气体排放超标。我国造纸行业中的煤炭是通过直接燃烧使用的，高耗低效燃烧煤炭向空气中排放出大量的 SO_2、CO_2 和烟尘，造成大气污染。燃煤产生的二氧化硫排放量占整个行业总二氧化硫排放量的 74%，二氧化氮的排放量占整个行业总二氧化氮排放量的 85%，一氧化氮排放量占整个行业总一氧化氮排放量的 60%。另外，燃烧高硫煤排放的二氧化硫，会导致硫酸型酸雨灾害的发生，据统计，在我国酸雨问题最为严重的山西，每年因酸雨造成的经济损失达上亿元。根据世界银行 2003 年的估计，中国环境污染和生态破坏造成的损失占 GDP 的比例高达 15%，相当于 4400 亿元人民币。由煤炭燃烧形成的酸雨造成的经济损失每年超过 1100 亿元人民币。自 20 世纪 90 年代中期以来，中国经济增长中有 2/3 是在环境污染和生态破坏的基础上实现的。全国流经城市的河流中 90% 的河段受到比较严重的污染，75% 的湖泊出现了富营养化的问题。酸雨的影响面积占到国土面积的 1/3。2004 年，全国主要城市中有 60% 未能达到二级空气质量标准。世界十大污染城市中有 6 个在中国。

3.6.3　造纸行业煤炭利用中安全和职业健康问题

由于造纸企业自备电厂的燃料基本为煤炭，因此企业会将煤炭储存在仓库内，而在堆放过程中煤炭会发生自燃现象，如果不注意，会造成火灾等事故。如果没有注意将储存煤炭的仓库进行通风，工作人员进入后可能会造成窒息的危险。

煤炭职工的作业环境十分恶劣，在生产过程中，不仅面临着生命安全的挑战，也面临着尘肺这一职业病的威胁。如果企业不注重安全投入，则将会造成较高的发病率，不仅给劳动者个人带来了巨大痛苦，也给劳动者的亲人带来了深深的不幸；不仅使劳动者过早地失去了劳动能力，减少了企业的劳动力，而且，高昂的诊治费用和康复费用，也给劳动者家庭、企业和国家带来了沉重的负担。截至 2002 年，全国有尘肺病人 558 624人，其中，已死亡 133 226 人，现患病人为 425 398 人，还有 60 多万疑似尘肺人员，并且新发尘肺病人以每年 1.5 万～2 万例的速度在增长。

3.6.4　造纸行业煤炭利用中的人才和职工队伍素质约束

目前，造纸行业内煤炭工作人员的人才结构不合理现象大有存在，职工素质普遍偏低，而且人才总量少，具有自主开发能力和管理能力的人才极其匮乏。

人才培养工作缺乏有效的政策指导，没有建立起有效的人才培养、培训体系和管理机制。在自备电厂内工作的人员对发电机组的掌控程度不高，容易造成机组的效率偏低。造纸企业的工作人员大多都没有经过系统培训，对于煤炭的管理没有达到整体化的程度。

3.6.5　造纸行业煤炭利用中存在的科学技术瓶颈

（1）煤炭科技资金投入不足

我国目前用于造纸行业煤炭利用的科技投入严重不足。一方面，科技总量投入还相对较低；另一方面，煤炭科技投入不均衡。造纸行业内部没有设立煤炭利用研究部门，对于煤炭的利用基本上凭借经验教训，严重影响了煤炭的利用效率。而且现在的煤炭利用只是针对大型煤炭企业，而没有考虑到造纸企业的煤炭利用情况，将其技术应用到造纸企业后会造成效率等的下降。

（2）技术装备及科技水平较低

在造纸企业内部，煤炭的运输很多情况下是使用劳力工作，而不是像国外那样采用先进的技术装备，这将浪费人力且耗费大量的时间；而且，自备电厂内的锅炉没有或基本上没有进行更新换代，燃烧效率低、耗煤量大、污染物排放多。技术装备的落后制约了造纸行业煤炭的清洁高效利用。

（3）自主创新能力不强

我国造纸工业自主创新能力建设比较薄弱，产学研没有形成有机的整体，引进技术消化吸收再创新不足。在新工艺、新设备和新产品的开发上缺乏自主创新的产业化重大成果。大型蒸煮、筛选、漂白设备，高得率制浆设备，高速纸机流浆箱，靴式压榨、压光机，复卷机等关键设备基本依赖进口。

3.6.6 造纸行业煤炭资源利用中的政策、法规、体制和行业管理问题

(1) 政策法规不健全

我国煤炭工业相关法律法规十分缺乏，而对于造纸行业内煤炭利用的法律法规更是欠缺。煤炭市场准入和退出机制尚不完善，缺乏对煤炭资源开发利用和保护以及促进企业节能的激励政策，资源综合利用的优惠政策在某些地区难以落实。有些资源综合利用的税收优惠政策在配套方面有漏洞，不利于煤炭的综合利用。

(2) 管理体制和运行机制不合理

从总体上看，人们对能源节约与资源综合利用的重要性和迫切性还缺乏足够的认识，在发展思路上缺乏整体意识和社会责任，没有循环经济理念，不注意煤炭资源的综合利用和环境治理，管理体制和运行机制不合理，导致当前我国造纸行业的煤炭低效利用、污染环境和效益低下的状况。

(3) 政策扶持和协调服务的力度不够

由于造纸企业所需煤炭量不会太大，而且煤炭供不应求，所以造纸企业在购买煤炭时会处于劣势，如果政策上的扶持或者政府的协调服务的力度不够，将会大大影响造纸企业的能源供应，制约造纸企业的良性发展。

3.6.7 造纸行业煤炭清洁高效利用的发展机遇

(1) 碳交易机制是煤炭清洁高效利用的重要推动力

由于发达国家的能源利用率高，能源结构优化，新的能源技术已经被大量采用，进一步减排的成本高、难度大。而发展中国家能源效率低，减排空间大，减排成本低。为了平衡减排成本和减排供求的地区差异，碳交易市场应运而生。其中的清洁发展机制（clean development mechanism，CDM），将使成本较高的煤炭清洁高效利用技术的应用成为可能。CDM 要求发达国家在发展中国家自身减排的基础上，通过 CDM 项目取得额外的减排量，以此作为国内高成本减排量的替代品。CDM 的存在，使得很多高成本技术得以应用，如低浓度煤层气的开发利用、超临界发电技术、IGCC 技术、碳捕获和碳封存等，都可以通过 CDM 实现商业化。另外，自愿减排交易也将为清洁高效利用技术的推广增添动力。尽管自愿减排交易市场目前规模很小，但发展迅速，2008 年芝加哥气候交易所的交易额已经超过 3 亿美元。2008 年，北京、上海、天津三家环境权益交易所挂牌成立；2009 年，山西吕梁节能减排项目交易中心，武汉、杭州、昆明等交易所相继成立，等等。自愿减排交易市场对额外性的要求不高，因此，该市场的存在一方面使得碳交易更加自由灵活，另一方面本身具有经济价值的煤炭清洁高效利用技术将更具

有经济上的竞争力，使得煤炭清洁高效利用技术的推广更有动力。

(2) 清洁高效利用煤炭是重要的能源战略政策

清洁高效利用煤炭是中国长期以来的重要能源战略政策，得到政策上的支持和鼓励。在实际应用领域，很多节能政策都适用于煤炭的清洁高效利用，在造纸行业也有与煤炭利用密切相关的节能政策。

(3) 清洁高效利用煤炭在技术上具有很大的提升空间

我国目前煤炭利用效率较低，提升空间很大。自备电站采用冷热电三联供，或者中小型造纸企业采用区域集中的方式，建立区域集中冷热电三联供，可以有效地提高电站的燃料利用效率。同时集中供冷与集中供热，可以有效降低供冷与供热的能耗，实现煤的高效利用，达到节能降耗的目的。

3.7　纺织行业

3.7.1　纺织行业中煤炭资源与经济社会可持续发展需求的矛盾

中国富煤、贫油、少气的能源储备特点和经济发展阶段特点，决定了煤炭仍是中国最主要的一次能源，以煤为主的格局将长期存在。根据《中国统计年鉴》（2006～2010年）统计数据，我国纺织行业 2004～2008 年能源消耗总量由 4.55×10^7 tce 上升至 6.39×10^7 tce，同比上升 40.4%，而其中煤炭所占比例由 28.24% 上升至 31.26%，煤炭消耗量同比上升 27%，可见纺织行业中虽然煤炭消耗量上升幅度小于行业总能量上升幅度，但能源消耗总量中煤的比例却在不断上升，即我国纺织行业发展对煤的依赖性在加强。

煤炭作为不可再生资源，储量有限，需要节约利用。煤炭生产量和消耗量的增加，会带来国内生产总值的增加，同时这种煤炭资源对中国经济发展起到的贡献作用并不符合经济社会可持续发展的要求。纺织行业中需要大量的蒸汽，其热量主要来自煤炭燃烧，煤炭资源的利用直接关系到纺织行业的发展。资源、环境约束对产业发展形成了较大制约，目前，我国纺织行业能源利用水平低，还有不少印染企业的生产工艺和生产装备处于 20 世纪 70 年代末和 80 年代初的水平，装备水平不高，发展方式仍然为以消耗资源为主的粗放式发展，不符合可持续发展。

3.7.2　纺织行业中煤炭开发利用的能源效率和环境问题

《纺织工业"十二五"科技进步纲要》指出"十一五"期间，我国纺织行业中绿色环保节能技术开发和应用进展较快，按可比价计算，纺织行业单位增加值综合能耗累计下降约 40%，节能新装备、新技术在行业中得到广泛应用。用水量最大的印染行业百米印染布生产新鲜水取水量由 4 t 下降到 2.5 t，累计减少 37.5%。纺织行业单位增加值污水排放量的累计下降幅度超过 40%，污染物减排及治理技术明显进步。废旧聚酯瓶回收利用技术得到有序推广，技术不断升级。目前，国内再生纤维生产能力达到 7×10^6 t，产量达到 4×10^6 t。

2009 年蓝天全国印染行业节能环保年会上，东华大学奚旦立和陈季华等表示，对印染行业节能减排潜力研究表明，目前我国纺织行业能耗较大，服装行业吨服装能耗为 1.05 tce，织造行业吨纤维能耗为 0.95 tce 左右，印染行业吨纤维能耗大体为 2.5 ~ 3.2 tce，吨纤维平均为 2.84 tce，印染行业能耗量约占全行业总能耗的 58.7%。国内印染业平均耗能为发达国家的 3 ~ 5 倍，产品增长方式仍以粗放型为主，多数产品缺乏高科技含量，产品平均价格较低，仍以量取胜。

我国纺织工业废水排放量居全国第 6 位，其中印染废水占全国纺织废水排放量的 80%，平均回用率 15%，耗水总量为发达国家的 2 ~ 3 倍。2007 年，印染废水年排放总量达到 23×10^8 ~ 30×10^8 t。

3.7.3　纺织行业中煤炭开发中的安全和职业健康问题

纺织工业需要大量蒸汽，通常会有自备锅炉，但是由于锅炉是直接火焰加热、直接承压的特种设备，具有可爆炸的特性。锅炉的运行安全直接与企业与个人的人身财产安全密切相关。纺织工业煤炭开发利用中的职业健康问题主要是指锅炉运行人员的在操作过程中的安全问题和锅炉设备出现问题而锅炉运行人员未能及时发现而引发的人身安全问题。例如，蒸汽系统投运过程阀门损坏或漏气，点火时发生爆燃，蒸汽系统投运过程中管道振动，油管路凝结，启动吸、送风机时发生振动，点油枪时喷出火焰，启动过程中过热器损坏或漏气，启动制粉系统时燃烧不稳或旋风筒堵塞等，这些情况都容易造成锅炉运行人员的安全问题。

锅炉本体由于在受热、受压条件下运行，受热面内外接触烟、火、水、汽、飞灰等物质，各受压元件上承受不同的内外压力而产生相应的应力，各元件工作温度、热胀冷缩的不同而产生附加应力，随着负荷和燃烧的变化，这种应力也发生变化，一部分承受集中应力的受压元件疲劳损坏；依靠锅炉内流动的水汽冷却的受热面因缺水、结水垢或水循环破坏使传热发生障碍，都可能使高温区的受热面烧损鼓包、开裂；另外，飞灰造成磨损、渗漏引起腐蚀等。所以锅炉的安全问题比一般的机械设备要严重。

另一方面，如果锅炉结构不合理，材质不符合要求，焊接质量不好，受压元件强度不够；锅炉使用与管理中违反劳动纪律，违章作业，设备失修，超过检验周期，无水质处理设备或水质处理设备不好；锅炉安全附件不全不灵；锅炉安装、改造、检修质量不好等，都可能引起重大的安全事故——锅炉爆炸。

3.7.4　纺织行业中煤炭开发利用的人才和职工队伍素质约束

纺织行业中的锅炉运行人员和其他企业员工是直接的煤炭开发利用人员，其队伍素质影响纺织行业煤炭利用水平的高低。

随着行业结构的变化，司炉人员队伍也和其他工种一样发生了很大的变化。虽然司炉人员的文化程度有所提高，但由于锅炉房条件比较差，劳动强度比较大，而政治待遇和经济报酬比较低，要求调离的人员所占比例相当高，人员队伍素质较难保障。

企业其他员工，新老不一，岗位不同，对能源合理利用意识不一致，从而给企业在能源管理上带来严重不便。总之，纺织行业需要引入先进的管理理念，加强能源管理与制度建设，确保煤炭利用保持在较高的水平。

（1）建立并完善企业能源管理机构并明确分工职责

企业能源管理机构：总经理和厂级负责人为领导小组，组成企业节能能源管理机构总负责人，企业管理和生产部门组成中层一级的节能办公室，各部门、分厂和生产部成立的节能降耗小组，形成三级能源管理体系。

（2）建立并完善企业能源管理制度并实行定额管理与奖惩机制

企业不定期对职工进行节能降耗学习培训，定期到现场检查、了解节能工作，从思想上和制度上使职工重视节能降耗工作的落实，营造良好的节能降耗气氛。建立各项能源管理制度，包括：能源采购和审批管理制度、能源财务管理制度、能源生产管理制度、能源消耗定额管理制度、能源计量统计制度、能源计量器具管理制度、锅炉节能环保管理制度、节能责任考核制度。

3.7.5　纺织行业中煤炭开发利用的存在的科学技术瓶颈

目前，我国纺织行业范围内正加快研发绿色环保技术，资源循环利用技术，高性能、高效率、节能减排的先进适用工艺、技术和装备，淘汰落后产能，全面完成国家下达的节能减排和淘汰落后任务，加快产业技术升级。其中包括：

1）环保型纤维加工技术，包括可再生、可降解生物质纤维加工技术，浆纤一体化、蒸发和结晶一体化黏胶纤维生产技术，汉麻秆芯黏胶纤维生产技术、麻纤维生物脱胶及前纺技术等。

2）节能减排印染新技术，包括棉织物生物酶精炼、低温漂白等高效短流程前处理技术，泡沫、涂料、涂层、冷轧堆和微胶囊染色等低给液率染色及整理技术，涂料染色、活性染料湿短蒸染色、针织物平幅冷轧堆染色、新型转移印花等少水、无水印染加工技术以及印染在线检测及数字化技术等。

3）废水深度处理及资源回用技术，包括膜处理、无极紫外光催化氧化等印染废水回用技术，毛纺洗毛清洁生产及羊毛脂回收技术，麻类脱胶废水处理技术。

4）产业用纺织品节能减排加工技术，包括滤料回收技术、水刺非织造工艺设备专用的水循环系统等。

5）废旧纺织品回收利用技术，包括纯化纤和天然纤维废旧纺织品回收利用技术，形成环保、可持续的纤维综合利用技术，建立废旧纺织品回收再利用产业化示范基地。

6）新型节能减排纺织机械，包括针织物连续练漂水洗设备等新型印染设及定型机热能实时监控等节能系统。

7）环保型染料、助剂、浆料开发，提高印染产品质量和印染行业生产的节能减排水平。

3.7.6　纺织行业中煤炭资源开发利用的政策、法规、体制和行业管理问题

（1）环保法规不够健全及监督机制不完善

目前，我国的环保法规不够健全，环境法律法规中对违法企业的处罚措施力度小。

违法成本低和守法成本高的状况依然存在，环保执法手段对违法企业起不到足够的震慑作用。由于区域经济的差别，各地区对节能减排工作的扶持力度和监督管理也不平衡。标准体系结构仍需进一步完善，标准修订不及时、与国际标准尚未完全接轨等问题仍然存在，需要进一步加以解决。

（2）缺少对行业能耗、水耗的科学评价体系

科学制定印染企业的水取用量和废水排放量是完成节能减排目标的关键。当前行业管理弱化，对行业中能耗和水耗的数据采集、汇总和分析难度大。多年来，仅有一个棉印染产品取水定额标准，而当前全国印染行业染整设备、工艺、产品等均有明显变化，原有的能耗、水耗标准已难以适应当前的要求。

（3）科技创新体系尚不健全

纺织企业、高等院校、科研院所在科技创新活动中结合不紧的问题仍然存在，各类创新主体在行业科技创新中的地位、作用及相互间的协作关系没有完全理顺，创新资源没有得到有效整合利用，制约了行业创新水平的提升。

（4）管理机制粗放和节能减排措施不到位

部分企业存在先天不足，在工程设计时，没有充分考虑节能降耗和污染治理问题，厂房、水、电、汽、热等系统设计不规范，给节能减排增加了难度。一些企业污染治理设施老化，排水不能做到稳定达标。有的企业生产规模扩大，污水量大幅增加，而污水处理设施没有配套跟进，废水不能得到有效处理。部分企业缺乏必要的自我约束性管理机制，水电汽油煤、染化料、废水废气废热废料等的供应、利用、排放、回收、处置方法粗放；在基础计量管理和专业人才培养方面的投入少，不利于节能减排的监管和实施。

（5）节能减排研发投入不足且缺少关键技术支撑

印染行业平均利润率只有3%左右，对节能节水关键技术和工艺研发的投入严重不足，尤其是小型民营企业，盲目追求近期利益，忽视甚至无视环境保护。国产技术装备落后，而引进的节能节水设备价格是国内同类设备的1~3倍，使大部分企业难以承受。由于部分地区废水集中处理，而现有的水回用技术不成熟，费用较高，加之水质不稳定，无法保证产品质量，企业对提高水利用率的积极性不高。

（6）部分企业环保意识薄弱且节能减排积极性不高

能源消耗作为企业产品成本的重要组成部分，直接影响企业经济效益的实现程度。为提高企业的经济效益，增强市场竞争力，提升企业综合素质，大部分企业都能够重视节能降耗工作。但在节水减排方面，一些企业出于成本的考虑，执行标准的积极性不高。

3.7.7　纺织行业中煤炭清洁高效开发利用的发展机遇

未来5~10年，是我国实现由纺织大国向纺织强国转变的关键时期。我国纺织行业

所面临的国际市场供需关系、贸易环境、资源条件等也都将发生新的变化，为纺织行业全面协调可持续发展创造了良好的机遇，纺织行业将以比较优势和逐步增强的创新实力为基础，加快推进结构调整和发展方式转变，在提高科技含量、降低资源消耗、减少环境污染、提高劳动生产率等方面加快产业提升，实现纺织大国向纺织强国转变。

（1）经济全球化继续深入发展为行业继续承接产业转移提供机遇

通过大力推进产业结构调整和产业升级，我国纺织行业的综合竞争实力明显提升，为国际纺织产业链高端进入我国提供了良好的基础条件。国际先进的技术装备和高素质、高水平的研发、设计、管理人才等都将伴随国际产业转移的步伐进入我国，纺织行业的综合实力也将在承接国际纺织产业转移的过程中得到进一步的提升，生产过程逐步实现清洁高效开发利用。

（2）新的国际市场需求环境为行业的竞争优势发挥提供空间

新时期的全球消费增长也将更加趋于理性和有节制。越来越多的消费者关注气候变化和二氧化碳排放等问题，逐渐愿意为应对全球变暖采取行动，绿色消费将会成为一种新的潮流。在新的需求环境下，我国纺织行业创新能力继续提升，生产过程逐步实现清洁高效开发利用，行业将具备更完备的能力来满足世界各国市场上不断发展和升级的多元化消费需求。

（3）新科技革命为纺织行业加快调整升级提供契机

未来 10 年，以能源、材料、信息与生物为核心的新科技革命将引领人类社会进入绿色、智能和可持续发展的新时代，也将为纺织行业的发展打开新的生产力空间。经过多年的调整升级，我国纺织行业的整体技术装备水平和劳动力素质都有了显著的提高，我国纺织行业目前在吸收新技术成果、加强创新发展方面具备了更好的基础和更强的能力。新科技革命的兴起将为我国纺织行业逐步实现清洁生产、高效开发利用保驾护航。

（4）国内市场机遇

到 2020 年我国将实现全面建设小康社会的目标，国内需求仍将是纺织行业发展的最大动力。高新技术、信息化技术改造和提升传统产业，战略性新兴产业发展及对纺织行业发展提出了更高要求，也为纺织行业升级发展创造了良好的机遇。

3.8　本章小结

高耗能行业是能源密集型行业，七大行业的煤炭消耗量约占全国煤炭消耗量的三分之一。高耗能行业除存在能效低和环境污染等问题，还存在着职工队伍的职业健康风险和文化程度低、科学技术落后和行业管理缺陷等问题。同时，全球低碳发展的需求及国家支持对节能技术的引进、研发和推广，给高耗能行业的清洁高效发展带来机遇，在未来二十年内将推进节能减排措施，为高耗能行业的可持续发展奠定良好的基础。

我国高耗能行业煤炭利用面临的机遇为：世界经济格局的变化及世界产业进一步转

移为高耗能产业加快调整升级提供了契机；国家对节能技术的研发和推广提供了强有力的政策支持；全球低碳发展催生众多节能新技术，使得产业用能水平不断上升；国外煤炭利用节能技术较成熟，已发展多年，经验丰富，可适当引进等。

同时，我国高耗能行业煤炭利用面临的挑战为："十一五"已普遍开展节能工作，高耗能行业节能空间进一步收窄；随着落后产能的逐步淘汰，未来节能技术将往纵深方向发展，节能项目投资迅速增大；国家"十二五"节能目标提高，节能考核压力加大；化石能源消耗比重进一步下调，到 2015 年非化石能源占一次能源消费总量比重达到 11.4%；高耗能行业以煤为主要能源现状，还将继续给节能和环保带来技术和管理难题，企业自身生产力的发挥受节能减排的限制，还存在因排放超量导致纳税增加和环保处罚的风险等。

第4章 | 中国重点高耗能行业煤炭清洁高效利用的原则和总体战略

本章围绕石化、化工、有色金属、钢铁、建材、造纸和纺织等高耗能行业的煤炭利用过程，提出煤炭利用的总体原则、整体布局和战略目标。通过运用 SWOT（strength weakness opportunity threat）分析和 LCA（life cycle assessment）分析法对各行业煤炭利用过程进行全面分析，绘制各行业主要技术的时空路线图，指出实现战略目标的有效途径。

4.1 石化行业

4.1.1 石化行业煤炭清洁高效利用的总体原则

1）坚持技术引进与技术创新相结合的原则。鼓励石化企业瞄准国际先进技术水平，在充分论证的前提下，加强国际交流，积极引进煤炭高效利用先进适用技术。倡导企业与国内外科研机构、高等院校开展吸收与创新的联合研究开发，或联合建立技术开发机构；支持大型企业或企业集团，利用现有资源，开展煤制氢、煤炭耦合利用等关键和共性技术的引进消化、吸收和再创新。

2）坚持产业发展与能源节约相结合的原则。

3）坚持管理与技术相结合的原则。

4.1.2 石化行业煤炭清洁高效利用的整体布局

石化企业的煤炭消耗，从总体上讲，主要用于煤炭制氢和燃煤锅炉的用煤两个方面。因此，对于石化行业而言，煤炭清洁高效开发利用的整体布局也主要从这两方面展开。

煤制氢方面，首先，要用富氧空气连续气化技术对现有常压固定床煤气炉进行技术改造，同时建立、健全相应配套的环保设施，并推广使用型煤作为气化原料，以提高煤气化效率、减少污染物排放、改善煤气化技术的经济性。其次，加强粉煤流化床气化技术的研究开发与推广应用，并尽早取代部分现有常压固定床气化工艺，直接以碎煤为气化原料，部分解决粉煤合理利用问题。再次，加快引进新一代大型先进的煤气化技术，同时适当进行一些关键技术、材料及设备的自主研究开发，以加速引进技术消化吸收和设备国产化进程。

燃煤锅炉方面，要努力提高煤炭的燃烧效率，减少煤的使用。对于石化企业而言，利用炼厂的高硫石油焦等低值产品，发展 IGCC，向炼厂和石化厂供应电力、工艺蒸汽和氢气，提高资源和能源的综合利用率。

4.1.3　石化行业煤炭清洁高效利用的战略目标

1）加强技术研发、创新和技术改造，为核心技术创新建设平台。

2）加大节能减排的监管力度，不断提升管理水平。将增产不增污或增产少增污作为可持续发展的第一要义。力争通过对资源的有效利用、循环利用和清洁利用，实现石化行业发展的经济效益、环境效益和社会效益相统一。

3）加强产业结构调整，进一步淘汰落后产能。继续加速淘汰高耗能、高污染的落后生产能力和设施，有序推进大型炼油、化工生产基地的建设，为实现结构调整、节能减排的战略目标提供强有力的支撑。同时，促进传统产业的优化升级，要实现差别化生产战略，通过技术工艺和装备的升级改造，提高传统产业的节能降耗。

4）大力发展循环经济，积极推动低碳经济的发展。构建从原材料采购、运输、存储、生产至包装、流通加工、配送、销售、废弃物回收利用全过程的循环经济体系。

5）构建节能减排的长效机制、管理机制，完善行业标准体系，要以控制能耗总量、优化能源利用率、减少污染物排放为重点，分行业提高平均标准和先进标准。

4.1.4　石化行业煤炭清洁高效利用的全生命周期评价

在中国的一次能源结构中，化石能源占 77.8%。而在化石能源结构中，煤炭占 94.3%。与石油和天然气相比，我国的煤炭资源十分丰富而且价格相对低廉。以煤炭为原料大规模制取氢气在未来一段时间内是我国获得价格合理的氢气来源的一条可行之路。

（1）确定生命周期系统边界

本系统以无烟煤气化制氢为研究对象，生成 1kg 的产品氢气为功能单位。系统边界如图 4-1 所示。

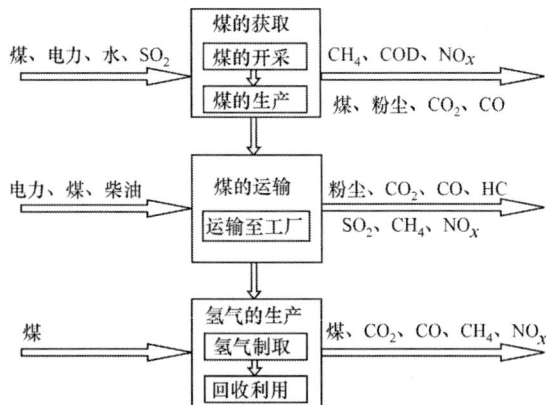

图 4-1　系统边界

（2）煤的生产获取过程

以现今生产煤所消耗的各种燃料清单为基础进行数据分析，见表 4-1。

表 4-1　煤生产过程中的燃料消耗

燃料类型	煤	汽油	柴油	电力
消耗量	1000×10^4 t	39.5×10^4 t	27.9×10^4 t	29.96 GW·h
能量/MJ	2.091×10^{11}	1.685×10^{10}	1.190×10^{11}	1.078×10^{11}

资料来源:中国统计年鉴,中国能源统计年鉴.2011

各种燃料以煤为主,分散在各地的小锅炉每年共消耗煤约 1×10^7 t。其中电力主要用于通风及水泵等,约占总电力消耗的 60%。汽油和柴油主要用于煤运输。其他燃料(如焦炭、重油、天然气等)可忽略不计。而煤生产获取过程的污染排放以及原材料消耗如表 4-2 所示。

表 4-2　生产 1kg 氢气的煤的获取过程输入和输出清单

	种类	量	单位
输入	煤	1906.76	kJ
	电力	945.45	kJ
	水	158.57	kg
输出	煤	9.48	kg
	粉尘	0.70	kg
	CO_2	177.32	kg
	CO	0.23	kg
	SO_2	1.70	kg
	CH_4	93.66	kg
	NO_x	0.42	kg
	COD	0.11	kg

资料来源:中国统计年鉴,中国能源统计年鉴.2011

(3) 系统中煤的运输阶段

不同的能源运输方式的能源消耗和污染排放是不同的。煤运输包括铁路运输和铁路-海运组合运输。1990 年整个铁路运输货物量中,煤的运输量大约占 35%。从机车的类型看主要有三类:分别是蒸汽机车、燃油机车和电力机车。1990 年整个铁路运输共消耗煤 23.97Mt,柴油 2.70Mt 和电力 4.1TW·h。假定功能单位为产出 1kg 氢气的原料煤的运输为铁路运输,距离为 100 km。煤气化制氢生命周期中煤的运输阶段清单输入和输出,如表 4-3 所示。

表 4-3　煤气化制氢生命周期中运输阶段的输入与输出清单

	种类	量	单位
输入	电力	13.18	kJ
	煤	260.42	kJ
	柴油	102.77	kJ

续表

种类		量	单位
输出	粉尘	0.29	kg
	CO_2	300.71	kg
	CO	0.09	kg
	HC	0.01	kg
	SO_2	0.23	kg
	NO_x	0.07	kg

(4) 煤气化制氢的能耗

煤气化制氢生命周期的能量消耗包括三部分：总物耗对应能耗、生产氢气的能耗（满负荷生产时的电力需求）和末端环节的能耗（即回收物质对应能耗）。由于电能源属于二次能源，为了统一比较标准，所需的电能源应上溯到生产电能的一次能源的层次。典型的燃煤发电的能量转化效率一般只有30%，折算成一次能源的能耗是将总能耗中非物耗环节的所有电能除以燃煤发电站的发电效率30%，再加上物耗环节的能耗得到的，它表示把技术路线全生命周期的总能耗回溯到一次能源的层次。以功能单位为产品 H_2 为1kg的煤气化制氢生命周期系统中制氢阶段的能量消耗，见表4-4。

表4-4 生命周期系统的能量损耗

环节	物耗环节	生产环节	末端环节	总能耗	折算能耗
煤气化制氢/MJ	255.32	18.80	3.91	278.03	331.02

由表4-4可看出，在整个生命周期系统的煤气化制氢的能量消耗中物耗环节对应的能耗最大，在所折算的总能耗中占比例为79%。

(5) 生命周期影响评价

系统污染物的总排放包括三部分：煤生产获取过程的污染物排放、煤运输过程对应污染物排放、氢气生产过程对应的污染物排放。根据煤气化制氢系统整个生命周期过程的污染物排放清单，确定了潜在的环境影响类型，见表4-5。

表4-5 煤气化制氢生命周期影响类型

资源耗竭	能源耗竭	全球性
环境影响潜值	全球变暖（GW）	全球性
	酸化（AC）	地区性
	富营养化（NE）	地区性
	烟尘和粉尘（SA）	局地性

1）环境影响负荷。环境影响潜值计算：根据煤气化制氢系统的污染物排放数据见表4-6。

表4-6　生命周期各阶段的环境影响潜值（1kg H_2）

污染物种类	煤的获取阶段/kg	氢气制取阶段/kg	氢气制取/kg	总排放/kg
CO_2	177.317	300.706	43.241	521.264
CO	0.231	0.092	0.015	0.338
SO_2	1.699	0.233	0	1.932
CH_4	93.661	0	0	93.661
NO_x	0.422	0.067	0.108	0.597
粉尘	0.702	0.293	0.365	1.360
HC	0	0.009	0	0.009
COD	0.105	0	0	0.105

从表4-6可看出，在煤气化制氢系统的总污染物排放中，CO_2占的比重最大，为84.17%，其次是 CH_4 为15.12%。而整个生命周期过程中煤的运输阶段排放的 CO_2 量最大，而煤在获取阶段的污染物甲烷排放量最大。

2）环境影响潜值的标准化。对本节所计算的各类环境影响潜值（全球、地区和局地）采用其相应的标准化基准进行标准化，如表4-7所示。

表4-7　标准化及加权后影响潜值（1kg H_2）

标准化	影响潜值	标准化基准	标准化后影响潜值/$mPE_{China,90}$	权重因子	加权影响潜值/$mPE_{T,90}$
全球变暖	2679.89 kg CO_2 eq/a	8700 kg CO_2 eq/（人·a）	0.308	0.83	0.256
酸化	2.350 kg SO_2 eq/a	36 kg SO_2 eq/（人·a）	0.065	0.73	0.047
富营养化	0.806 kg NO_3^- eq/a	62 kg NO_3^- eq/（人·a）	0.013	0.73	0.001
烟尘和粉尘	1.36 kg	18 kg eq/（人·a）	0.076	0.61	0.046
合计					0.350

注：①加权评估及环境影响负荷：对上述标准化后的影响潜值进行加权，计算得到功能单位为生1kg的氢气的系统的总环境影响负荷为0.350人当量。
②$mPE_{China,90}$ 指由1990年中国人均资源消耗计算出的毫人当量；$mPR_{T,90}$ 反映资源可供应时间与稀缺性度量。

加权评估及环境影响负荷：对上述标准化后的影响潜值进行加权，计算得到功能单位为生产1kg的氢气的系统的总环境影响负荷为362.06毫人当量。

4.1.5　石化行业煤炭清洁高效利用的 SWOT 分析

根据我国石化行业的发展状况，结合"十一五"节能工作的经验及国内外石化行业节能技术的发展，对石化行业煤炭利用节能技术进行 SWOT 分析，结果见表4-8。

表4-8　石化行业煤炭清洁高效利用 SWOT 分析结果

		优势（S）	劣势（W）
	内部因素	1. 行业拥有中石化、中石油等特大型企业，企业常年开展节能减排工作，且领导重视节能工作，节能机构组织完善； 2. 石化行业节能新技术不断推陈出新，应用力度不断加大； 3. 行业企业节能减排基础较好，监测手段相对完善	1. 与国外先进水平相比，节能技术水平较低，存在能源浪费； 2. 行业专业节能人员缺乏； 3. 管理手段落后，研究开发能力不足
	外部因素		

机会(O)	SO 战略	WO 战略
1. 国家对清洁石化产品的需求持续增长; 2. 国家节能减排综合方案的出台; 3. 企业降低成本增加效益的内在需求	1. 加强煤制氢等技术在石化行业企业的应用; 2. 充分利用现有中石化、中石油等特大企业中相对完善的节能组织机构,完善现有节能管理体系,提高管理效率	1. 采用国际先进的管理机制强化节能管理; 2. 优化工艺结构,减少工艺过程消耗
挑战(T)	ST 战略	WT 战略
1. 国家对行业提出更高的节能要求; 2. 原油、天然气等能源价格持续高位运行; 3. 石化产品价格波动	1. 加强节能新技术的应用,降低企业能耗,降低企业成本; 2. 优化产品结构,增加企业效益	积极引进和培养石化企业专业节能人才,对企业员工梳理节能减排的意识

4.1.6　石化行业煤炭清洁高效利用的技术路线图

石化行业煤炭清洁高效利用的技术路线如图 4-2 所示。

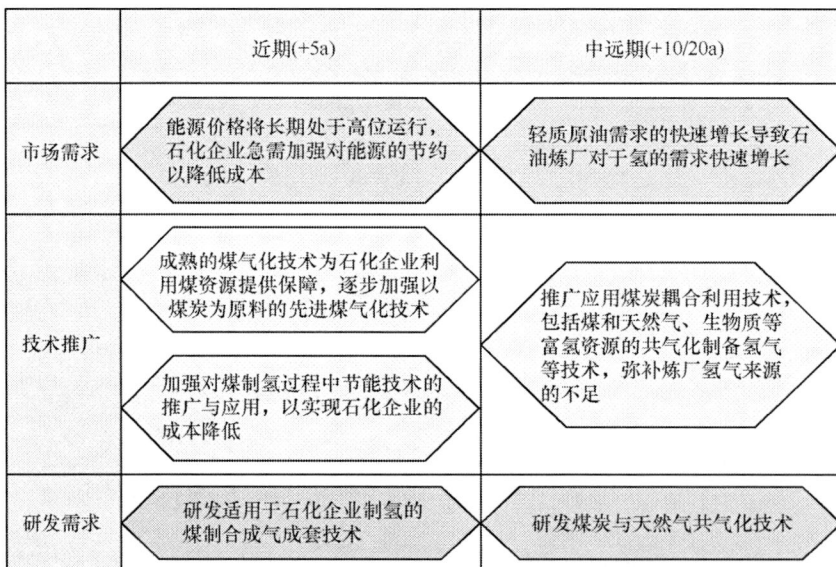

	近期(+5a)	中远期(+10/20a)
市场需求	能源价格将长期处于高位运行,石化企业急需加强对能源的节约以降低成本	轻质原油需求的快速增长导致石油炼厂对于氢的需求快速增长
技术推广	成熟的煤气化技术为石化企业利用煤资源提供保障,逐步加强以煤炭为原料的先进煤气化技术 加强对煤制氢过程中节能技术的推广与应用,以实现石化企业的成本降低	推广应用煤炭耦合利用技术,包括煤和天然气、生物质等富氢资源的共气化制备氢气等技术,弥补炼厂氢气来源的不足
研发需求	研发适用于石化企业制氢的煤制合成气成套技术	研发煤炭与天然气共气化技术

图 4-2　石化行业煤炭清洁高效利用技术路线图

4.1.7　实现中国石化行业煤炭清洁高效利用战略目标的主要途径

(1) 解决炼化业规模经济问题

能耗偏高最突出的是规模问题,我国的石化企业规模优势不明显。目前,世界上炼厂的平均规模为年产 500 万 t 左右,大型炼厂为 1000 万 t,最大的为 4000 万 t。而我国现在整体炼油规模水平不高,有些地方还有许多小炼厂。解决石化行业尤其是炼油业能耗偏高的问题,最重要的就是要拓展产业规模,多新建或改造扩建一些千万吨级炼厂,不合格的小炼厂都要关停或兼并掉。规模做大才能做强。其次是运输方式问题。过去进口原油走的是海路，内地原油靠铁路运输，只有部分原油是管道运输，石油产品大部分则是铁路和公路，造成了能耗和损耗都较大。中国石油在大连建一个炼化企业大集群，原油和石油产品尽量通过管道输送等，还铺设了 4 万多公里管道，减少了运输环节，这是提高效率、增加效益的重要举措，对节能降耗有重要作用。未来 5 ~ 10 年，我国要大力发展管道运输，逐渐减少直至杜绝铁路输油的方式，提高海运和陆运效率。

（2）建立加工劣质原油的技术创新体系

炼化行业的技术创新，最重要的是要建立"立体化"的创新体系，不能让产学研脱节。要让自主创新技术尽快在生产中得到应用，必须在大企业的组织下，研究院、设计院、生产单位紧密结合，围绕一个科研目标攻关。我国的炼化技术创新工作要从开发劣质原油加工技术、清洁燃料的生产技术和生产过程的清洁化，以及炼化一体型炼油厂提供油脂化工原料入手。清洁燃料的生产和生产过程的清洁化，也是炼化技术创新的重要内容。清洁油品的主要问题是硫的问题。全世界的共识是硫要脱掉。在考虑重油转化时，也要考虑清洁化和环保。同时，生产过程也要清洁化。因此，在未来炼厂中，加氢技术是核心技术。未来炼厂要针对资源、需求的特点，统一综合考虑，包括效益和能耗。一个不断追求清洁产品的过程，就需要技术创新来推动。

（3）加快推行炼化一体化

系统优化是降低能耗的一个重要渠道，潜力很大。优化可以是一个地区的，也可以是企业内部的。优化的结果是企业的综合经济效益提高，同时能耗下降。关键是要从整体上进行优化。应积极推行炼化一体模式，在这个模式下搞整体优化。炼化一体化（或油化结合）是未来石化企业的发展方向。

（4）加快推广热电联产技术

汽电或热电联产技术也是近些年来广泛应用的节能新技术。这种技术以美国埃克森公司最为成功。埃克森公司的经验表明，实行汽电联产可以实现节能降耗、废热利用，还有环保上的优势。通过这种方式，大约能节能 30%。这个公司在美国建设了一套 150MW 的联合发电装置，减少了电力的外购。目前，这个公司在世界范围内联合发电装置的总容量已经达到了 1500MW。热电联产在我国的石化企业中开始大范围推广。过去以烧燃料油为主的炼油企业，现在纷纷改烧煤炭或利用蒸汽，大约能节能 20% 以上。但应加快推广应用燃用煤炭的气化一体化联合循环系统。

4.2　化工行业

（1）化工行业煤炭清洁高效开发利用的原则

1）将引进先进技术与结合中国化工行业发展实际开发自主知识产权的创新技术相结合。

2) 坚持产业发展与能源、资源的可持续发展相结合。

3) 要坚持将节能作为减排的切实有效途径。

4) 将技术进步作为行业节能减排的首要抓手，向技术要节能效益，向技术要减排效益。

5) 将煤炭利用、转化与水的可持续利用相结合。

（2）化工行业煤炭清洁高效利用的整体布局

结合行业中煤炭作为原料制备合成气、作为燃料提供动力等不同特点，在整体布局上要考虑：

1) 原料煤与燃料煤要严格区分，优质煤主要用作原料，劣质煤用作燃料。

2) 着力提高煤炭转化效率，减少煤的使用。

（3）化工行业煤炭清洁高效利用的战略目标

1) 调整产业结构，淘汰落后产能，其途径是开发适合中国企业的新技术，通过技术改造，调整产业结构。

2) 倡导循环经济理念，从根本上提高原料和能源的利用效率。实施从原材料、生产、流通、废弃物回收利用全过程的循环经济体系。

3) 制定行业能效标准，建立节能减排的长效管理机制、有效监督机制，从整体上降低全行业能耗和污染。

（4）化工行业煤炭清洁高效利用的 SWOT 分析

根据我国化工行业的发展状况，结合"十一五"节能工作的经验及国内外化工行业节能技术的发展，对化工行业煤炭利用节能技术进行 SWOT 分析，结果如表4-9所示。

表4-9 化工行业煤炭清洁高效利用 SWOT 分析结果

内部因素 外部因素	优势（S）	劣势（W）
	1. 行业拥有神华、昊华等特大型企业，企业常年开展节能减排工作，且领导重视节能工作，节能机构组织完善； 2. 化工行业新技术应用力度不断加大，如大型煤气化技术、空分技术、净化技术、MTO 技术； 3. 行业企业节能减排意识较好	1. 与国外先进水平相比，行业综合能耗较高，节能技术比较落后； 2. 行业专业节能人员缺乏； 3. 管理手段需要完善，技能技术研究开发能力不足
机会（O）	SO 战略	WO 战略
1. 国家对化工产品的需求持续增长，煤炭消费需求旺盛； 2. 国家制定了节能减排中长期目标，综合方案可操作性强； 3. 企业竞争激烈，具有通过节能减排途径降低成本增加效益的内在需求	1. 煤化工与石油化工的相互融合，互相促进； 2. 大企业中具有相对完善的节能组织机构，水平较高的节能人才队伍，比较完善的节能管理体系，具有提高管理效率的潜力	1. 借鉴国际先进的节能管理机制、管理办法，强化节能管理； 2. 促进行业结构调整，优化工艺结构，减少过程综合消耗

续表

挑战(T)	ST 战略	WT 战略
1. 国家对行业提出更高的节能要求; 2. 原材料价格持续上涨,市场竞争日趋激烈,能源供给缺口加大	1. 加强节能新技术的开发与应用,降低企业能耗,提高企业效益; 2. 优化产品结构,开发高附加值产品,延伸产业链,提高竞争力	积极引进和培养高水平管理人才、高层次技术人才、高素质技术工人,提高企业员工节能减排的意识

(5) 化工行业煤炭清洁高效利用的技术路线图

化工行业煤炭清洁高效利用的技术路线如图 4-3 所示。

	近期(+5a)	中期(+10a)	长期(+20a)
市场需求	合成氨、甲醇、炼焦和电石	发展煤制油、煤制烯烃和煤制天然气	多联产技术和煤的分级利用技术
产业目标	淘汰落后、竞争力差的产能,使化工产品综合能耗达到或接近世界先进水平	开发自主知识产权技术,降低成本和能耗,发展循环经济	跨行业联产,高效节能
技术壁垒	装置规模大型化,高温除尘、脱硫技术	合成催化剂的开发	CO₂捕集与减排,煤分级利用的大型化
研发需求	先进的节能技术,高温除尘、脱硫技术	廉价催化剂的开发,合成过程关键设备的开发	煤分级利用技术的大型化研究

图 4-3　化工行业煤炭清洁高效利用技术路线图

(6) 实现中国化工行业煤炭清洁高效利用战略目标的主要途径

1) 解决中小合成氨企业原料路线单一、技术相对落后、综合能耗高的问题。合成氨工业在我国经济社会发展中发挥着重要作用,作为化肥行业的基础,其发展对保障粮食安全意义重大。长期以来,我国形成了数百家中小型合成氨企业,规模小、技术落后,原料单一(无烟煤为主)、能耗较高,必须花大力气开发新的节能技术,降低行业综合能耗。

2) 延伸甲醇及下游产品产业链,解决甲醇产能过剩、企业开工不足、装置闲置率高、总体能耗较高的问题。我国甲醇行业产能严重过剩,主要是由于某些地区盲目上项目造成的,给相关企业和行业带来了沉重的负担和风险,化解风险的主要途径是延伸甲醇下游产品链,提高下游产品附加值,限制小型甲醇企业上马。

3) 提高煤焦油、焦炉煤气等副产物的高效利用,采取污染综合治理技术,解决炼焦行业高污染、高耗能的问题。

4) 大力推进煤基多联产技术的发展,推进化工行业煤炭利用技术的升级。

4.3 有色金属行业

4.3.1 有色金属行业煤炭清洁高效开发利用的原则

走自主创新之路，提高资源的循环利用水平。有色金属行业是国家的战略产业，影响深远，我国有色金属矿藏并不丰富，一定要把技术创新放在首位，走资源循环利用之路，保证行业的科学可持续发展。

将行业可持续发展与区域可持续发展相结合。有色金属行业主要集中在矿产富集区域，有些地方经过几十年开发利用，矿产资源存在过度开发利用问题，为了避免矿尽城衰的现象，要坚持将行业可持续发展与区域可持续发展结合起来，做到资源永续利用，城市持续发展繁荣。

坚持节能减排，促进绿色发展。大力发展节能新技术，促进清洁生产和循环经济，加强废弃矿渣、废弃尾矿和其他废弃物的资源化综合利用。

坚持走出去战略，保障矿产资源稳定供给。把提高行业资源稳定供给和持续保障能力提升到行业发展安全和国家安全的战略高度。充分利用国内外两种资源两个市场，加大境外矿产资源合作开发，整合国内有色金属矿产资源可持续开发，加快建立健全有色金属矿产资源战略保障体系。

4.3.2 有色金属行业煤炭清洁高效利用的整体布局

近10年来，我国有色金属行业快速发展，铜、铝、镍、锌等产量持续增长，但也存在生产力布局分散、地方各自为战、供求严重失衡、资源粗放利用等问题。有色金属行业发展的最大瓶颈是矿产资源比较短缺，自给率低下，以铜镍为例，自给率不足30%。为了保证我国有色金属行业的可持续科学发展，在行业煤炭清洁利用整体布局上要注重以下两个方面：

1）从资源依托型布局向市场依托型布局发展。单一的资源依托型已逐渐暴露出资源枯竭、区域经济发展单一、创新力不足等问题，需要改变目前行业企业主要集中分布在矿产资源地区的现状，逐渐向市场需求地分布发展。

2）从资源依托型布局向港口依托型布局发展。我国有色金属矿产资源相对匮乏，大量依赖进口，行业布局要逐渐从资源依托型向港口依托型发展。

4.3.3 有色金属行业煤炭清洁高效利用的战略目标

1）提高整体技术水平，降低全行业综合能耗。主要节能目标是到2020年年末，主要有色金属产品技术经济指标接近或达到世界先进水平。以电解铝行业为例，综合交流电耗将低于12 300 kW·h/t，电解铝废气的集气效率大于99%，净化效率大于99%。以铜冶炼行业为例，综合能耗达到600 kgce/t以下，铜冶炼回收率达97.5%以上。

2）加大产业结构调整，促进节能减排。我国有色金属行业也和其他行业一样，存在盲目投资，扩大产能的问题，电解铝行业就是一个鲜明的例证。为了促进全行业的健康发展，需要加大产业结构调整力度，通过产业结构调整，促进全行业节能减排目标的实现。

3）建设节约型企业，全面推进节能减排。

4.3.4　有色金属行业煤炭清洁高效利用的 SWOT 分析

根据我国有色金属行业的发展状况，结合"十一五"节能工作的经验及国内外有色金属节能技术的发展趋势，进行 SWOT 分析，结果如表4-10所示。

表 4-10　有色金属行业煤炭清洁高效利用 SWOT 分析

	优势（S）	劣势（W）
内部因素 外部因素	1. "十一五"期间能源综合利用水平得到了大幅度提升； 2. 能量高效回收和强化传热等节能技术进步为行业节能减排提供了有力的技术保障； 3. 全行业从单一扩大规模的粗放型、高耗能方向逐渐向技术革新、提高效率的内涵发展方向转移	1. 产品分布广泛，行业技术和装备水平差异明显，能源综合利用和余能回收技术的采用不平衡； 2. 能源综合利用和余能回收的投资相对较高，企业经济效益不明显，积极性不高； 3. 先进的节能减排技术研究利用不够
机会（O）	SO 战略	WO 战略
1. 国家节能减排政策对有色金属行业节能技术的研发提供了强有力的支持； 2. 随着有色金属产量的提高和行业规模增加的提高，能源综合利用水平提高； 3. 能源综合利用已成为有色金属行业进一步节能方向和途径	1. 借助政策扶持，促进全行业余能、余热回收利用水平的提高； 2. 提高余能、余热回收利用的技术水平，充分发挥节能技术的经济优势，为企业创造明显的经济效益，提高企业节能减排的积极性	1. 加强自主创新，注重对引进国外先进技术的消化吸收再创新，提高企业开发节能关键技术的积极性，提升余能、余热回收利用技术水平； 2. 开发新型工艺技术，优化工艺结构，减少工艺过程消耗，提高产品的附加值； 3. 采用国际先进的管理机制，强化节能减排的管理
挑战（T）	ST 战略	WT 战略
1. "十二五"节能规划对有色金属行业提出更高的节能目标； 2. 国内外企业间的竞争日趋激烈，能源消耗水平成为影响企业竞争力的重要因素； 3. 能源价格持续上升，能耗成本占企业总成本的比例在逐步增加	1. 加快行业结构调整，进一步淘汰落后产能，余能、余热回收效率； 2. 提升能源综合利用效率，降低有色金属行业生产成本，增强企业的核心竞争力	1. 提高企业采用节能新技术的积极性，提高能源综合利用效率，降低企业综合能耗； 2. 加大节能技术和相关设备的更新力度； 3. 加大企业能源利用系统的优化力度

4.3.5　有色金属行业煤炭清洁高效利用的技术路线图

有色金属行业煤炭清洁高效利用的技术路线如图4-4所示。

	近期(+5a)	中期(+10a)	长期(+20a)
市场需求	余能、余热等成熟节能技术的推广利用，包括强化传热、烟气余热利用等技术	能量梯级利用技术，包括低温余热回收技术	全系统能量优化利用技术
产业目标	淘汰落后、竞争力差的产能，使有色技术产品综合能耗达到或接近世界先进水平	开发自主知识产权技术，降低成本和能耗，发展循环经济	跨行业联产，高效节能
技术壁垒	新型节能技术，低温余热高效回收技术	高效节能技术与装备、全系统能量平衡与优化技术	高效节能技术与装备、全系统能量平衡与优化技术、CO_2捕集与减排
研发需求	新型、先进的节能技术，低温余热回收技术	全系统能量网络的模拟与仿真技术	全系统能量网络的模拟与仿真技术

图 4-4 有色金属行业煤炭清洁高效利用技术路线图

4.3.6 实现中国有色金属行业煤炭清洁高效利用战略目标的主要途径

1）根据有色金属国内矿产资源的分布和进口矿产资源港口分布状况，加快产业布局的优化。

2）加快推进企业联合重组，提高产业集中度，淘汰落后生产能力和实现产业结构及布局合理化，实现可持续科学发展。

3）大力推进多联产技术的发展，将有色金属-化工-电力生产有机结合，推进有色行业煤炭利用技术的升级，提高能源利用的综合效率。

4.4 钢铁行业

4.4.1 钢铁行业煤炭清洁高效开发利用的原则

1）坚持结构调整。把扩大品种、提高质量、增进服务和推进钢材减量化以及加快节能减排、淘汰落后、优化布局作为结构调整的重点，严格控制产能扩张，加快发展钢铁新材料和生产性服务业，继续推进兼并重组，进一步提高产业集中度。

2）坚持绿色发展。积极开发、推广使用高效能钢材，推进信息化和工业化深度融合，加快资源节约型、环境友好型的钢铁企业建设，大力发展清洁生产和循环经济，积极研发和推广使用节能减排和低碳技术，加强废弃物的资源化综合利用。

3）坚持自主创新。把自主创新作为钢铁工业可持续发展的重要支撑，强化钢铁企业技术创新主体地位，加快原始创新、集成创新和引进消化吸收再创新，完善技术创新体系，培育自主知识产权核心技术和品牌产品。

4）坚持区域协调。落实国家区域发展总体战略和主体功能区战略，根据资源能源条件、市场需求、环境容量、产业基础和物流配套能力，统筹沿海沿边与内陆、上下游产业及区域经济发展，优化产业布局，满足各地区经济社会发展需求。

5）强化资源保障。把提高资源保障能力提升到行业发展安全的战略高度。充分利用国内外两种资源两个市场，加大境外矿产资源合作开发，整合国内铁矿资源开发，规范国内铁矿石市场秩序，建立健全铁矿石资源战略保障体系。

4.4.2　钢铁行业煤炭清洁高效利用的整体布局

钢铁行业整体战略布局是将中国钢铁大国转变为钢铁强国。要加强钢铁行业节能减排和结构调整工作。钢铁行业是节能减排潜力最大的行业，在节能减排工作中占有举足轻重的地位。加强节能减排和结构调整，是转变钢铁行业发展模式、提高产业发展质量和效益、实现可持续发展的重大举措，是适应全球供求结构发生重大变化、应对世界铁矿石资源垄断加剧严峻形势、增强抵御国际市场风险能力的有效途径，是抑制钢铁产能过快增长、推进淘汰落后产能的重要抓手，是走低消耗、低排放、高效益、高产出的新型工业化道路的必然要求。

加大淘汰落后产能力度，进一步完善落后钢铁产能退出机制，充分发挥市场配置资源的基础性作用，严格税收征管，清理和纠正地方擅自出台的对钢铁企业的税收优惠政策。淘汰一批技术落后、高污染、高耗能的钢铁企业，合并那些小的钢铁企业，重点扶持技术先进、具有国际竞争力的特大型企业，使中国逐步由钢铁大国过渡到钢铁强国。中国钢铁工业协会统计数据显示，从 1996 年起，中国钢铁产量已连续十多年稳居世界第一位。但是，这些钢铁却是来自中国 1000 余家钢厂，大小钢厂之间的无序竞争，一方面导致国际铁矿石市场价格飞涨，另一方面大大降低了钢铁业的利润率。中国的钢铁产量虽然如此巨大，但是真正属于高附加值的钢铁数量却很有限。钢铁大国转变为钢铁强国是中国工业化进程中必须要走的一步，中国钢铁产业要想在国际竞争中占有一席之地，不能总是只提供初级产品，需要进一步提升高附加值、高技术含量产品的出口量。这也与科学发展观要求的资源节约型、环境友好型社会方针相一致，况且中国的资源环境也无法继续支持以前那种高污染、高耗能的粗放型发展模式。

强化钢铁行业节能减排，大力推广高温高压干熄焦、烧结余热利用及焦炉煤气、高炉煤气和转炉煤气回收等循环经济和节能减排新技术新工艺，提高"三废"的综合治理和利用水平。要加强和完善废钢铁综合利用，鼓励余热、余压发电上网政策。加强环保监测、减排核查、清洁生产审核、能耗限额标准执行监察，推动重污染企业加快退出市场。

4.4.3　钢铁行业煤炭清洁高效利用的战略目标

钢铁行业结构调整取得明显进展，基本形成比较合理的生产力布局，资源保障程度显著提高，钢铁总量和品种质量基本满足国民经济发展需求，重点统计钢铁企业节能环保达到国际先进水平，部分企业具备较强的国际市场竞争力和影响力，初步实现钢铁工业由大到强的转变。

1）改进工艺，自主创新新技术，提高热能综合利用效率。通过引进消化吸收和创新，提高技术装备水平，一般装备基本实现自主化，大型装备自主化率达到 92% 以上。在关键工艺技术节能减排技术等方面取得新的突破。

2）节能减排要取得的目标为重点大中型企业吨钢综合能耗不能超过 620 kgce，吨钢烟粉尘排放量低于 1.0kg，吨钢二氧化碳排放量低于 1.8kg，二次能源基本实现 100%

回收利用，污染物排放浓度和排放总量双达标。

3）淘汰落后产能，进行工艺过程优化，提高自备电站热、电联产综合利用水平。

4.4.4　钢铁行业煤利用过程节能技术全生命周期评价

（1）目标与范围定义

钢铁生产过程的 LCA 评价目标是通过对钢铁生产过程中能源消耗及污染物排放情况进行定性和定量的评估和分析，找出影响产品环境负荷的关键环节和因素，为钢铁企业有效降低环境负荷提供指导和决策的依据。

钢铁企业生产规模大，物流吞吐量大，生产工序多，结构复杂，生产过程伴随着大量物质和能量的流动，构成了钢铁企业密集的物质流、能量流及环境负荷。虽然现在世界大多数国家大力开展非高炉炼铁的科研与实践工作，但到目前为止，还没有任何一种方法能取代高炉炼铁，传统的高炉-转炉生产流程在钢铁生产中仍占重要地位。本书将系统界定为高炉-转炉工艺的生产过程，即从铁精矿生产出钢材的全过程，具体包括烧结、焦化、高炉炼铁、转炉炼钢、轧钢以及二次能源利用 6 个环节。研究系统边界及污染物排放见图 4-5。评价过程中物质消耗主要考虑铁矿石和能源等不可再生资源，污染物排放包括气体污染物、液体污染物和固体污染物。本次评价以生产 1kg 钢材为功能单位。

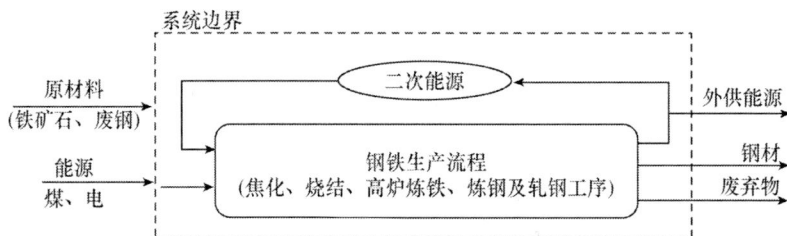

图 4-5　钢铁生产生命周期系统边界图

（2）清单分析

1）原料和能源消耗清单。研究中主要考虑系统边界消耗量较大的原料，对于用量较小的原材料，因数据比较缺乏，并且造成环境影响较低，在此不予考虑。表 4-11 为生产 1kg 钢材消耗原材料的情况。可以看出在整个钢铁生产系统中主要消耗的矿物有精矿粉和烧结矿。消耗的能源最多为煤炭，其次是焦炭。

表 4-11　生产 1kg 钢材消耗原材料　　　　（单位：kg）

工序	原料						能源					
	精矿粉	烧结矿	生矿	铁水	废钢	钢坯	煤炭	焦炭	电	COG	BFG	混合煤气
烧结	0.896	—	—	—	—	—	—	0.0496	0.0134	0.002	—	—
焦化	—	—	—	—	—	—	0.947	—	0.01	—	0.139	—
炼铁	—	1.314	0.269	—	—	—	0.146	0.280	0.0144	—	—	0.0680
炼钢	—	—	—	0.95	0.14	—	—	—	0.0257	0.0048	—	—
轧钢	—	—	—	—	—	1.10	—	—	0.0368	—	—	0.0308

注：COG：coke-oven gas，即焦炉煤气；BFG：blast furnace gas，即高炉煤气。

2）环境排放清单。钢铁生产生命周期中气体污染物主要包括 CO_2、SO_2、NO_x、烟尘和工业粉尘，另外固体燃料的燃烧不充分，废气中存在 CO、CH_4 和 NMVOC（非甲烷挥发性有机物）等不完全燃烧的产物。焦化、高炉和转炉冶炼过程直接产生的废气为焦炉煤气、高炉煤气和转炉煤气，可作为二次能源加以利用，用于焦炉和高炉热风炉的加热以及发电等。生产 1kg 钢时各主要流程对环境排放清单见表 4-12。

表 4-12　生产 1kg 钢排放清单　　　　　　　　　　（单位：kg）

工序	CO_2	SO_2	NO_x	烟尘	CH_4	CO	NMVOC	工业粉尘
烧结	0.132	2.1×10^{-3}	5.2×10^{-4}	2.4×10^{-4}	1.43×10^{-5}	2.14×10^{-4}	2.14×10^{-5}	1.9×10^{-4}
焦化	0.86	3.28×10^{-5}	4.13×10^{-4}	2.45×10^{-5}	—	—	—	4.5×10^{-4}
炼铁	0.366	1.09×10^{-4}	1.5×10^{-4}	4.5×10^{-7}	—	—	—	2.3×10^{-4}
炼钢	5.9×10^{-3}	2.36×10^{-6}	1.3×10^{-5}	1.3×10^{-7}	—	—	—	1.34×10^{-4}
轧钢	0.074	1.26×10^{-4}	7.5×10^{-5}	3.6×10^{-5}	—	—	—	—

在废弃排放中 CO_2 排放量最大，1 kg 钢排放量约为 1.438 kg。而德国在 2004 年时，1 kg 钢 CO_2 排放量就只有 1.3 kg。造成此种结果的原因为我国钢铁生产能耗（主要在于炼铁工序）大，且又以煤为主要能源，而煤燃烧是 CO_2 的主要来源，所以要减少我国钢铁生产 CO_2 的排放量，要重点发展较少高炉炼铁能耗的技术。节煤技术采用高炉喷煤技术、干熄焦技术及加大焦炉、转炉煤气回收利用率等。

在高炉–转炉生产流程中产生液体污染物的环节主要是焦化过程，其他过程产生的循环冷却水或煤气洗涤水可循环利用。焦化过程排放的废水中主要污染物为 COD、石油类、氨氮、挥发酚和氰化物，各污染物排放系数见表 4-13。

表 4-13　焦化过程 1 kg 钢材液体污染排放清单

污染物	COD	石油类	氨氮	挥发酚	氰化物
排放系数 /(10^{-3}g/kg)	78.24	2.39	7.75	0.18	0.26

固体污染物主要为高炉炼铁和转炉炼钢过程的炉渣，千克钢产生量分别为 0.298kg 和 0.085kg。

（3）影响评价

根据本书设定的系统边界，采用高炉–转炉工艺流程，并根据生产过程污染物排放清单和环境影响特征化因子，计算得到生产 1kg 钢材产生的环境影响，结果见表 4-14。

表 4-14　生产 1kg 钢材的环境影响评价结果

环境影响	烧结	焦化	炼铁	炼钢	轧钢	发电	总计
气候变化/ kg CO_2 eq	3.74×10^{-1}	2.71×10^{-1}	3.93×10^{-1}	1×10^{-2}	9.77×10^{-2}	8.13×10^{-1}	1.959

续表

环境影响	烧结	焦化	炼铁	炼钢	轧钢	发电	总计
酸化/ kg SO_2 eq	$3.1×10^{-3}$	$8.81×10^{-5}$	$2.03×10^{-4}$	$1.15×10^{-7}$	$1.79×10^{-4}$	$2.81×10^{-4}$	$3.85×10^{-3}$
光化学臭氧 合成/kg C_2H_4 eq	$1.13×10^{-5}$	—	—	—	—	—	$1.13×10^{-5}$
水体富营养化/ kg PO_4^{3-} eq	—	$1.17×10^{-3}$	—	—	—	—	$1.17×10^{-3}$
人体毒性/ kg $C_6H_4Cl_2$ eq	$1.6×10^{-3}$	$4.99×10^{-1}$	$2.08×10^{-4}$	$1.89×10^{-5}$	$1.3×10^{-4}$	$4.45×10^{-4}$	$5.01×10^{-1}$
水生生态毒性/ kg $C_6H_4Cl_2$ eq	—	$1.26×10^{-2}$	—	—	—	—	$1.26×10^{-2}$
固体废弃物/kg	—	—	$2.83×10^{-1}$	$8.5×10^{-2}$	—	—	$3.68×10^{-1}$

注:kg CO_2 eq 指单位千克物质等价于多少千克二氧化碳温室效应;kg SO_2 eq 指单位千克物质等价于多少千克二氧化硫的酸化影响效应;kg C_2H_4 eq 指单位千克物质等价于多少千克 C_2H_4 化学臭氧合成效应;kg PO_4^{3-} eq 指单位千克物质等价于多少千克磷酸根的富营养化效应;kg $C_6H_4Cl_2$ eq 指单位千克物质等价于多少千克 $C_6H_4Cl_2$ 的人体毒性效应。

从表 4-14 可以看出,炼钢和轧钢工序对气候变化的影响较小,主要因为炼钢过程消耗的能源很少,轧钢过程电能利用的比重较大。烧结工序对酸化和光化学臭氧形成的影响较大,主要是由于固体燃料和矿石中硫含量较高,导致废气中 SO_2 排放量较大,以及固体燃料燃烧过程产生相对较多的 CH_4 和 NMVOC。对水体富营养化、人体毒性和水生生态毒性的影响几乎全部来源于焦化工序,因为焦化过程排放的废水中含氨氮、挥发酚和氰化物等污染物,而其他环节用水多为冷却水,可循环利用,外排量极少。固体废弃物主要为炼铁和炼钢过程产生的炉渣。

(4) 生命周期结果解释

1) 从生产工序来看,炼钢和轧钢工序对气候变化的影响较小;烧结工序对酸化和光化学臭氧形成的影响较大;对水体富营养化、人体毒性和水生生态毒性的影响几乎全部来源于焦化工序;固体废弃物主要为炼铁和炼钢过程产生的炉渣;煤气发电对气候变化的影响较大。

2) 能源带入系统的环境影响均占有不小的比例。从生命周期角度看,钢铁企业用电应尽可能采用内部煤气发电,同时降低生产过程中煤炭、焦炭等化石能源的消耗,这不仅降低能源在使用过程中的污染物排放,还可以减少能源生产过程带来的污染物的量,对降低钢铁生产流程对环境的影响将起到双重作用。

4.4.5 钢铁行业煤炭利用中的节能技术的 SWOT 分析

根据我国钢铁行业的发展状况,结合"十一五"节能工作的经验及国内外钢铁节能技术的发展,提出钢铁行业煤利用的重点发展技术:①高炉高风温富氧喷煤及喷吹塑料技术;②二次能源高效转化技术。针对这两种技术,进行 SWOT 分析,结果如表 4-15、表 4-16 所示。

表 4-15   高炉高风温富氧喷煤及喷吹塑料技术的 SWOT 分析结果

	优势（S）	劣势（W）
内部因素 外部因素	1. 高炉喷煤可替代部分焦炭，降低炼铁生产成本经济效益高； 2. 目前我国 1000 m^3 以上高炉全部配置了喷煤设备； 3. "十一五"期间我国开发了一系列自主知识产权高风温富氧喷煤技术，缩小了与世界先进水平的差距； 4. 企业的节能意识日益提高	1. 风温较低、富氧率不高等因素使喷吹技术同国外比较还存在较大差距； 2. 落后产能的存在与管理体制还未完善，使煤炭利用效率较低； 3. 原煤质量不稳定、喷吹参数不合理、制粉能力不足等因素的制约不能满足高喷煤量要求
机会（O）	SO 战略	WO 战略
1. 金融危机后世界各国应对危机刺激经济增长政策的拉动，经济回升趋势十分明显，给我国的钢铁产业发展带来了很大的信心； 2. 国家节能减排政策对高炉炼铁节能技术的研发提供了强有力的支持； 3. 淘汰落后产能措施的加强，将会扩大高炉喷煤技术的需求； 4. 高品质炼焦煤的紧缺使焦炭价格上涨，喷煤技术能维持长久的高炉生产	1. 借助政策扶持和世界经济发展趋势，淘汰落后产能，发挥节能技术经济优势，为企业创造更大的效益； 2. 在已有的技术基础上进一步吸收国外先进经验，优化整体工艺，提高企业竞争力； 3. 大力研发和推广喷煤技术，促进钢铁产业的可持续发展	1. 利用节能减排政策扶持和技术支持，通过提高风温和富氧率来取得高的喷煤比； 2. 加强淘汰落后产能的措施，提升装备水平，提高煤炭利用效率
挑战（T）	ST 战略	WT 战略
1. 国家"十二五"节能规划对钢铁行业提出了更高的节能目标； 2. 国际间竞争日趋激烈，企业必须要降低炼铁生产成本，提高经济效益来增强竞争力； 3. 受国家政策扶持影响较大	1. 结合企业自身特点，研发更好的煤炭利用技术； 2. 进一步淘汰落后的产能，加强节能评估； 3. 加强国内外的同行业间的交流，努力提高节能技术水平	1. 提高喷煤技术水平，缩小与经济强国之间的差距； 2. 加大研发投入，解决关键技术难题，提高节能技术水平，实现高的经济效益力； 3. 摆脱政府政策扶持，增强企业自身抗风险能力，提高国际竞争实力

表 4-16   二次能源高效转化技术的 SWOT 分析

	优势（S）	劣势（W）
内部因素 外部因素	1. "十一五"期间二次能源回收利用水平取得了很大的提高； 2. 国内外研究总结，对指导我国钢铁行业二次能源回收利用发挥了积极作用； 3. 钢铁行业投资重视从扩大规模向节能转移	1. 企业间技术装备水平悬殊，二次能源综合利用的推广受装备水平制约； 2. 二次能源综合利用投资高，经济效益不明显； 3. 相关政策未配套完善，企业积极性受挫； 4. 先进的科学技术研究利用不够

机会(O)	SO 战略	WO 战略
1. 国家节能减排政策对高炉炼铁节能技术的研发提供了强有力的支持; 2. 随着钢铁量的提高,二次能源可利用量也增加; 3. 二次能源回收利用已成为钢铁工业进一步节能方向和途径	1. 借助政策扶持,促进二次能源回收利用水平的提高; 2. 充分发挥节能技术的经济优势,为企业创造大的效益	1. 吸收并引进国外先进技术的同时加强自主创新,通过对节能关键技术的研发,提升回收利用水平; 2. 优化工艺结构,减少工艺过程消耗,提高产品的附加值; 3. 采用国际先进的管理机制强化节能管理
挑战(T)	ST 战略	WT 战略
1. "十二五"节能规划对钢铁行业提出更高的节能目标; 2. 国内外企业间的竞争日趋激烈; 3. 煤炭、电力、原油及矿石原材料价格持续上升	1. 进一步淘汰落后产能,加强二次能源的回收效率,加强二次能源的回收效率; 2. 提升能源回收利用水平,降低钢铁生产成本,增强企业的竞争力	1. 积极采用节能新技术提高能源效率,降低能耗; 2. 加大节能设备的更新力度; 3. 提高节能专业管理人员的素质; 4. 加大能源系统优化的力度

4.4.6 钢铁行业煤利用过程中的节能技术路线图

钢铁行业煤利用过程中的节能技术路线如图 4-6 所示。

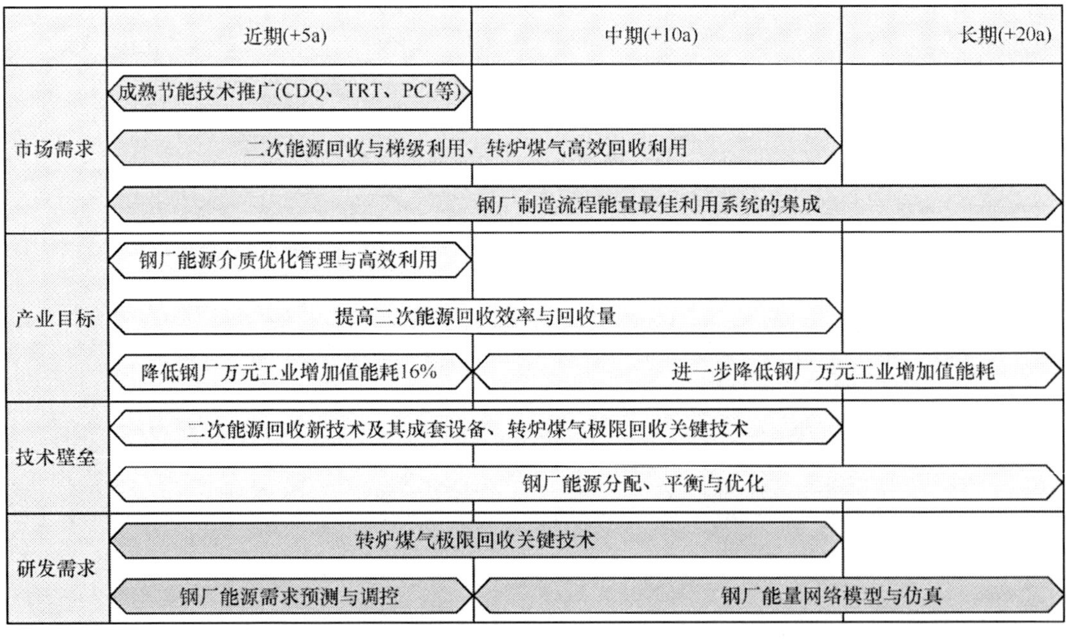

图 4-6 钢铁行业煤炭利用过程中的节能技术路线图

4.4.7　实现中国钢铁行业煤炭清洁高效利用战略目标的主要途径

1）加快淘汰落后生产能力和实现产业结构及布局合理化。解决生产能力过剩问题的关键是加快淘汰落后的生产能力。

2）加快推进企业联合重组，提高产业集中度，实现科学发展，减少市场波动。政府要加快解决企业联合重组的体制机制问题，国有资产管理部门对中央和地方分权管理的国有或国有控股企业，要制定跨地区联合重组的规划，落实《钢铁产业发展政策》中关于提高产业集中度的目标要求。只有提高产业集中度，才能加快以企业为主体的资助创新体系建设，提高国际竞争力。

3）把节能降耗、改善环保作为企业生存发展的前提，加大技改资金的投入。现阶段，借鉴国外先进的节能技术是迅速缩小我国与世界钢铁行业先进水平的主要途径，但要我国向钢铁强国转变，自主知识的节能减排技术开发和运用是不可或缺的。为此，针对我国钢铁企业小而分散的特点，应走联合开发的道路，有预见性地加大资金投入和人才的投入，研究和开发具有自主知识产权的钢铁节能技术。

4）国家应制定和实施鼓励钢铁行业资源、能源利用和环境友好的政策，促进发展循环经济，重视二次能源回收和利用，对技术开发上给予资金和政策支持。

4.5　建材行业

4.5.1　建材行业煤炭清洁高效开发利用的原则

1）坚持以建筑业需求和拓展为导向。要以提高人民居住水平、发展服务建筑业为主要方向，加快发展加工制品业，积极开发满足建筑业发展的建筑节能、绿色建筑、住宅产业化和生态城市建设所需的材料和制品，并主动开发与拓展建筑业未来的需求。

2）坚持结构调整双向并举的调整目标。加大淘汰落后产能力度，改造、提升传统产业，支持鼓励节能环保、支撑战略性新兴产业的新材料发展，促进产业低碳节能绿色发展，优化产业结构比例；推进联合重组，提高产业集中度和提高行业总体水平，优化产业结构布局。

3）坚持节能减排发展循环经济。加强资源综合利用和固废资源化综合利用，走低碳、环保、绿色发展道路。对已有生产能力要通过技术改造、更新装备、强化管理，使其总体达到国家节能减排的标准和要求；对新建设的生产能力，要提高准入门槛和标准，率先实现清洁生产和文明生产。

4）坚持以科技进步与创新为支撑。既要不断增强自主创新能力，增加自主知识产权，提升科技对行业发展的贡献率，又要在广泛推广使用成熟、可靠的先进技术装备的基础上，重视技术革新和各种生产工艺的小改小革，以多层次的技术进步使建材行业增长由主要依靠物质资源消耗转向主要依靠技术进步和管理创新发展。

5）坚持推进资源合理配置与效能。要根据社会进步对资源、能源、环境科学利用与治理，建立以企业为基础的科学的优化资源配置体系，选择正确配置路径，优化配置方式，提高资源配置能力和利用效率，同时要统筹和协调地区之间、大企业之间的资源合理利用，防止同质化与重复现象，把优化产业布局和合理有效利用资源有机统一起来。

4.5.2　建材行业煤炭清洁高效利用的整体布局

1）提高生产节能水平。推广先进节能技术与装备，加快对现有生产线实施以节能为中心的技术改造，强化能耗管理，全面提高建材产品生产的能效水平。

2）实施清洁生产。推广应用高效除尘技术，进一步降低建材产品生产过程中的烟粉尘排放量。推广应用先进、实用的烟气脱硫脱硝技术、降低噪声污染的技术。加强生产过程中粉尘无组织排放的控制，积极开展清洁生产审核，进一步完善清洁生产评价体系。

3）发展循环经济。以水泥、墙体材料、水泥混凝土及其制品、石材等行业为重点，继续鼓励企业对矿渣、煤矸石、粉煤灰、尾矿、工业副产石膏、建筑垃圾、碎石粉等大宗工业废弃物的综合利用，发展循环经济。鼓励水泥企业利用废弃物、生物质燃料替代原燃料，推广利用水泥窑协同处置城市生活垃圾、城市污泥和工业废弃物。推广应用包括纯低温余热发电在内的建材工业窑炉余热梯级利用技术。

4.5.3　建材行业煤炭清洁高效利用的战略目标

1）主要产业技术进步目标：到"十二五"末，新型干法水泥技术要超越与引领世界水泥工业的发展，达到世界领先水平；浮法玻璃、建筑卫生陶瓷、池窑玻璃纤维等主要行业技术与装备水平赶上或基本达到世界先进水平。

2）结构调整目标：到"十二五"末，基本完成淘汰水泥、平板玻璃和建筑卫生陶瓷落后产能的任务；低能耗新兴产业和制品加工业等产品的累计工业增加值在全行业的比重超过一半；加快水泥、平板玻璃等主要行业的兼并重组进程，生产集中度进一步提高，全行业有 1～2 家企业（集团）进入世界 500 强。

3）节能减排及循环经济发展目标：到"十二五"末，建材主要行业能耗、二氧化碳和污染物排放量均达到国家规定，万元增加值能耗比 2010 年降低 20%，万元增加值二氧化碳排放比 2010 年降低 18%。

4）新兴产业发展目标：新兴产业实现多元化发展，共性基础材料、新兴功能材料、战略性新兴产业配套材料及节能环保材料在建材工业中占有一定份额与比较优势，成为发展增长的主要来源之一。

5）国际化水平提高目标：形成多层次、多元化的科工贸一体化的发展格局，由主要以原材料产品输出和工程总承包为主的经营格局转向以技术、装备、工程、服务、资本经营和各种实体并举的国际化发展格局，使优势产业在国际市场占有较大的份额，成为在国际建材界有影响力的国家之一。

4.5.4　建材行业煤利用过程节能技术全生命周期评价

(1) 目标与范围定义

研究目标为本研究基于 LCA 方法，考虑了国内水泥行业立窑与新型干法水泥窑两种工艺和工厂规模对生产效率的影响，对市场上水泥产品的平均环境负荷进行分析。功能单元区取国内生产 1t 熟料含量为 70% 的通用水泥。

对水泥产品而言，使用和维护阶段几乎不对环境产生影响。研究系统边界定为水泥生料制备、熟料煅烧、水泥粉磨、销售以及中间涉及的运输过程。水泥生命周期边界见图 4-7。

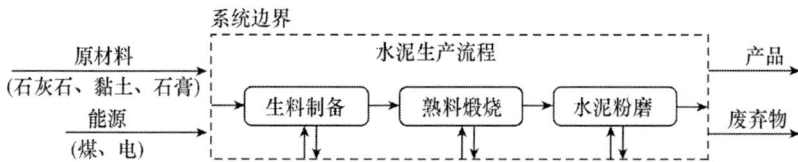

图 4-7　水泥生产生命周期系统边界

为反映现阶段国内水泥工业的环境影响，结合国内水泥工业结构调整和发展现状，考虑到水泥生产技术水平的高低以及不同规模水泥企业的差异，按工艺划分为新型干法和立窑两种，所占比例分别为 61.82% 和 38.18%。按规模划分为以下 4 类：大型新型干法 [>4000 t（熟料）/d]、中性新型干法 [2000～4000 t（熟料）/d]、小型新型干法 [<2000 t（熟料）/d] 和立窑 [<2000 t（熟料）/d]。4 类水泥生产的规模和所占比例见表 4-17。

表 4-17　水泥工业规模及所占比例

工艺划分	工艺划分所占比例/%	规模划分/[t（熟料）/d]	规模划分所占比例/%
新型干法	61.82	>4000	29.32
		2000～4000	23.21
		<2000	9.29
立窑	38.18	<2000	38.18

（2）清单分析

1）原材料消耗清单。水泥生产消耗的主要原料有石灰石、黏土或砂岩、铁矿石或硫酸渣、石膏，以及一些工业废弃物，如矿渣和粉煤灰。对于不同的水泥生产工艺和规模，根据实际生产线的典型石灰饱和系数、硅酸率，以及生料品位与熟料成分之间的物料平衡关系，可以计算出吨水泥原材料消耗清单，见表 4-18。

表 4-18　吨水泥原材料消耗清单　　　　　　　　　　（单位：t）

原材料	大型新型干法	中型新型干法	小型新型干法	立窑
石灰石	0.93	0.93	0.92	0.91
黏土	0.13	0.13	0.13	0.12
石膏	0.05	0.05	0.05	0.05

2）能源消耗清单。水泥生产的能源消耗分为煤耗和电耗两类。其中燃煤主要用于原料的烘干和熟料的烧成，本书取吨水泥烘干原料 3.5kg，烧成煤耗按不同生产工艺和

规模的吨熟料标煤耗折算。电力主要用于原料破碎、生料磨、水泥磨、除尘设备等机械的驱动，电力消耗按不同生产工艺和规模的综合电耗计算。水泥生产能源消耗清单见表4-19。

表4-19　水泥生产能源消耗清单　（单位：kg）

能源	大型新型干法	中型新型干法	小型新型干法	立窑
烧成煤吨水泥能耗	111.38	119.17	132.33	141.12
烘干煤吨水泥能耗	3.5	3.5	3.5	3.5
综合煤吨水泥能耗	114.88	122.67	135.83	144.62
烧成电吨水泥能耗	45.44	49	55.29	58.1
其他电吨水泥能耗	46.5	50.97	49.23	32.9
吨水泥综合能耗	91.94	99.97	104.52	91

3）环境排放清单。研究重点考察的污染物如下：CO_2、SO_2、NO_x、颗粒物（烟尘和粉尘）和COD。水泥生产环境排放清单见表4-20。

表4-20　吨水泥生产环境排放清单　（单位：kg）

能源	大型新型干法	中型新型干法	小型新型干法	立窑
CO_2	573.4	587.87	609.01	619.01
SO_2	0.25	0.28	0.31	0.29
NO_x	1.11	1.22	1.22	0.16
$<PM_{2.5}$	0.233	0.238	0.437	0.617
$PM_{2.5\sim10}$	0.035	0.036	0.067	0.300
$>PM_{10}$	—	—	—	0.152
COD	0.0002	0.00012	0.00016	0.00021

4）水泥工业能源消耗及污染物排放清单。吨水泥工业能源消耗及污染物排放清单见表4-21。

表4-21　吨水泥生产能源消耗及污染物排放清单

种类		石膏生产	石灰石开采	原料运输	水泥生产	产品运输	煤炭开采	电力生产	总计
资源	石灰岩/kg	—	920	—	—	—	22.6	657	1 600
	黏土/kg	—	—	—	130	—	0.00024	0.007	130
	砂岩/kg	—	—	—	—	—	0.0112	0.327	0.338
	石膏/kg	50.5	—	—	—	—	—	—	50.5
	新鲜水/kg	—	—	—	—	—	62	307	369
能源	煤/kg	0.0237	—	0.0108	—	0.272	143	48.3	192
	石油/kg	0.0217	40.8	0.299	—	7.52	—	—	48.6
	天然气/m³	—	—	0.000018	—	0.00045	—	—	0.00047

续表

种类	石膏生产	石灰石开采	原料运输	水泥生产	产品运输	煤炭开采	电力生产	总计
CO_2/kg	—	—	0.764	597	19.2	2.68	78	698
CO/kg	—	—	0.004 8		12.1		—	12.105
CH_4/kg			0.000 079		0.002	0.673	0.221	0.896
NO_x/kg			0.012 9	0.782	0.324	0.008 6	0.251	1.379
SO_2/kg			0.000 081	0.278	0.020 4	0.017	0.497	0.812
COD/kg			—	0.000 16		0.014 2	0.228	0.242
$>PM_{10}$/kg	0.056 6	0.103		0.058 2				0.218
$PM_{2.5\sim10}$/kg	0.020 2	0.036 8		0.139				0.196
$<PM_{2.5}$/kg	0.004	0.007 4		0.399				0.410
PM（不明）/kg	—	—	0.002 4		0.06	0.004 8	0.14	0.207

（3）影响评价

根据吨水泥生产能源消耗及污染物排放清单对环境影响类型的贡献将其分类特征化，即按照一定的环境机制利用当量模型将不同物质对环境影响的贡献统一和汇总。归一化，即各类环境影响的特征化结果做标准化处理。最终归纳到自然资源消耗、人体健康和生态系统健康三个方面，按一定的权重系数相加，得出功能单元水泥产品的生态指数值，见表4-22。

表 4-22　水泥环境影响分类、标准化

环境影响类型		清单物质	特征化因子	归一化因子	权重
自然资源消耗	化石能源消耗	煤	1.25（MJ surplus/kg）	5940	200
		石油	3.49（MJ surplus/kg）		
		天然气	3.12（MJ surplus/m³）		
人体健康	气候变化	CO_2	2.1×10^{-7}（DALYs/kg）	0.0155	300
		CO	3.2×10^{-7}（DALYs/kg）		
		CH_4	4.4×10^{-6}（DALYs/kg）		
	可吸入无机物	CO	7.31×10^{-7}（DALYs/kg）		
		SO_2	5.46×10^{-5}（DALYs/kg）		
		NO_x	8.91×10^{-5}（DALYs/kg）		
		$PM_{2.5\sim10}$	3.75×10^{-4}（DALYs/kg）		
		$<PM_{2.5}$	7×10^{-4}（DALYs/kg）		
		PM(不明)	1.1×10^{-4}（DALYs/kg）		
生态系统健康	酸化/富营养化效应	SO_2	1.041（PDP·m²·a/kg）	5130	500
		NO_x	5.713（PDF·m²·a/kg）		

注：MJ surplus 表示资源消耗类的单位；DALYs（disability adjuste life years）和 PDP（potentially disappeared fraction）表示损害种类的单位。

从表 4-23 可以看出，水泥生命周期环境影响类别排序为：可吸入无机物>化石燃料消耗>气候变化>酸化/富营养化效应。对比总体环境影响贡献最大的阶段是水泥生产阶段，占总环境影响的 45.9%；其次是煤炭开采和电力生产，分别占 27.0% 和 16.4%；水泥产品运输的环境影响也比较显著，占 7.8%，因此水泥作为区域性产品并不适合长距离运输。

表 4-23　水泥生产各工序的生态指数值及比例

工序	化石燃料消耗	气候变化	可吸入无机物	酸化/富营养化效应	总计	比例/%
生膏生产/Pt	0.003 59	—	0.202	—	0.206	0.9
石灰石开采/Pt	0.047 8	—	0.368	—	0.416	1.7
水泥生产/Pt	—	2.43	8.08	0.464	11	45.9
煤炭开采/Pt	6.34	0.068 4	0.043 2	0.006 53	6.46	27.0
电力生产/Pt	2.14	0.337	1.26	0.19	3.93	16.4
原料运输/Pt	0.035 5	0.031 5	0.028 3	0.007 26	0.074 2	0.3
产品运输/Pt	0.894	0.079 3	0.712	0.183	1.87	7.8
总计/Pt	9.47	2.92	10.7	0.85	23.9	100
比例/%	39.6	12.2	44.7	3.5	100	—

（4）生命周期结果解释

1）水泥生命周期最主要的环境影响在于可吸入无机物对人体健康的危害。可吸入无机物主要来自于水泥生产阶段粉磨、破碎产生的大量小颗粒物，立窑产生的颗粒物远远大于新型干法窑。因此，推广高效的除尘技术和清洁生产工艺，提高大中型干法窑的规模对水泥生产环境的改善具有重要的意义。

2）化石燃料的消耗和气候变化也是水泥生命周期不容忽视的重要环境影响。化石燃料的消耗主要来自于水泥生产燃煤和电力的使用以及产品的运输，气候变化主要来自于石灰质原料的分解和燃煤产生的 CO_2。因此降低碳酸质原料的用量和煤耗、提高利用效率将是改善环境的主要手段之一。

4.5.5　建材行业煤炭利用中的节能技术的 SWOT 分析

根据我国建材行业的发展状况，结合"十一五"节能工作的经验及国内外建材节能技术的发展，提出建材行业煤利用的重点发展技术：①新型干法水泥垃圾混烧代煤技术；②新型干法水泥窑纯低温余热发电技术。针对这两种技术，进行 SWOT 分析，结果如表 4-24、表 4-25 所示。

表 4-24　新型干法水泥垃圾混烧代煤技术的 SWOT 分析结果

内部因素＼外部因素	优势（S）	劣势（W）
	1. 垃圾焚烧技术及水泥生产工艺较为成熟；2. 目前国内垃圾焚烧的比例还很小，焚烧处理方法的应用前景很大；3. 垃圾变废为宝，解决环境污染的同时为企业创造良好的经济效益	1. 资源综合利用技术还处在初期研发阶段；2. 水泥干法生产线有待进一步普及；3. 垃圾处理转入水泥企业，对水泥行业带来过重的负担和压力

续表

机会(O)	SO 战略	WO 战略
1. 国家对节能政策的鼓励和政策扶持; 2. 加入 WTO 带来的机遇; 3. 有机地结合垃圾处理及水泥生产工艺,节能潜力非常大	1. 借助政策扶持和发展趋势,加快产业工艺的完善,提高资源综合利用效率; 2. 发挥资源综合利用和节能的经济优势,为企业创造更大的经济效益	1. 加强自主创新,走国产化道路,提升关键技术水平; 2. 推动产业集群化,提高资源利用效率,降低生产成本; 3. 借助政策扶持,充分调动投资者的积极性,灵活利用多种引资渠道解决资金问题
挑战(T)	ST 战略	WT 战略
1."十二五"节能目标给水泥行业提出更高的节能目标; 2. 产业链、价值链的形成及制约性; 3. 制度创新滞后威胁	1. 结合两个产业的特点,研发具有特色的节能体系; 2. 加大技术研发投入,培养专业技术人才; 3. 可建立试点,成果验证后投入应用,避免设备改造带来的风险	1. 加大政府扶持力度,吸引投资,用于技术改进,尽快回收成本并盈利; 2. 政府和企业要加大研发投入,解决关键技术问题,提高整体效率,降低成本,提高企业的竞争力

表 4-25　新型干法水泥窑纯低温余热发电技术 SWOT 分析

	优势(S)	劣势(W)
内部因素 外部因素	1. 水泥干法熟料生产线已占我国水泥生产的 70%,余热资源的浪费为 30% 左右,回收用来发电是非常节能的途径; 2. 技术上日益成熟,国内已经积累了一定的建设和运行经验; 3. 有较好的盈利能力和抗风险能力,各项经济指标合理; 4. 生产过程不产生任何新的环境污染,同时废气温度降低,可提高收尘效益,减少污染	1. 目前我国水泥预分解技术与企业的生产管理还有较大的生产空间,与国际先进水平相比,水泥生产线综合能耗还有很大差距; 2. 地区、企业发展不均衡,技术普及率还很低; 3. 受废热品质和发电效率的限制,单位熟料发电量有限; 4. 水泥产量过剩
机会(O)	SO 战略	WO 战略
1. 国家对节能政策的鼓励和政策扶持; 2. 纯低温余热发电是作为 CDM 清洁能源的概念提出; 3. 加入 WTO 带来的机遇; 4. 国外技术较为成熟,可以引进和吸收	1. 充分借助政策扶持和发展趋势,提升余热回收效率; 2. 吸收借鉴国外先进经验,加大对新工艺开发和传统工艺改良的资源投入,提高企业竞争力; 3. 充分发挥资源综合利用的优势,促进水泥行业的产业的可持续发展	1. 加大研发投入,解决关键问题,提高资源利用效率,减小与国际先进水平之间的差距; 2. 借助政策扶持,扩大技术应用规模,降低生产成本,提高企业竞争力
挑战(T)	ST 战略	WT 战略
1."十二五"节能目标给水泥行业提出更高的节能目标; 2. 受国家政策扶持影响较大; 3. 各水泥企业回收利用水平参差不齐,相差悬殊	1. 进一步提高技术水平,加强节能评估和监督; 2. 吸收借鉴国外先进技术,提高国内相应技术水平; 3. 加大技术研发投入,加快专业技术人才的培育步伐	1. 加大政府、企业研发投入,解决关键技术难题,提高整体效率,降低成本,提高企业的竞争力; 2. 充分利用企业与科研机构各自优势,依靠合作项目,促进科研成果的转化; 3. 鼓励企业培养科研力量解决实际工艺中的问题

4.5.6 建材行业煤利用过程中的节能技术路线图

建材行业煤利用过程中的节能技术路线如图 4-8 所示。

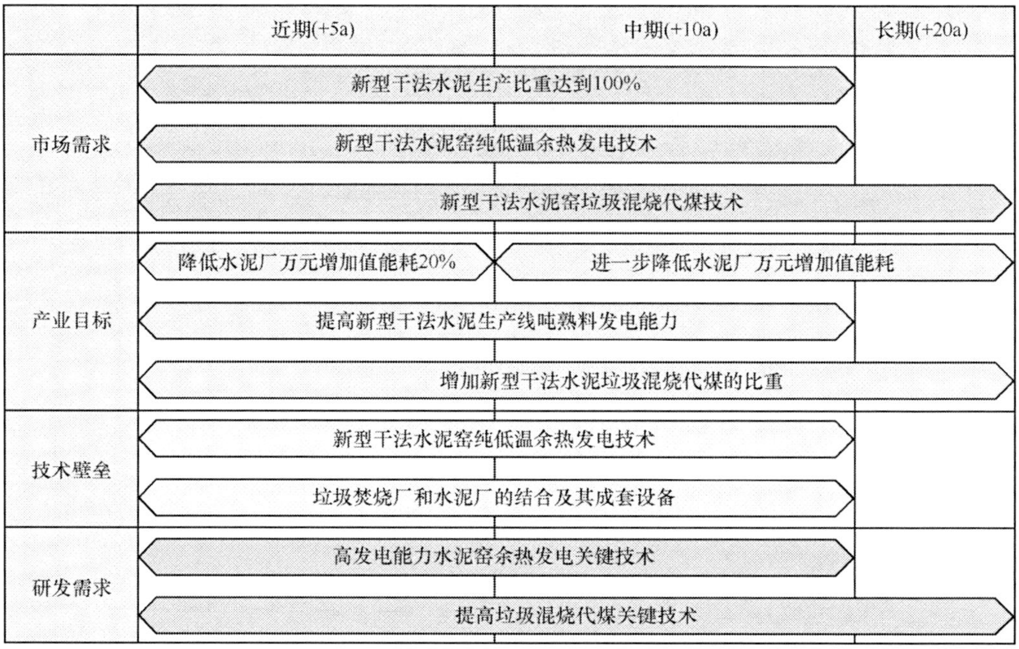

	近期(+5a)	中期(+10a)	长期(+20a)
市场需求	新型干法水泥生产比重达到100%		
	新型干法水泥窑纯低温余热发电技术		
	新型干法水泥窑垃圾混烧代煤技术		
产业目标	降低水泥厂万元增加值能耗20%	进一步降低水泥厂万元增加值能耗	
	提高新型干法水泥生产线吨熟料发电能力		
	增加新型干法水泥垃圾混烧代煤的比重		
技术壁垒	新型干法水泥窑纯低温余热发电技术		
	垃圾焚烧厂和水泥厂的结合及其成套设备		
研发需求	高发电能力水泥窑余热发电关键技术		
	提高垃圾混烧代煤关键技术		

图 4-8　建材行业煤利用过程中节能技术路线图

4.5.7 实现中国建材行业煤炭清洁高效利用战略目标的主要途径

建材行业应在实现低碳节能减排方面整体推进，利用高新材料技术和高端装备改造提升传统产业，力争在清洁高效生产领域实现突破和战略性跨越。我国水泥行业的煤炭利用及节能减排技术的途径有如下几种。

1）淘汰落后的立窑企业。立窑企业规模小、技术落后、煤炭利用效率低，对环境污染严重，因此淘汰立窑、建设大型新型干法窑是水泥行业节能减排最有力和最有效的宏观调控措施。2010 年新型干法水泥比重提高到 70%，累计淘汰落后生产能力达到 2.5×10^8 t，节煤 3500×10^4 t。

2）废气余热中低温余热发电。水泥窑余热纯低温余热发电技术，把熟料生产过程中排放来的余热进行回收，转化为电能再用于生产，是水泥工业降低能耗、节约煤炭等燃料的重要措施。

3）大量利用替代燃料和替代原料。替代燃料是将垃圾气化成可燃气体，引入新型干发水泥窑系统的分解炉中燃烧。替代燃料可以有效解决城市垃圾处理的难题，同时也可以节省熟料生产中的煤炭消耗量，是水泥发展循环经济的保证。

4）创新研发体制和机制，大力培养、引进科技领军人才、优秀专业技术人才、青年科技人才，加强企业技术中心、重点实验室、工程中心等创新平台建设，为创新人才提供成长和用武之地。

5）积极开展和深化国际科技合作，努力引进和消化吸收国外先进技术和装备，建设合作共赢的国际化技术创新平台。

6）加强和完善行业科技创新核心技术指导目录的引领和服务体系建设，正确引导企业创新发展；继续坚持科学评价和奖励创新成果，加强知识产权的创造、提升、应用、保护和管理。

4.6 造纸行业

4.6.1 造纸行业煤炭清洁高效开发利用的原则

1）能源安全。坚持能源节约和技术革新相结合的原则，以应对能源供应、资源短缺、能源利用技术落后和能源利用过程中的环境污染等能源安全问题。一方面更新设备，革新造纸技术，降低单位成品能耗，另一方面提高能源的利用率，推广如能源梯度利用、热电冷静三联产、污泥回收与煤混烧等技术。

2）资源保障。坚持重视资源综合利用原则，重视制浆造纸过程中的固液废弃物的综合利用，推广黑液回收、碱回收、污泥回收与煤混烧等技术，推广节能技术，提高能源的利用率，以减少对一次能源的依靠。

3）科学产能。坚持按照淘汰落后产能与技术进步相结合的原则，严格按照国家关于淘汰落后产能的规定，合理逐步淘汰技术落后、吨产品单耗高的造纸企业，同时重视造纸技术进步和推广，从而促使造纸行业向着高效率、低能耗、高水平的方向发展。

4）清洁转化。坚持清洁生产与生态环保相结合的原则，努力促进造纸企业的清洁化生产，重视造纸工艺中的污染排放问题，对"三废"进行资源综合利用和无害化处理，如废液的回收利用、余热余压的利用、污泥的回收掺烧，促进造纸行业向环境友好型发展。

5）节能减排。坚持节能技术推广和可持续发展的基本原则，重视造纸过程中的能量消耗和污染排放问题，加强造纸节能减排技术在各企业中推广力度，进一步降低单位产品的能耗，控制污染物排放量，促进造纸行业的可持续发展。

4.6.2 中国造纸行业煤炭清洁高效利用的整体布局

由于受到资源、环境等方面的约束，造纸企业必须在节能降耗、保护环境、提高产品质量、提高经济效益等方面加大工作力度，朝着高效率、高质量、高效益、低消耗、低排放的现代化大工业方向持续发展，呈现出企业规模化、技术集成化、产品多样化功能化、生产清洁化、资源节约化、林纸一体化和产业全球化发展的趋势。

全面贯彻科学发展观，坚持按照淘汰落后产能与技术进步相结合、扶优扶强与优化产业结构相结合、清洁生产与生态环保相结合、循环经济与可持续发展相结合的基本原则，以引进消化吸收国外先进造纸制浆技术和污染治理技术与国内技术创新相结合，加快企业技术改造的步伐，淘汰落后产能，节能降耗，降低成本，提高企业的经济效益，努力开发绿色型新产品；努力开发制浆废弃物和综合利用；积极研究开发废纸回收利用技术，重点解决废纸分级利用、废纸脱墨、漂白及废水回收利用技术等。

坚持引进技术和自主研发相结合的原则。跟踪研究国际前沿技术，发展具有自主知识产权的先进适用技术和装备。鼓励原始创新、集成创新、引进消化吸收再创新。建立国家造纸工程研究中心和国家认定造纸企业技术中心，支持重点科研机构、设计单位、造纸企业、装备制造企业联合开展技术开发和研制，支持行业关键、共性技术成果服务平台与信息网络建设。组织实施重大装备本地化项目，提高技术与装备制造水平。

造纸产业技术应向高水平、低消耗、少污染的方向发展。鼓励发展应用高得率制浆技术、生物技术、低污染制浆技术、中浓技术、无元素氯或全无氯漂白技术、低能耗机械制浆技术、高效废纸脱墨技术等以及相应的装备。优先发展应用低定量、高填料造纸技术，涂布加工技术，中性造纸技术，水封闭循环技术，化学品应用技术以及宽幅、高速造纸技术，高效废水处理和固体废物回收处理技术。

鼓励企业采用先进节能技术，改造、淘汰能耗高的技术与装备，充分发挥制浆造纸适宜热电联产的有利条件，积极推广黑液回收、污泥回收与煤混烧、自备燃煤电站蒸汽能量梯级利用和自备燃煤电站热电冷三联产技术，进一步提高能源综合利用效率。

4.6.3 近中期中国造纸行业煤炭清洁高效利用的战略目标

1）按照《国务院关于进一步加强淘汰落后产能工作的通知》，继续淘汰造纸行业落后产能。

2）重视资源消耗，吨浆、纸及纸板综合能耗稳步降低，部分重要产品达到或者接近国际先进水平。

3）建成以国家工程技术研究中心、国家重点实验室、国家级企业技术中心为主的科技创新平台和以重点高等院校为主的造纸行业专业人才培养平台，提高科技支撑水平。

4）自主创新能力显著提高，在行业重大关键、共性技术研究上有所突破，开发一批具有自主知识产权的新产品、新工艺、新技术，在一些重要技术应用效果上达到或接近国际先进水平。

5）煤炭比例稳步下降，可再生能源的比例相应提高，逐渐优化能源结构，减轻造纸行业对于煤炭的依靠。

6）大力推广节能减排和低碳生产技术，重点做好黑液回收、污泥回收燃烧发电，自备燃煤电站蒸汽能量梯度利用和自备燃煤站热电冷三联产等技术的推广应用，努力促进企业实现清洁化生产。

4.6.4 造纸行业煤利用过程节能技术全生命周期评价

采用全生命周期评价的分析方法，对制浆造纸及三种造纸行业重点发展的煤炭利用技术进行分析。

(1) 制浆造纸全生命周期分析

环境 LCA 是一种用来综合评估产品在整个生命周期内（从原料提取到生产、物流、使用及报废和回收）对环境影响的方法。LCA 通过确定自然资源消耗量和向环境排放量来评估产品的环境负荷，以找出实现环境改善的可行措施。产品从广义上讲不仅包括实物产品，也包括服务和商品。不过，LCA 研究也可只包括选出的某个生命周期，如从原料生产到产品生产，即从摇篮（森林）到用户门槛的观点来看，对生命周期任何一个阶段的忽略都做了清晰的陈述和解释。在数据分析阶段，列出与商品有关的输入（使用的资源）和输出（对环境的排放物）。

本章采用 LCA 方法对整个制浆造纸的工艺工程进行全生命周期分析。

1）目标。对任何一个 LCA 研究，首要的是确定评估范围和目标。研究旨在运用 LCA 方法分析造纸在整个生命周期的排放，找出制浆造纸的能耗重点，以便改善环境保护。采用 LCA 方法对国内各种制浆造纸的工艺进行了详细研究。LCA 的评估范围是从原料到纸浆生产。

2）边界。系统的生命周期阶段由以下子系统组成：农业生产、化学品生产、发电、纤维和化学品运输、制浆和废物处理。确定 LCA 边界时，必须确定是否包括生产资料（机器、建筑物等）的生产和维护。边界的范围越大，研究精度越高。一些工业研究表明，与其他操作工段相比，生产资料的生产对环境的影响微不足道。据此，考虑到纸浆厂基础设施数据缺乏，将其排除在研究之外。

硫酸法制浆造纸系统边界和废纸制浆造纸系统边界，如图 4-9 所示。

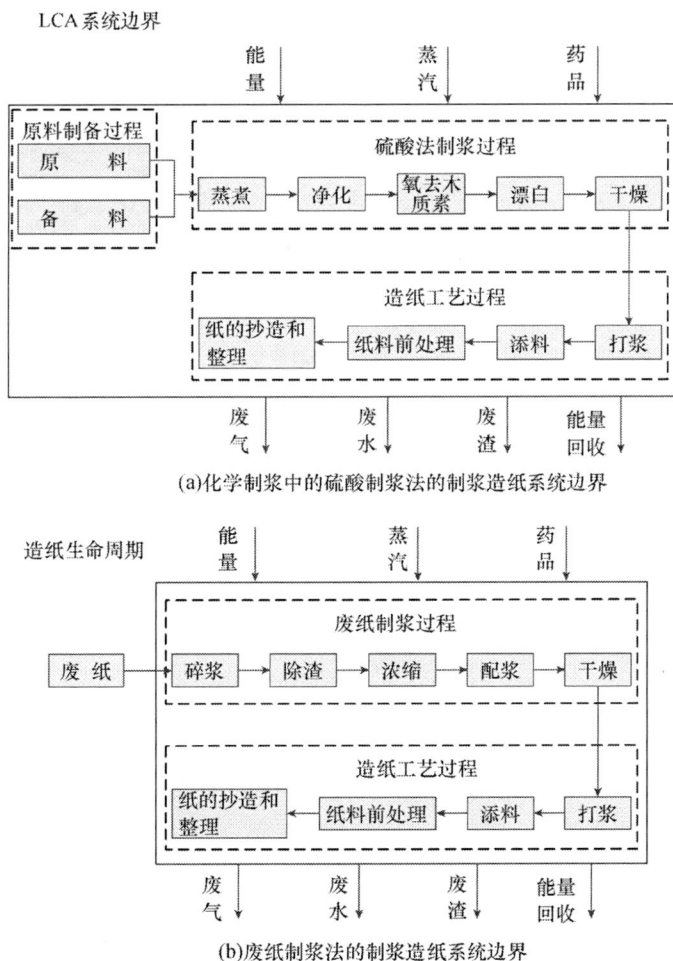

(a)化学制浆中的硫酸制浆法的制浆造纸系统边界

(b)废纸制浆法的制浆造纸系统边界

图 4-9　硫酸法制浆造纸及废纸制浆造纸系统边界

3）LCA 分析结果。对制浆造纸进行全生命周期分析所得的结果如表 4-26、表 4-27 所示。

表 4-26　原木造纸 LCA

各工序		吨纸漂白能耗/10^6 kJ	折算成标准煤/g
备料阶段	剥皮	0.2	6.825
	切片	0.34	11.602
制浆阶段 化学制浆法	蒸煮	4.96	169.249
	洗涤	0.6	20.474
	磨浆/筛浆	3.16	107.828
	干燥	4.43	151.164
漂白阶段	漂白	7.91	269.911
化学品回收阶段	蒸发/浓缩	4.64	158.329
	回收炉	2.79	95.202
	辅助苛化	1.08	36.853
	石灰窑	2.11	71.999
	硫酸盐回收能量	-15.83	-540.162
造纸阶段	浆料制备	3.56	121.477
	纸页成形	0.27	9.213
	压榨	0.34	11.602
	干燥	7.81	266.498
辅助阶段	照明和空间加热	1.77	60.397
	发电厂	1.32	45.042
总计		31.46	1073.503

表 4-27　废纸制浆造纸法

过程	耗电量/(kW·h)	耗汽量/kg	能耗折算标煤量/t
碎浆过程	30.17	—	0.01
磨浆过程	149.15	3 136.62	0.14
造纸过程	3 293.64	16 728.66	0.58
非生产过程和污水处理	37.91	1 045.54	0.04
带厂用电	80.17	—	0.03
污泥处理	69.94	—	0.02
总计	3 661.88	20 910.82	0.82

（2）主要节能减排技术节能 LCA 分析

1）黑液、污泥回收。我国造纸工业的水污染主要来自碱法（包括硫酸盐法，下同）化学浆厂的废水，它包括蒸煮黑液和洗选漂废水两部分。黑液治理的最佳技术是碱回收。它是减少碱法蒸煮黑液污染的最经济、最有效的途径。碱回收技术是以碱法造纸洗浆后排除的废液（黑液），经浓缩后作为碱回收锅炉燃料，送入炉内燃烧，黑液燃烧后，成液态渣从炉底排出，经过苛化后还原成碱；蒸汽则成为二次能源再利用。其流程示意图见图4-10。

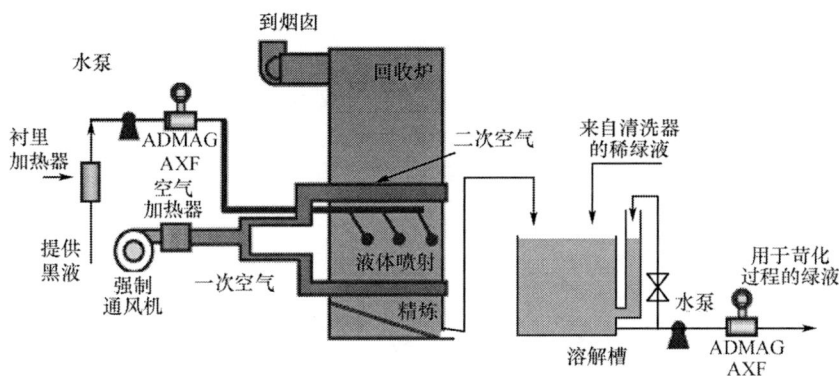

图4-10　碱回收示意图

造纸污泥，作为工业污泥中的一种，其主要成分是灰尘和无法被分离的纸浆、毛布纤维及填料。造纸污泥的突出特点是高水分、低热值，有难闻气味，而且还含有致病菌、重金属等有害物质。常规处理办法填埋和焚烧对环境都有不同程度的污染。因此，如何妥善、有效、科学地处理污泥已经成为一项迫在眉睫的环保课题。

造纸污泥按来源分为生物污泥、碱回收白泥和脱墨污泥。在造纸废水处理过程中会产生许多沉淀物质，这些沉淀物质被称为生物污泥，其组分一般为：细小纤维、木质素及其衍生物和一些有机物质。碱回收白泥来源于碱回收车间白泥回收工段，是苛化反应的产物，属沉淀碳酸钙，主要产生于利用纸浆造纸的造纸厂。脱墨污泥产生于废纸脱墨过程。

污水处理工艺分两大部分：物化处理部分和生化处理部分。

按污染物质去除顺序分6个单元：除渣、除砂、过滤、混凝沉淀、一段生化、二段生化，前4个单元属于物化处理部分，后两个单元属于生化处理部分。物化处理部分旨在处理废水中的非可溶性固体污染物质，生化处理部分旨在处理可溶性污染物质，粒径大的固体物质（如废塑料、铁丝、疏解不完全的纸板等），粒径小而比重大的固体物质（如砂、铁屑、硬塑料片等）在除砂单元去除，大部分纸浆在过滤单元得到去除，余下细微的固体物质通过絮凝剂絮凝成粒径较大的颗粒，在混凝沉淀单元去除，物化处理出水所含污染物质大部分是可溶性有机物，分别在一段生化和二段生化两个处理单元被微生物除解。

总之，把具有去除不同类污染物质的处理单元串联起来就构成了污水处理系统，包含许多种类污染物质的废水流经正常运行的单元便得到了处理，并达标排放。主要工艺流程如图4-11所示。

综合废水 → 格栅 → 集水井 → 斜网 → 快混慢混池 → 初沉池 → 调节池 → 厌氧处理 → 爆气池

→ 二沉池 → 芬顿氧化池 → 三沉池 → 清水池 → 达标排放水

达标排放水 → 砂过滤器 → 精密过滤 → 中间水池

各车间用水 ← RO水池 ← RO车间 ← 中间水池

爆气池 → 污泥储池 → 压滤机 → 运入电站 → 余热烘干 → 焚烧

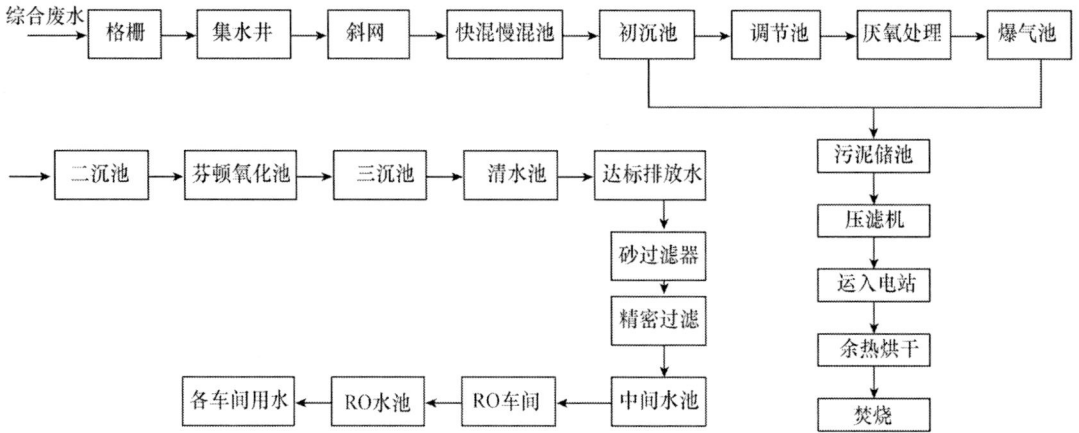

图 4-11　污水处理系统主要工艺流程

　　造纸污泥的处理技术主要是流化床焚烧。污泥先焚烧再填埋烧余是一种较为先进的处理方法。焚烧法有以下几个突出的优点：①大大减少了污泥的体积和质量，因而最终需要处理的物质很少，有时焚烧灰可制成有用的产品；②处理速度快，不需长期储存；③可就地焚烧，不需长距离运输；④可以回收能量，用于发电或供热。其原理示意图见图 4-12。

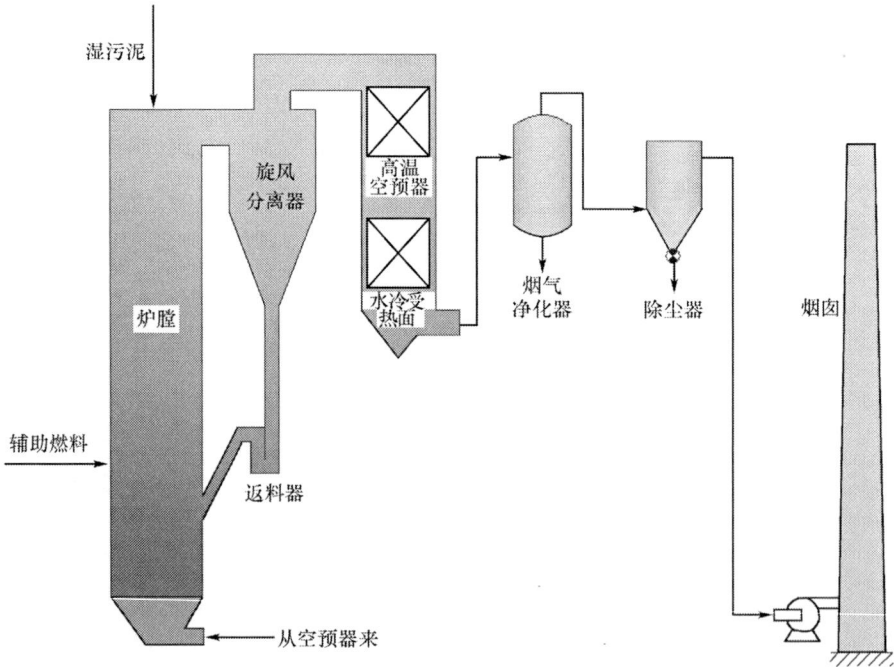

图 4-12　污泥焚烧示意图

　　对整个污泥处理的 LCA 分析，可以得出每处理 1 t 污泥，需原煤 0.168 t，耗标煤 0.12 t，可以处理废水 16m³，可以使废水 COD 减少 64kg，BOD_5（五日生化需氧量）减少 25.6 kg，SS（水质中悬浮物）减少 56 kg。具体如表 4-28 所示。

表 4-28　污泥处理 LCA 计算结果

污泥处理/t	耗标煤/t	处理废水/m³	COD/kg	BOD₅/kg	SS/kg
1	0.12	16	−64	−25.6	−56

若采用污泥外运到污水处理厂进行统一处理，不计算运输能耗的情况下，处理能耗也为 0.086tce/t 污泥。可见，采用污泥回收与煤混烧可以有效降低能耗。

2）冷热电三联供。能源的价格、电网的稳定性、空气的品质以及全球气候的改变，是 21 世纪一开始我们就面临的严重问题。随着经济和社会的快速发展，这些问题将变得更加尖锐。在传统利用燃料产生电力的过程中，有一半以上的输入能量没有被充分利用就被释放到环境中。利用这部分排到环境中的热量，实现产生蒸汽、热水、制冷等多种功能的系统被称作冷热电联产系统。这种系统将燃料的能量进行梯级利用，同时输出多种能量，具有节约能源、改善环境质量、缓解电力需求、提高供热质量等优点。

制浆造纸生产过程中需用大量热能和电能，而且负荷较为均衡。大中型制浆厂设置燃料锅炉及碱回收炉等产生高压蒸汽发电，并利用其中压和低压蒸汽供应制浆造纸过程用汽，可大大提高能源的热效率，节约大量燃料。通常火力发电厂的冷凝式发电机组锅炉的热效率约为 67%，汽轮发电机组的热效率约为 45%，总的热效率约为 30% 左右。而冷热电三联供采用多级抽汽冷凝机组既发电又供汽又供冷，总的热效率可达 70%~80%。所以，冷热电联产是造纸工业节能的有效措施，也是推行循环经济的一个重要方面。

由于大部分制浆造纸厂均采用自备热电站，而冷热电三联产的省煤量主要是在制冷过程对低参数蒸汽余热的有效利用。冷热电三联产加强了对余热的综合利用，而用于制冷部分的蒸汽占全部蒸汽的 10% 左右，以制浆造纸厂制冷温度为 25℃ 计算，所需求的制冷量为吨纸 584 061kJ。这部分采用蒸汽冷热电三联产为 58.76 kgce，而采用电制冷则需要 79.24 kgce。采用冷热电三联产后比普通热电联产节省吨纸 20.48 kgce。冷热电三联产的节能量如表 4-29 所示。

表 4-29　吨纸节省的标准煤

冷热电三联产	用于制冷供气量/t	制冷量/kJ	相比热电联产省煤量/tce
	0.21	584 061	0.020 48

3）能量梯级利用。能量梯级利用包括两方面内容。一是指要合理用能，即要符合"按质用能"的原则。在保证经济性的前提下，尽量缩小供、需能级差，以减少耗能过程的不可逆火用损。二是指要充分有效地利用能量，即要符合"能尽其用"的原则，包括采取必要的先进技术，以获取能量的最佳工程效用。例如，①将流失的物料回收后作为原料返回原来的工序中，如从抄纸废水中回收纸浆；②将生产过程中生产的废料经过适当处理后作为原料或原料的替代物返回原生产流程中，如碱法制浆时的蒸煮废液，经过碱回收工序提取出其中的碱后再对其进行一些处理，然后再返回到蒸煮过程中；③将生产过程中生成的废料经过适当处理后作为原料返用于企业内其他生产过程中，如制浆造纸生产过程中产生的固体废弃物及生物质废渣，可返回到废渣锅炉利用其燃烧发热的特性回收热能，用于供应造纸厂的所需能源。

能量梯级利用的可利用方面比较多，主要以高温冷凝水利用及高温蒸汽梯级利用为主，该技术可每生产1t纸节省约0.03 tce，具体节能量如表4-30所示。

表4-30 能量梯级利用节能量

	冷凝水回水量/(t/d)	冷凝水焓差/kJ	年回收热量/kJ	年节省标煤/t	节省标煤/t
能量梯度利用	1 518	275	1.524×10^{11}	5 847.36	0.005
	蒸汽梯级利用	吨纸节电/(kW·h)	年节省电能/(kW·h)	年节省标煤/t	吨纸节省标煤/t
		27.27	2.186×10^{5}	26 848.74	0.024

4.6.5 造纸行业煤炭利用过程节能技术的 SWOT 分析

根据我国造纸行业的发展状况，结合"十一五"节能工作的经验及国内外造纸节能技术的发展，提出造纸行业煤利用的重点发展技术：①造纸黑液、污泥回收与煤混烧；②燃煤锅炉蒸汽能量梯级利用；③自备燃煤电站冷热电三联供技术。针对以上三种技术，进行 SWOT 分析，结果如表4-31 ~ 表4-33所示。

表4-31 造纸黑液、污泥回收与煤混烧 SWOT 分析结果

	优势（S）	劣势（W）
内部因素 外部因素	1. 减少污染物的排放的需要； 2. 黑液回收方法已较成熟且应用于大规模工业化生产； 3. 污泥焚烧技术具有减容化、稳定化和能源化的特点； 4. 国内外污泥干化技术已较成熟，污泥与煤混烧已有应用先例	1. 碱回收系统投资较大、运行成本较高； 2. 碱回收工艺过程中产生的熔融物易发生爆炸； 3. 污泥的含水率和添加率对焚烧炉的燃烧工况和污染物排放有很大影响； 4. 直接焚烧法运输费用高，干化焚烧法干化费用高
机会(O)	SO 战略	WO 战略
1. 政府政策的扶持，符合提出的建设节约型社会要求； 2. 社会经济的可持续发展要求； 3. 各高校、科研机构及企业在相关技术及节能减排领域的专家学者众多	1. 充分借助政策扶持和发展趋势，加快产业工艺升级，缓解经济社会发展的资源压力和环境压力； 2. 吸收国外先进经验，加大对新工艺开发和传统工艺改良的资源投入，提高企业竞争力； 3. 推动行业相关节能减排技术的发展，促进产业的健康可持续发展	1. 加强产学研合作，推进对黑液回收工艺、污泥与煤混烧技术的基础研究，提高技术应用的安全稳定性； 2. 推动产业集群化，提高资源利用效率、降低生产成本； 3. 借助政策扶持，灵活利用多种引资渠道解决资金问题
挑战(T)	ST 战略	WT 战略
1. 造纸行业的迅速发展与黑液回收和污泥利用技术相对落后的矛盾； 2. 受国家政策扶持影响较大； 3. 各造纸厂回收利用水平参差不齐，相差悬殊； 4. 实际工程中设备改造存在一定风险	1. 加强国内外交流合作，吸收国外先进技术，提高国内相应技术水平； 2. 加大技术研发投入，培养专业技术人才； 3. 技术改造，可建立试点，成果验证后投入应用，避免设备改造带来的风险	1. 充分利用企业与科研机构各自优势，依靠合作项目，结合技术应用过程存在问题，促进科研成果的转化； 2. 通过优惠政策鼓励企业培养科研力量解决实际工艺中的问题； 3. 通过建立高新技术园区推动产学研结合

表 4-32　燃煤锅炉蒸汽能量梯级利用 SWOT 分析结果

	优势（S）	劣势（W）
内部因素 外部因素	1. 一项节能、降耗、环保工程； 2. 变废为宝，增加发电量，节约用电，提高能源利用率，降低生产成本； 3. 实现低品质蒸汽的高效回收利用； 4. 国外技术较为成熟，已发展多年，经验丰富； 5. 国内部分技术应用工程，能为企业创造良好的经济效益	1. 高参数蒸汽的利用情况较好，中低参数蒸汽的回收利用率较低； 2. 汽轮机需具有较为良好的负荷适应性，现有部分抽汽式和背压式汽轮机都不能较好地满足要求； 3. 不利于调节纸机干燥部各段烘缸的供汽压力和用汽量； 4. 关键技术上与世界先进水平有着较大差距
机会（O）	**SO 战略**	**WO 战略**
1. 政府政策的扶持，提出建设节约型社会要求； 2. 社会经济的可持续发展要求； 3. 符合国家能源综合利用相关产业政策，是 21 世纪的新技术产业	1. 借助政策的扶持，充分利用节能、降耗、环保的优势，促进蒸汽能量梯级利用技术的迅速推广； 2. 完善已掌握的发电技术，进一步提高蒸汽能量的利用率，扩大利用规模； 3. 充分发挥节能环保优势，赢得更多的政策扶持	1. 加强自主创新，走国产化道路，提高蒸汽能量利用效率，降低投资成本； 2. 利用政府强有力的引导作用，充分调动投资者积极性，达成合作共识，增大投资资金
挑战（T）	**ST 战略**	**WT 战略**
1. 各企业蒸汽能量梯级利用水平参差不齐，相差悬殊； 2. 技术应用上，需产业集聚化才具有较好效果，规模较小的企业须承担较高的设备成本； 3. 大型火电厂电价成本相对较低	1. 借政策扶持和技术本身的吸引力，对行业内各企业进行统一培训，促进技术的交流和推广； 2. 加强国内外交流合作，吸收国外先进技术； 3. 加快专业技术人才的培养步伐	1. 加大研发投入，解决关键技术难题，提高整体效率，降低成本，提高竞争力； 2. 加大政策扶持和补贴力度，吸引投资，用于设备改进，争取尽早回收成本和赢利； 3. 利用政府强有力的引导作用，促成邻近企业能量利用合作，扩大技术应用规模，实现双赢

表 4-33　自备燃煤电站冷热电三联供技术 SWOT 分析结果

	优势（S）	劣势（W）
内部因素 外部因素	1. 提高电站的燃料利用效率，减少冷凝损失； 2. 降低供冷与供热的能耗； 3. 保证生产工艺，改善生活质量，减少从业人员； 4. 代替数量大、型式多的分散空调，改善环境景观，避免"热岛"现象； 5. 缓解供电高峰负荷压力； 6. 提高电网的供电安全性和用户的用电保障； 7. 平衡能源消费	1. 容易受到市场和政策影响； 2. 众多热电厂供热机组参数低、技术落后、热力学完善性差，其总能系统根本就不节能； 3. 热电联产技术应用较多，而较少涉及制冷联产，三联供技术应用较少

机会（O）	SO 战略	WO 战略
1. 政府政策的扶持； 2. 能源短缺，电力供应不足，市场需求量逐渐增大； 3. 清洁发展机制（CDM）； 4. 社会经济的可持续发展要求	1. 充分利用政府扶持政策，形成规模化生产，平衡能源消费，缓解环境保护压力，实现社会经济的可持续协调发展； 2. 完善已掌握的供热、发电技术，进一步提高利用率，缓解供电高峰负荷压力	1. 顺应社会经济的可持续发展要求，投入资金进行设备改造，改善技术水平，提升竞争力； 2. 充分利用政府扶持、市场需求的扩大等，大力发展冷热电联产工程
挑战（T）	ST 战略	WT 战略
1. 大型火电厂电价成本相对较低； 2. 受国家政策扶持影响较大	1. 充分发挥节能环保优势，减少污染物和温室气体的排放，赢得更多的政策扶持； 2. 加强对现有技术的完善和推广，充分发挥自身优势，提高市场竞争力	1. 加大研发投入，提高总体发电效率，降低成本价格； 2. 加强与高校的产学研合作，培养和提升技术队伍水平； 3. 明确政府补贴操作办法和监管手段，减少发电成本，降低风险

4.6.6　造纸行业煤炭利用过程节能技术路线图

造纸行业煤炭利用过程节能技术路线如图 4-13 所示。

4.6.7　实现造纸行业煤炭清洁高效利用战略目标的主要路径

（1）通过创新体系区域化的路径，推动我国造纸行业煤炭清洁高效利用创新体系的建设和形成

1）以体制制度创新为主导，强化政府的引导作用。一是政府通过与科研机构、高校、企业签订有关合作协议、学术交流会议等途径建立沟通交流机制，做到科学决策，消除双方信息不对称现象。二是坚持整体规划，做到统筹兼顾，防止企业和地方政府在决策中出现的短视行为。三是完善法律制度，形成有效机制，消除煤炭清洁高效利用创新工作的体制制度障碍。要及时消除政策盲区，对不利于煤炭清洁高效利用的地方政策，要及时调整或废止，并根据实际需要，积极完善以保护知识产权为核心的相关政策法律，在研究开发、资金担保、人才引进、技术入股、人员出国等方面制定一系列优惠政策。四是提供良好服务，做到精细管理，切实解决产业调整时的整体搬迁、行业能源供给、土地供应等和项目论证、市场开拓、信息共享等方面的重大问题和具体困难。

2）以实施区域重大科技创新工程为牵引，整合优化区域科技资源。要打破地域格局的阻碍，通过以区域科技计划项目为核心的区域造纸行业煤炭清洁高效利用重大科技创新工程为牵引，发挥集成整合作用，以解决区域科技资源封闭、分散重复配置问题；发挥导向引领作用，以解决科技研发与企业需求相脱节的问题；发挥支撑平台作用，以解决科技研发与成果转化对接难的问题。通过重大科技专项，重点科研攻关等提升区域煤炭清洁高效利用的水平。

	近期(+5a)			中期(+10a)			长期(+20a)		
	原料	造纸技术设备	产业化发展	原料	造纸技术设备	产业化发展	原料	造纸技术设备	产业化发展
市场需求	废纸占主要比例，依赖进口废纸	引进煤炭清洁高效利用技术，消化吸收、国产化	原料供应充足，造纸能耗降低	废纸回收率进一步提高；纤维原料供给紧张	单位能耗少，单机产能大	部分先进造纸炭清洁高效利用方式的运用推广	废纸浆与木浆等原料结构合理，林纸一体化效益初显	效率较高，运行可靠性高	形成规模化生产的造纸产业基地
产业目标		工艺应用性强，技术复杂，品种繁多，有机、电、计算机相结合的高新技术配套产品，争取接近国际先进水平	初步实现造纸产业的清洁高效利用		高质量、高效率，节能、除能耗，排放创能够缓	实现造纸行业的黑液、污泥高效资源化利用	纤维原料供给不足	大型纸浆造纸装备国产化，产业布局合理，区域热电冷三联供作改造	包括原材料的整个造纸流程一体化，部分超大型企业，或者超大型产业园区聚集，实现热电冷三联供、高效率能量梯级利用
技术壁垒	造纸企业数量多，效平均水平低，效率低，污染大；废纸回收系统不完善	与现代高新技术项目关联性大，结合紧密，应用推广难度大，配套装置建设费用高，需要开发的装备及中试生产线多	造纸产业煤炭清洁高效利用研发平台和相关配套的保障	纤维原料利用率低，水耗、能耗大	国内企业自主研发能力不高		林纸一体化规划不够完善，秩序制度需进一步改革		建立造纸标准化产业链
研发需求	加快淘汰改革，低下落后企业；初步建立废纸回收系统，降低进口原料利用的依赖	发挥高等学校和科研院所设计的创新作用，加强人才培养和科技创新，提高科技研发人员数量；引进高新造纸设备，通过改造等变革，提高能量梯级利用效率	相关配套建设的保障	适当调整纸产品结构，完善废纸回收系统，提高废纸纤维利用率	加大资金投入，引进国外新技术和高层次人才，通过产学研、重大科技攻关等解决造纸行业煤炭清洁高效利用的关键技术	建立示范基地，同时对相关技术进行推广	推进林纸一体化，提高国产木浆、回收木浆纤维原浆的比重	大型纸浆造纸项目设备的研制，大型园区冷热电三联供的技术优化	在全国能造纸产业集群带培育利用高新技术对其发展利用的现代化的煤炭产业集群清洁高效利用技术

图4-13　造纸行业煤炭利用过程节能技术路线图

3）以建立用户主导紧密型产学研合作创新为模式，推动企业成为区域创新体系的主体。利用国家科技资源提升区域创新能力，最终是要建立以企业为主体的区域技术创新体系。因此，要借鉴浙江等地区技术创新的经验，建立企业主导、用户紧密型产学研合作创新模式。一方面，企业要主动出击，与有关高校、科研机构建立技术紧密型合作关系，在技术创新长链的上游就主动出题、出资，参与全过程的合作创新，在合作中直接产生出企业用得上的成果和人才；另一方面，科研机构和高校也要增强市场意识和企业意识，变学术导向为企业用户导向，在技术创新的中、下游多下工夫，加强应用与开发研究，增强成果的成熟性和应用性。

（2）以国家高新区、产业园区为载体，以产业结构调整、转移为契机，提升我国造纸行业创新能力

1）以国家高新区、产业园区为契机，创造煤炭清洁利用的有利条件。我国高新区已发展多年逐渐走向成熟。造纸行业应借助高新区的科研实力、政策倾斜等有利条件，促进造纸企业的煤清洁高效利用的水平。同时应借助国家产业布局调整，产业园区建设等有利条件，形成造纸企业区域集中的局面，以便为大容量高参数的热电冷三联供机组实现区域集中能源供给创造条件。

2）以高新区、产业园区构建区域创新体系。众多造纸企业聚集与高新区或产业园区，有利于企业间相互交流，整合彼此的科研实力，甚至是建立起区域企业的联合科研研究基地，对煤炭清洁高效利用的共性问题、关键技术进行联合攻关，从而整体提升造纸企业的煤清洁高效利用的创新实力。以企业的现实需求为导向，通过企业的自主科研经费投入，同时积极利用政府R&D资金的投入，充分利用金融机构提供资金支持等措施，以自主攻关、联合攻关、产学研合作等多种方式，构建区域创新体系和平台，大力推动造纸行业煤清洁高效利用的研究和先进技术的推广。

（3）充分利用国家科技优势，迅速提高造纸行业自主创新能力

创新型区域的形成主要包括"正向"和"逆向"两种方式。"正向路径"是指由科技创新活动的上游向下游发展，即基础研究—技术开发—技术扩散—产业化的路径；"逆向路径"是指由科技创新活动的下游向上游推进，即产业发展—技术升级—发展科技—提升创新能力的路径。促进造纸行业的煤炭清洁高效利用中，一方面要加强高校、科研机构等研发团队的研发积极性，针对国内外造纸行业的煤炭清洁高效利用技术进行研究和技术攻关，实行正向路径；另一方面，企业要发挥自主能动性，根据企业自身存在的问题，通过技术改造、自主攻关、产学研等方式切实解决实际生产中遇到的煤炭清洁高效利用问题。

（4）重视具有地域特色的原始创新，着重开展集成创新和引进消化吸收再创新

我国造纸行业分布呈现地域集中的态势，不同的区域在原料、产品结构上有较大的差别。随着我国废纸回收率和利用率的不断提高，我国造纸业逐步形成以木纤维和废纸为主，非木纤维为辅的造纸原料结构。而木浆、废纸浆、非木浆等在工艺、能耗上有较大的差异。部分造纸企业通过产业园区、布局调整等形成相对聚集的布局，与分散企业相比，其煤炭清洁高效利用所能采取的技术、现实条件也有明显的差异。为此，应针对区域造纸企业的具体实际和现实条件，因地制宜促进企业的原始创新，从而在更宽广的面上推动我国造纸企业的煤炭清洁高效利用。与此同时，通过对国外造纸行业先进节能降耗技术的引进、消化吸收，实现技术和装备的国产化，并在行业内进行推广应用，提升我国造纸行业的整体用能水平。

4.7　纺织行业

4.7.1　纺织行业煤炭清洁高效开发利用的原则

1）能源安全。能源安全问题关系到一国经济社会发展和国防建设的巩固，在当今高度机械化、自动化的社会中，能源安全问题显得至关重要，要保持我国经济的稳定发展以及社会的安全稳定，就必须保证能源的可靠而合理的供应。而在各大高耗能产业中，纺织企业的位置显得特别突出。在纺织企业生产的整个过程中，如漂洗、印染工艺过程中，需要消耗大量的高温蒸汽，而蒸汽锅炉几乎都是以煤为燃料的。同时在纺纱、织布等过程中，也要消耗大量的电能，间接消耗着煤炭资源。据统计，2008 年纺织行业消耗能源折合近 7×10^7 tce，且以每年 10% 左右的速度增长。所以，在纺织行业的生产过程中，应注重减少对能源的消耗，确保我国能源的安全。

2）资源保障。煤是我国重要的能源，同时也是重要的资源。煤干馏，可炼成焦炉煤气和煤焦油，而非挥发性固体剩留物即为焦炭。焦炉煤气是一种燃料，也是重要的化工原料；煤焦油可用于生产化肥、农药、合成纤维、合成橡胶、油漆、染料、医药、炸药等；焦炭主要用于高炉炼铁和铸造，也可用来制造氮肥、电石。煤气化，可生产作为工业或民用燃料以及化工合成原料的煤气。煤加氢液化，经加工可得汽油、柴油等液体燃料。纺织行业中如果消耗太多的煤炭资源，以致影响到煤炭在其他领域中供应的时候，部分生活和生产的资源就得不到保障。因此，在纺织行业的节能生产过程中，应注重煤炭的资源保障原则。

3）科学产能。指在持续发展的储量条件下，具有与环境容量相匹配和相应的安全和环保标准相符合的技术，将资源最大限度高效采出的能力。主要体现在以下几个方面：高效，机械化开采以减少井下人员；安全，保护人身作业安全；绿色，保护环境；高回收，提高资源采出率；经济，采用先进科学技术以降低成本。煤炭是稀缺资源，但又由于易于取得而难以定价，导致无偿、廉价使用、过度开发，产出地为环境付出巨大代价。涉及纺织企业，则主要考虑到纺织工艺的合理性，纺织过程的低能耗性。各个纺织企业应减少废气废水的排放，对于仍可利用的低温蒸汽、凝结水，可进行热量的回收。纺织企业生产过程中，应重视科学产能原则。

4）清洁转化。由于煤炭资源本身含硫量大，燃烧过程中污染气体排放较多，在使用过程中，应追求清洁转化原则。纺织行业就是一个高耗煤产业，同时在其生产过程中，产生了大量的废水，其自备电厂在运行过程中，排放大量的废气，通常情况下，大型纺织企业均配备有水污染治理设备和锅炉脱硫装置，但事实上，其治理效果并不是特别理想，尤其是锅炉尾气脱硫，从许多纺织企业的节能减排调研报告中可以看到，一些企业的燃煤电厂仍有待进一步改善。在纺织行业今后的生产中，一方面加大对废水的处理力度，另一方面则应该对自备燃煤电厂进行改造，尝试着入炉前先对煤炭进行清洁转化处理，或者改用其他清洁能源，减少对环境和大气的污染。

5）节能减排。节能减排是当今社会经济发展中提到最频繁的一个词语，也是各行各业所强调的一件大事。纺织行业中的节能减排工作就特别突出。印染、漂洗过程中大量的污水排放，煤燃烧过程的废气排放，以及企业生产过程中的高耗能，都对节能减排提出了要求。许多企业每年都进行节能减排自查，一方面是响应政府部门的政策要求，另一方面则是提高自身利益的需要。节能减排，可以减少对环境的压力，同时也能减少大量电能和煤炭的消耗，因此获得巨大的收益。节能减排工作的效果是显而易见的，其产生的利益也是巨大的，对于纺织企业来说，节能减排意味着企业能否更快、更好地发展。

4.7.2　纺织行业煤炭清洁高效开发利用的整体布局

纺织企业的煤炭消耗，从总体上讲，主要用于自备锅炉的燃料用煤，而锅炉生产的高温蒸汽在发电的同时，大部分热量用于纺织企业生产各个环节的用汽。因此，对于纺织行业来说，煤炭清洁高效开发利用的整体布局主要从两方面展开：煤炭燃烧方面和蒸汽利用方面。

煤炭燃烧方面，一方面是努力提高煤炭的燃烧效率，在同样产汽量情况下尽可能地减少煤的使用。对于大型纺织企业来说，自备锅炉的参数高、容量大，把自备电厂建设成热电联产的机组，是其优势所在。热电联产机组各方面的优越性，已经得到了验证。纺织企业用能的最大特点就是，用电的同时也消耗大量的高温蒸汽，纺织企业能耗中热电比相对较高，采用热电联产刚好能满足供电同时提供大量高温蒸汽的要求。与此同时，对锅炉进行有效的改造，保持墙体良好的保温性能，改善风煤比，回收尾气余热，都是提高煤炭燃烧效率的关键因素。

煤炭清洁燃烧的另一方面，是排放尾气的污染控制。对于纺织企业来说，在自备电厂所投入的资金相比普通电厂而言要小得多，尾气常常没有得到有效控制就进行排放。要求煤炭清洁高效利用就要对尾气进行有效处理，这是纺织企业节能减排的工作重点之一。

在蒸汽利用方面，主要是用汽设备的保温和蒸汽冷凝废水的余热回收利用。纺织企业自备电厂生产的高温蒸汽，主要用于印染工艺，蒸汽管道和染色机的保温显得特别重要。消耗的煤炭资源中大部分能量转换为高温蒸汽的热能，如果蒸汽的热能没有得到有效利用，那么煤炭的浪费将不可避免。因此，纺织企业要想对蒸汽进行有效利用，从而使煤炭的清洁高效开发利用得以实现，就必须在用汽设备的保温上下工夫。

与此同时，印染企业的废水仍然具有很高的温度，如果这些废水没有得到充分的处理和利用就直接排走，不仅污染环境，同时也浪费了资源。有些纺织企业，已经逐步在尝试如何将印染废水的有效热量进行有效回收利用。通过换热器用废水的余温来加热锅炉给水是一个选择，但对换热设备的安全性和稳定性提出了很高的要求。企业实现煤炭高效利用，必须在印染废水余热回收利用中有所投入。

4.7.3　近中期纺织行业煤炭开发利用的战略目标

近中期中国煤炭开发利用的战略目标，就纺织企业来讲，主要从以下几个方面考虑。

加强自备电厂烟气排放污染控制。新公布的《火电厂大气污染物排放标准》征求意见稿表明，燃煤电厂的 SO_x 排放浓度控制在 200 mg/m³（标准），NO_x 排放浓度控制在 200 mg/m³（标准），烟尘排放浓度控制在 30 mg/m³（标准）。对于纺织企业自备电厂来说，由于投入资金有限，可能很难做到像大型电厂一样，但从长远发展来看，必须向大型火电厂看齐，严格控制尾气排放，努力实现煤炭清洁高效开发利用。

进一步提高自备电厂效益。对于纺织企业来说，燃煤主要是为印染工艺提供高温蒸汽，因此应将自备电厂建设成热电联产机组作为企业进一步发展的中期目标。在企业进一步扩大的情况下，自备电厂的效益成了企业进一步发展的瓶颈。在企业需汽量不断增加的同时，热电联产成为了电厂机组改造的新的发展动态，也是新世纪纺织行业发展的一项战略目标。

全面实现余热资源回收利用。纺织企业电厂锅炉排烟温度一般为 120~130℃。对排烟余热的利用，可设置烟气换热器来回收热量，生产热水或蒸汽为其他工艺供热；也可加热电厂凝结水，将热量返回回热系统，提高电厂热效率。循环冷却水的排水温度高于环境水温 8~10℃，属于低品位热能，直接利用范围狭窄。随着科技的发展，热泵、热管技术将在电厂循环冷却水余热利用中发挥作用，值得关注。与此同时，印染废水等余热资源也应加以充分利用。

实行新工艺，淘汰高耗能设备。纺织企业能耗设备更新缓慢，设备陈旧，这是纺织行业高耗能的一个重要因素。实现煤的清洁高效利用，就不得不改善工艺过程，淘汰落后设备。据调查，纺织行业中落后设备仍然占有很大比例，有些企业能耗设备是 20 世纪 80 年代购买的，至今还在使用，这些设备的使用，运行效率低下，浪费能源，影响了企业的利益和发展。我国纺织企业在煤清洁利用的近中期战略目标之一，就是尽快淘汰落后设备和生产工艺，提高企业的现代化生产水平。

4.7.4　纺织行业煤利用中的节能技术全生命周期评价

4.7.4.1　棉织品的生命周期评价

（1）棉织品生命周期评价模型

1）生命周期边界和功能单位。研究目标为分析棉织品生命周期过程所涉及的资源、能源利用及环境污染排放状况。在棉织品生命周期评价的研究中，应考虑棉花的种植、棉织品的加工制造、运输销售、使用废弃 4 个阶段的环境影响。棉织品的生命周期系统的输入包括资源、能源等；输出为废水、废气、固体废物等污染物以及产生的噪声污染。棉织品的生命周期系统边界如图 4-14 所示。功能单位采用 100 kg 棉织品。

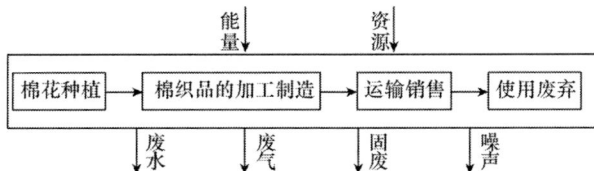

图 4-14　棉织品的生命周期系统边界图

2）评价目标。评价的环境负荷目标为：能量消耗、全球变暖、酸化、富营养化、光化学臭氧合成、工业烟尘和粉尘。

（2）清单分析

1）棉花种植阶段。棉花种植阶段需施用化肥和农药，化肥主要包括氮肥、磷肥和钾肥。亩①产100 kg皮棉的投入产出，见表4-34。

表4-34　亩产100kg皮棉的投入产出清单

投入	水/m^3	电/(kW·h)	氮肥/kg	磷肥/kg	钾肥/kg	农药/kg
	500	8.7	23.5	16.86	42.54	0.28
产出	废水/kg			土壤/kg		废气/kg
	N	P	农药	N	P	NO_x
	2.47	3.38	0.056	8.11	10.12	4.7

根据目前国内生产化肥和农药的工艺水平，并考虑到棉花种植过程以及化肥生产过程都用到电，由我国电力生产的能源消耗和环境排放可算出亩产100kg皮棉棉花种植阶段的环境影响负荷，见表4-35。

表4-35　亩产100kg皮棉棉花种植阶段环境影响负荷

能源投入	水/m^3	电/MJ	原煤/MJ	天然气/MJ	石油/MJ			
	500	113.12	380.97	344.23	360.27			
环境排放	VOC/g	CO/g	NO_x/g	PM_{10}/g	SO_2/g	CH_4/g	N_2O/g	CO_2/g	废水/kg
	51.76	35.29	4 968	70.30	242.08	109.19	0.87	65 852	5.91

2）棉织品制造加工阶段。棉花的加工生产工艺包括棉纺、棉织和染整。该阶段的环境影响负荷见表4-36。

表4-36　生产100kg棉织品的环境影响负荷

能源投入	水/m^3	电/MJ	原煤/MJ	天然气/MJ	石油/MJ							
	4	295.65	844.7	0.38	14.87							
环境排放	VOC/g	CO/g	NO_x/g	PM_{10}/g	SO_2/g	CH_4/g	N_2O/g	CO_2/g	废水/m^3	BOD/kg	COD/kg	悬浮物/kg	TSP/kg
	7.17	963	1 217	235	2 220	94.34	0.87	86 881	3.45	1.21	3.45	0.1	0.17

3）棉织品洗涤、运输、焚烧阶段。洗涤阶段：洗涤方式采用标准洗涤，时间为45 min，漂洗2次，进水3次，分3阶段排水，每次70L，分别取样。其输入输出清单见表4-37。

表4-37　棉织品洗涤阶段的环境影响负荷

能源投入	水/m^3	电/MJ	原煤/MJ	天然气/MJ	石油/MJ				
	5.25	79.83	228.07	0.104	4.02				
环境排放	VOC/g	CO/g	NO_x/g	PM_{10}/g	SO_2/g	CH_4/g	N_2O/g	CO_2/g	BOD/kg	COD/kg	SS/kg
	1.94	21.95	63.48	63.48	194.3	25.47	0.24	23 458	0.4	1.58	0.79

① 1亩≈666.7m^2。

为了研究方便，将棉织品所有需要运输的过程集中到一个环节：棉花先是被运到轧棉厂，然后是纺织厂，加工成成品后运往各地销售，棉织品废弃后又运到垃圾焚烧厂。根据我国目前的运输车辆状况，采用的车为5t柴油车，运输总距离为500km。此阶段的输入输出清单见表4-38。

表4-38　100kg 棉织品运输、焚烧阶段输入输出清单

资源利用	大气污染物排放								
油/L	烟尘/kg	SO_2/kg	NO_x/kg	CO/kg	HCl/kg	HF/kg	PCDD/ng	铅化物/g	烃类/g
3.37	4.53	0.39	0.34	1.6	0.44	0.05	25 169	5.26	15

（3）影响评价

1）影响评价方法。环境影响评价分为定量和定性评价。按照国际标准化组织的 ISO14040 的框架，影响评价包括3个步骤：分类、特征化和加权评估。本章所考虑的影响类别见表4-39。

表4-39　环境影响类型体系

环境影响潜值	全球变暖（GW）	全球性
	酸化（AC）	地区性
	富营养化（NE）	地区性
	光化学臭氧合成	地区性
	烟尘及粉尘（DU）	局地性

2）能源消耗分析。将100 kg 棉织品各个阶段的能源消耗汇总成表4-40。

表4-40　100 kg 棉织品主要能源消耗

能源种类	棉花种植	棉织品生产	棉织品洗涤	棉织品运输、燃烧	合计	能源比例/%
电/MJ	113.12	295.65	79.83	—	488.60	17.52
原煤/MJ	380.97	844.70	228.07	—	1453.74	52.14
天然气/MJ	344.23	0.38	0.10		344.71	12.36
石油/MJ	360.27	14.87	4.02	122.18	501.34	17.98
合计/MJ	1198.59	1155.60	312.02	122.18	2788.39	100

由表4-40可以看出：①在100 kg 棉织品的全生命周期中，原煤的消耗最大，占了总能耗的52.14%，这是由我国的能源结构决定的。在棉花种植、棉织品生产及洗涤过程中都必须消耗电，而我国电力生产以煤为主。②棉花种植和棉织品生产阶段消耗能量最多，各自占了总能耗的42.99%和41.44%。这是由于棉花种植过程需要消耗大量化肥和农药，而棉织品生产过程中要消耗很多电力。

将全生命周期中所有的电折算为等价标煤，并采用资源消耗基准进行标准化，则整个过程中资源消耗情况如表4-41所示。

表 4-41　标准化后的资源消耗

资源	质量/kg	标准化后的资源消耗/mPE$_{w90}$	可供应期/a	加权后的资源消耗/mPR$_{90}$
煤	86.22	150.21	170	0.8836
天然气	6.33	16.56	60	0.2759
柴油	11.81	19.95	43	0.4639

注：mPE$_{w90}$ 指由 1990 年世界人均资源消耗计算出的毫人当量；mPR$_{90}$ 反映资源可供应时间与稀缺性度量。

由表 4-41 可以看出总的资源耗竭系数为 1.6234 mPR$_{90}$，该资源耗竭系数值反映了研究所选用的 100 kg 棉织品在整个生命周期中的资源消耗占整个自然资源的份额及资源的稀缺性。资源耗竭系数值越大，表示资源消耗压力越大。

（4）环境影响潜值计算

1）全球变暖。将各种废气排放转化为全球变暖潜值 GW（100 年），得出总 GW 为 2 294 544gCO$_2$ eq（表 4-42），其中主要贡献来源于 NO$_x$（91.92%），其他如 CO（0.15%）、CH$_4$（0.25%）对全球变暖的影响很小，可以忽略。

表 4-42　100kg 棉织品全球变暖影响潜值

排放物质	排放量/g	效应当量因子	单位	影响潜值
CO$_2$	176 191	1	g	176 191
CH$_4$	229	25	gCO$_2$ eq/g	5 725
NO$_x$	6 591	320	gCO$_2$ eq/g	2 109 120
CO	1 754	2	gCO$_2$ eq/g	3 508
合计			gCO$_2$ eq/g	2 294 544

注：gCO$_2$ eq/g 指每克物质等价于多少克二氧化碳温室效应。

2）酸化。酸化影响潜值计算见表 4-43。总酸化影响潜值为 7659 gSO$_2$ eq，主要贡献来源于 NO$_x$（60.24%）、SO$_2$（39.76%）。

表 4-43　100kg 棉织品酸化影响潜值

排放物质	排放量/g	效应当量因子	单位	影响潜值
SO$_2$	3045	1	gSO$_2$ eq/g	3045
NO$_x$	6591	0.7	gSO$_2$ eq/g	4614
合计			gSO$_2$ eq/g	7659

注：gSO$_2$ eq/g 指每克物质等价于多少克二氧化硫的酸化影响效应。

3）富营养化。富营养化的主要物质为 NO$_x$ 和 COD，其总环境影响潜值为 10 055 gNO$_3^-$ eq，其中 NO$_x$ 占了 88.49%（表 4-44）。

表 4-44　100kg 棉织品富营养化影响潜值

排放物质	排放量/g	效应当量因子	单位	影响潜值
NO$_x$	6 591	1.35	gNO$_3^-$ eq/g	8 898
COD	5 030	0.23	gNO$_3^-$ eq/g	1 157
合计			gNO$_3^-$ eq/g	10 055

注：gNO$_3^-$ eq/g 指每克物质等价于多少克硝酸根的富营养化效应。

4）光化学臭氧合成。挥发性有机物（VOC），CO 和 CH$_4$ 是光化学臭氧合成的主要参与物。总光化学臭氧合成影响潜值为 90.82 gC$_2$H$_4$ eq，主要贡献来源于 CO（57.98%）、VOC（40.25%）（表 4-45）。

表 4-45　100kg 棉织品光化学臭氧合成影响潜值

排放物质	排放量/g	效应当量因子	单位	影响潜值
VOC	61	0.6	gC$_2$H$_4$ eq/g	36.60
CO	1754	0.03	gC$_2$H$_4$ eq/g	52.62
CH$_4$	229	0.007	gC$_2$H$_4$ eq/g	1.60
合计			gC$_2$H$_4$ eq/g	90.82

注：gC$_2$H$_4$ eq/g 指每克物质等价于多少克 C$_2$H$_4$ 化学臭氧合成效应。

5）加权分析后的环境影响潜值。对以上所计算的各类环境影响潜值（全球、地区和局地）采用其相应的标准化基准进行标准化并进行加权，结果见表 4-46。

表 4-46　100kg 棉织品生命周期环境影响潜值加权分析结果

影响类型	影响潜值/g	基准值	权重	加权后环境影响负荷
全球变暖	2 294 544	8 700 000	0.83	0.219
酸化	7 659	36 000	0.73	0.155
富营养化	10 055	62 000	0.73	0.118
光化学臭氧合成	90.82	650	0.51	0.071
工业烟尘和粉尘	4 834	18 000	0.61	0.164

根据表 4-46 可以计算出其总环境影响负荷为 0.727 mPE$_{T2000}$（以 2000 年为基准年标准化并加权的毫人当量总环境影响值），各种环境影响类型的相对贡献见图 4-15。

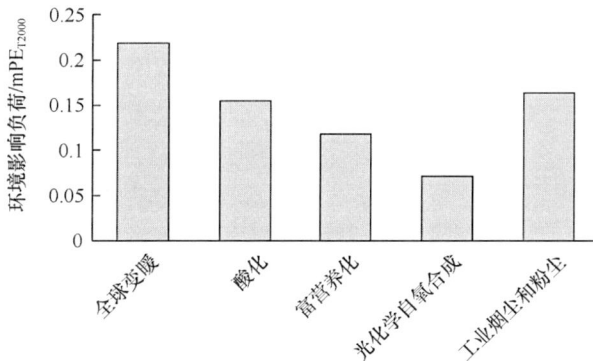

图 4-15　100 kg 棉织品生命周期环境影响潜值加权分析

图 4-15 各种环境影响类型的相对贡献评价结果表明，棉织品生命周期内最主要的环境影响为全球变暖，其次为工业烟尘和粉尘、酸化和富营养化，同时，光化学臭氧合成的影响也不容忽视。

（5）小结

棉织品生命周期内最主要的环境影响为全球变暖，其次为工业烟尘和粉尘、酸化和富营养化。

通过对每一环境类型利用特征化因子计算环境影响潜值、数据标准化、加权评估，最终得到不同环境影响类型的环境影响潜力和环境影响负荷，并得出资源耗竭系数为 1.6234 mPR$_{90}$ 和总环境影响负荷为 0.727 mPE$_{T2000}$。

棉花种植和棉织品生产阶段消耗能量最多，各自占了总能耗的 42.985% 和 41.444%。这是由于棉花种植过程需要消耗大量化肥和农药，而棉织品生产过程中要消耗很多电力。

4.7.4.2 涤纶纺织品的生命周期评价

（1）涤纶纺织品生命周期评价模型

研究目标为分析涤纶纺织品生命周期过程所涉及的资源、能源利用及环境污染排放状况。在涤纶纺织品生命周期评价的研究中，应考虑原料的采集、聚酯纤维的生产、涤纶纺织品的加工制造、使用废弃 4 个阶段的环境影响。

涤纶纺织品的生命周期系统的输入包括物质资源、能源等；输出为废水、废气、固体废物等污染物以及产生的噪声污染。涤纶纺织品的生命周期系统边界如图 4-16 所示。功能单位采用 100 kg 涤纶纺织品。

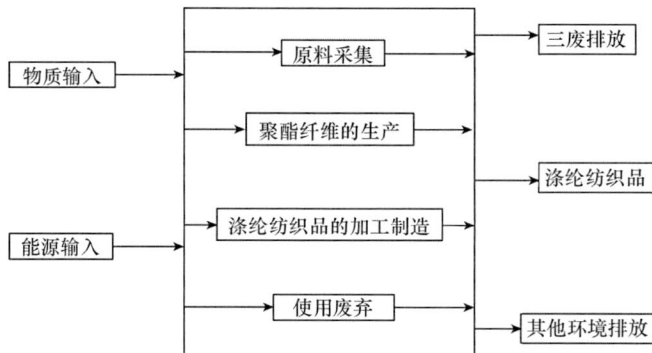

图 4-16　涤纶纺织品的生命周期边界

1）输入与输出。输入与输出分为 4 个阶段。

聚酯原料的生产：聚酯原料主要有乙二醇（EG）和对苯二甲酸（TPA）。每生产 100 kg 的聚酯，需要精对苯二甲酸 86.80 kg、乙二醇 33.7 kg；其中乙二醇可由石油产品乙烯和氧气制得，对苯二甲酸可由对二甲苯高温氧化法制得。也就是每生产 100 kg 的聚酯，需要消耗 55.43 kg 的对二甲苯和 15.23 kg 的乙烯。乙烯的生产采用埃索水蒸气裂解的生产工艺；对二甲苯的生产采用阿罗沙文法生产工艺生产。

聚酯纤维的生产：聚酯纤维即是涤纶纤维，它的生产包括了聚酯的聚合和纺丝两个部分。涤纶是聚对苯二甲酸乙二酯纤维的商品名称，它是以对苯二甲酸和乙二醇为基本原料制得的涤纶树脂,经熔融纺丝和后加工制成的一种合成纤维。

涤纶纺织品的加工制造:涤纶纺织品生产工艺流程如图 4-17 所示。

针织坯布 → 退浆、煮炼 → 漂白 → 丝光 → 染色 → 清洗 → 后整理

图 4-17　涤纶纺织品生产工艺流程

涤纶纺织品使用、运输、废弃阶段:为研究方便,把涤纶纺织品所有需要运输的过程集中到一个环节,聚酯熔融体运到纺织厂,加工成成品后运往各地销售,废弃后运到处理厂,因此,运输过程涉及三个阶段。由于运输过程牵涉到诸多不确定因素,因此假定采用的车统一为 5t 柴油车,运输总距离为 500km,以柴油为燃料(表 4-47)。

表 4-47　涤纶纺织品整个生命周期的输入与输出

输入输出		原料采集	聚酯纤维生产	涤纶纺织品加工	涤纶纺织品使用废弃
质量	入	原油	聚酯原料	聚酯纤维、水	—
	出	聚酯原料	聚酯纤维	涤纶纺织品	—
	入	水、电	水、电	电、水、油	油、电、煤
	出	—	—	—	电
污染物排放		COD、CO_2、NO_x、SO_2、CO、烟尘	COD、BOD、NO_x、SO_2、对苯二甲酸、油污	BOD、COD、SO_2、NO_x、CO	BOD、烟尘、COD、SO_2、CO、HCl、铅化物

涤纶纺织品废弃处置一般与城市生活垃圾的废弃处理是一起进行的,并没有特别分类。本章针对传统的处置方法垃圾焚烧,对涤纶纺织品废弃物采用垃圾焚烧发电工艺进行处理。

2)评价目标。评价目标包括:能量消耗、大气酸化、全球变暖、水体富营养化、光化学臭氧合成、烟灰尘和固体废弃物排放、噪声(表 4-48、表 4-49)。

表 4-48　环境影响类型及潜值

环境影响类型名称	1990 年当量排放	标准人当量基准	影响区域
全球变暖	$4.59×10^{10}/(tCO_2/a)$	$8700kgCO_2/(a·人)$	区域
臭氧层损耗	$1.07×10^6/(tCFC-11/a)$	$0.2kgCFC-11/(a·人)$	区域
酸化	$4.0546×10^6/(tSO_2/a)$	$36kgSO_2/(a·人)$	区域
富营养化	$2.7837×10^7/(tNO_3^-/a)$	$62kgNO_3^-/(a·人)$	区域
光化学臭氧合成	$7.4×10^5/(tC_2H_4/a)$	$0.65kgC_2H_4/(a·人)$	区域
固体废弃物	$2.86388×10^8/(t固废/a)$	$251kg固废/(a·人)$	区域
工业烟尘和粉尘	$2.104×10^7/(t烟灰/a)$	$18kg烟灰/(a·人)$	区域
油	—	$592kg/(a·人)$	全球
煤	—	$574kg/(a·人)$	全球
水	—	$472kg/(a·人)$	区域

表 4-49　各种环境类别的 PF

环境影响类型	胁迫因子	基准物	影响潜力单位	当量因子
全球变暖	CO_2	CO_2	$kgCO_2/kg$ 物质	1
	CH_4			25
	NO_x			320
	CO			2
酸化	NO_x	SO_2	$kgSO_2/kg$ 物质	0.7
	NH_3			1.88
	SO_2			1
富营养化	NO_x	NO_x	$kgNO_3^-/kg$	1.35
	NH_3			3.64
	P（水体）			32
	N（水体）			4.43
	COD			0.23
光化学臭氧合成	CO	C_2H_4	kgC_2H_4/kg 物质	0.03
	CH_4			0.03
烟尘			kg 烟尘/kg	1

3）分配方法。在原料采集阶段，由于产品输出不仅是乙烯或是对二甲苯，还包括丙烯、碳四苯和甲苯，因此无论能源消耗，还是污染物排放，都需要在各个产品间进行环境负荷分配，以得到乙烯和对二甲苯产品所应当承担的环境负荷。研究采用产品质量作为清单数据的分配原则，并根据工艺流程的数据可计算得到乙烯、丙烯和碳四的环境负荷分配系数分别为 0.54、0.26 和 0.19，苯、甲苯和二甲苯的环境负荷分配系数分别为 0.38、0.34 和 0.28。参考传统工艺，从石油中裂解出的混二甲苯中，对二甲苯所占的比例为 25%，故而可求得对二甲苯的环境分配系数为 0.28×0.25＝0.07。

（2）清单分析

1）原料的生产阶段。原料生产阶段清单分析见表 4-50。

表 4-50　原料生产阶段的清单分析

投入和排放		类别	单位	数量
投入产出	产出	乙烯	kg	15.23
		对二甲苯	kg	55.43
	投入	石脑油	kg	19.45
		轻柴油	kg	4.59
		燃料油	kg	4.57
		电力	kW·h	0.55

续表

投入和排放		类别	单位	数量
环境排放	水体排放	废水总量	kg	2.99
		石油类	kg	0.0003
		COD	kg	0.038
	气体排放	SO_2	kg	0.05
		NO_x	kg	0.117
		CO	kg	0.1
		CO_2	kg	21.23
		烟尘	kg	0.06
		乙烯	kg	0.024

资料来源：马骁. 涤纶纺织品的生命周期评价. 东华大学，2007：28-30

2）聚酯纤维的生产阶段。本阶段的生产工艺方面的数据来源于滁州某聚合公司（表4-51），该公司的工厂聚酯装置日生产能力为 600 t，每年操作时间按 333 天计算，年生产聚酯纤维 $2×10^5$ t。

表 4-51　聚酯纤维生产阶段的清单分析

投入和排放		类别	单位	数量
资源投入	能量投入	水	m^3	6.8
		电	kW·h	5.8
	物质投入	精对苯二甲酸	kg	86.8
		乙二醇	kg	33.7
		二氧化钛	kg	0.33
		锑	kg	0.016
		气相热媒	kg	0.014
环境排放	水体排放	COD	kg	1.368
		BOD	kg	0.306
		油污	kg	0.049
		对苯二甲酸	kg	0.004
	气体排放	NO_x	kg	0.094
		SO_2	kg	0.239
		CO_2	kg	0.120

3）涤纶纺织品的加工制造。此部分数据来源是江苏某纺织企业（表4-52），该企业日生产针织面料 25 000 kg，全年生产天数为 250 天，每日工作时间为 24 小时三班制。

对于纺织印染企业，想要提高车间热能利用率就必须做好余热利用工作。一般的纺织企业中，不加利用而浪费掉的余热所占的比例为总热耗的 40%～30%。这是一部分利用潜力较大余热资源。目前主要的余热回收利用环节集中在锅炉烟气的余热利用、废水余热利用以及发热机械设备尾气余热利用。

表 4-52　涤纶纺织品生产过程能量利用和污染物排放清单分析

投入和排放		类别	单位	数量
资源投入	能量投入	水	m³	3.6
	物质投入	电	kW·h	25
		氢氧化钠	kg	14.4
		络合剂	kg	7.2
		双氧水	kg	16.2
		稳定剂	kg	28.8
		NaSiO₃	kg	14.4
		匀染剂	m³	0.007
环境排放	水体排放	COD	kg	3.6
		BOD	kg	1.044
		悬浮物	kg	1.08
		氨氮	kg	0.144
	气体排放	SO_2	g	2.34
		NO_x	kg	0.9
		CO	kg	0.031
		TSP	kg	0.324
	噪声	噪声	dB	80

4）涤纶纺织品使用、运输和废弃阶段。据统计2000年公路运输消耗的柴油为 7.094×10^6。柴油机的能耗水平为 0.048 L/（t·km），根据中国柴油的比重为 0.8449 kg/L，计算出能耗水平大约相当于 0.040 56 kg/（t·km）。实际上，这个燃料消耗水平主要是国营专业运输水平，其仅占全国运输车辆的40%，尚有60%为私营车，因此，全国的平均燃料消耗水平高于国有企业40%，约为 0.056 81 kg/（t·km），即 0.067 23 L/（t·km）。

为研究方便，把涤纶纺织品所有需要运输的过程集中到一个环节，聚酯熔融体运到纺织厂，加工成成品后运往各地销售，废弃后运到处理厂，因此，运输过程涉及三个阶段。

假设垃圾焚烧发电的能量正好与提供加热垃圾到燃烧温度所需要的热量和发生反应所需要的活化能。100 kg 涤纶纺织品产生 1 kg 的垃圾。

涤纶纺织品运输和废弃阶段的排放清单见表4-53。

表 4-53　涤纶纺织品运输和废弃阶段的排放清单分析

投入与排放		类别	单位	运输阶段	焚烧阶段
资源投入	能量投入	柴油	L	3.37	—
环境排放	气体排放	铅化物	g	5.26	—
		SO_2	g	10.92	0.14
		CO	g	91	0.54
		NO_x	g	150	0.07
		烃类	g	15	—
		HCl	g	—	0.16
		HF	g	—	0.02
		烟尘	g	—	1.63

（3）影响评价

将清单各个过程得到的产品生命周期中的各种环境数据分类、指标化后再评估。其目的是根据清单分析后提供的物料、能源消耗数据以及各种排放数据对产品所造成的环境影响进行评估。

将所消耗的资源分为可更新资源和不可更新资源两类，所有的环境干扰因子可归为大气酸化、全球变暖、水体富营养化、光化学臭氧合成、烟灰尘和固体废弃物 6 种环境污染影响类型。

1）能源消耗分析。将二次能源折算到一次能源中，并标准化为标煤质量，获得该节能技术中各单元过程的能源消耗以及所占比率（表 4-54）。

表 4-54　100 kg 涤纶纺织品主要能源消耗

阶段	能源消耗/MJ	折合成标准煤/kg	比例/%
原料采集	1.98	0.07	1.74
聚酯纤维的生产	20.88	0.71	18.32
涤纶纺织品的加工制造	90.00	3.07	78.94
使用、运输、废弃	1.14	0.04	1.00
合计	114.00	3.89	100

由表 4-54 可以看出，在 100kg 涤纶纺织品的全生命周期中，涤纶纺织品的加工制造的消耗最大，占了总能耗的 78.94%，该过程电力消耗较多。

2）资源耗竭系数。由表 4-55 可以看出总的资源耗竭系数为 0.040 mPR$_{90}$，该资源耗竭系数值反映了研究所选用的 100kg 涤纶纺织品在整个生命周期中的资源消耗占整个自然资源的份额及资源的稀缺性。资源耗竭系数值越大，表示资源消耗压力越大。

表 4-55　标准化后的资源消耗

资源	质量/kg	标准化后的资源消耗系数/mPE$_{w90}$	可供应期/a	加权后的资源消耗系数/mPR$_{90}$
煤	3.89	6.777	170	0.040

（4）环境影响潜值计算

1）全球变暖。将各种废气排放转化为全球变暖潜值 GW（100 年），得出总 GW 为 137 534.62 gCO$_2$eq（表 4-56），其中主要贡献来源于 NO$_x$（84.20%），其他如 CO$_2$（15.52%）、CO（0.28%）对全球变暖的影响很小，可以忽略。

表 4-56　100 kg 涤纶纺织品全球变暖影响潜值

排放物质	排放量/g	效应当量因子	单位	影响潜值
CO$_2$	21 349.88	1	g	21 349.88
CO	191.57	2	gCO$_2$ eq/g	383.14
NO$_x$	361.88	320	gCO$_2$ eq/g	115 801.60
合计			gCO$_2$ eq/g	137 534.62

2）酸化。酸化影响潜值计算见表4-57。总酸化影响潜值为506.48 gSO₂ eq，主要贡献来源于 NO_x（50.02%）、SO_2（49.98%）。

表4-57　100 kg 涤纶纺织品酸化影响潜值

排放物质	排放量/g	效应当量因子	单位	影响潜值
SO_2	253.16	1	gSO₂ eq/g	253.16
NO_x	361.88	0.7	gSO₂ eq/g	253.32
合计			gSO₂ eq/g	506.48

3）富营养化。富营养化的主要物质为 NO_x 和 COD，其总环境影响潜值为1639.92 g NO_3^- eq，其中 NO_x 占了29.79%。其影响潜值见表4-58。

表4-58　100 kg 涤纶纺织品富营养化影响潜值

排放物质	排放量/g	效应当量因子	单位	影响潜值
NO_x	361.88	1.35	gNO₃⁻ eq/g	488.54
COD	5006	0.23	gNO₃⁻ eq/g	1151.38
合计			gNO₃⁻ eq/g	1639.92

4）光化学臭氧合成。挥发性有机物（VOC），CO 和 CH_4 是光化学臭氧合成的主要参与物。总光化学臭氧合成影响潜值为5.75 g C_2H_4 eq（表4-59），贡献全部来源于CO。

表4-59　100kg 涤纶纺织品光化学臭氧合成影响潜值

排放物质	排放量/g	效应当量	单位	影响潜值
CO	191.57	0.03	gC₂H₄ eq/g	5.75
合计			gC₂H₄ eq/g	5.75

5）加权分析后的环境影响潜值。对以上所计算的各类环境影响潜值（全球、地区和局地）采用其相应的标准化基准进行标准化并进行加权，结果见表4-60。

表4-60　100kg 涤纶纺织品生命周期环境影响潜值加权分析结果

影响类型	影响潜值/g	基准值	权重	加权后环境影响负荷
全球变暖	137 534.62	8 700 000	0.83	0.013 121
酸化	506.48	36 000	0.73	0.010 270
富营养化	1 639.92	62 000	0.73	0.019 309
光化学臭氧合成	5.75	650	0.51	0.004 512
工业烟尘和粉尘	61.63	18 000	0.61	0.002 089

根据表4-60可以计算出其总环境影响负荷为0.0493 mPE₍T2000₎，各种环境影响类型的相对贡献见图4-18。

图4-18各种环境影响类型的相对贡献评价结果表明，涤纶纺织品生命周期内最主

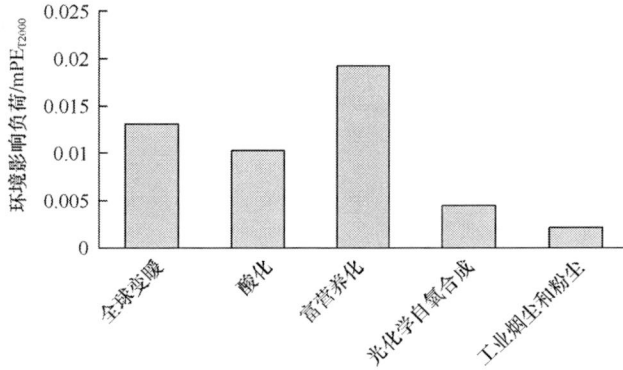

图 4-18　100 kg 涤纶纺织品生命周期环境影响潜值加权分析

要的环境影响为富营养化，其次为全球变暖、酸化和光化学臭氧合成，同时，工业烟尘和粉尘的影响也不容忽视。

（5）小结

在 100kg 涤纶纺织品的全生命周期中，涤纶纺织品的加工制造的消耗最大，占了总能耗的 78.94%，该过程电力消耗较多；其次是聚酯纤维的生产，占了总消耗的 18.32%。

各种环境影响类型的相对贡献评价结果表明，涤纶纺织品生命周期内最主要的环境影响为富营养化，其次为全球变暖、酸化和光化学臭氧合成。其资源耗竭系数为 $0.039\ 86\ \mathrm{mPR_{90}}$；总环境影响负荷为 $0.0493\ \mathrm{mPE_{T2000}}$。

4.7.5　纺织行业煤炭利用清洁高效节能技术的 SWOT 分析

根据我国纺织行业的发展状况，结合"十一五"节能工作的经验及国内外纺织节能技术的发展，提出纺织行业煤利用的重点发展技术：①纺织行业燃煤催化燃烧节能技术；②热电冷三联供技术。针对以上两种技术，进行 SWOT 分析，结果如表 4-61、表 4-62 所示。

表 4-61　纺织行业燃煤催化燃烧节能技术 SWOT 分析结果

	优势（S）	劣势（W）
内部因素	1. 提高炉内燃煤燃烧速率，使燃烧更充分，达到节能目的（节煤率 8%~15%）； 2. 优化燃煤颗粒的表面性能，促进煤中灰分与硫氧化物反应，达到脱硫作用（二氧化硫减排率大于 25%）； 3. 有效减少燃煤锅炉焦垢的生成并除焦、除垢，改善燃烧器工作状况	1. 喷雾计量系统的投资较高； 2. 催化剂的添加率对锅炉的燃烧工况和污染物排放有很大影响； 3. 煤粉的粒度以及含水率对锅炉的燃烧工况和污染物排放有很大影响
外部因素		

机会（O）	SO 战略	WO 战略
1. 政府政策的大力扶持,符合提出的建设节约型和环保型社会要求; 2. 符合社会经济的可持续发展的要求; 3. 企事业单位以及科研机构研究此技术的众多	1. 充分借助政策扶持和发展趋势,加快技术的完善和改进,缓解社会能源和环境的压力; 2. 吸收示范区域的经验,加大对技术改良的投入力度,推广和普及该技术; 3. 推动行业相关节能减排技术的发展,促进产业的健康可持续发展	1. 加强产学研合作,推进对燃煤催化燃烧技术的基础研究,提高技术的节能和减排效率; 2. 推动产业集群化,提高资源利用效率,降低生产成本,减少污染物排放; 3. 借助政策扶持,灵活利用多种引资渠道解决资金问题
挑战（T）	ST 战略	WT 战略
1. 纺织行业的迅速发展与节能与环保技术相对落后的矛盾; 2. 受国家政策扶持影响较大; 3. 各纺织厂推广利用水平参差不齐,技术相差悬殊; 4. 实际工程中设备改造存在一定风险	1. 加强国内外交流合作,吸收国外先进技术,提高国内相应技术水平; 2. 加大技术研发投入,培养专业技术人才; 3. 技术改造,可借鉴试点经验,风险评估和成果验证后投入应用,避免设备改造带来的风险	1. 充分利用政府、企业与科研机构各自优势,依靠合作项目,结合技术应用过程存在的问题,促进技术的推广应用; 2. 通过支持政策鼓励企业培养科研力量解决实际工艺中的问题

表 4-62　热电冷三联供技术 SWOT 分析结果

	优势（S）	劣势（W）
内部因素 外部因素	1. 热电联产、集中供热,提高热电机组的利用率; 2. 实现低品质蒸汽的高效回收利用; 3. 可借鉴国外较为成熟的经验; 4. 在企业推广应用,能为企业创造良好的经济效益	1. 高参数蒸汽的利用情况较好,中低参数蒸汽的回收利用率较低; 2. 汽轮机需具有较为良好的负荷适应性,现有部分抽汽式和背压式汽轮机都不能较好地满足要求; 3. 关键技术上与世界先进水平有着较大差距
机会（O）	SO 战略	WO 战略
1. 政府政策的大力扶持,符合建设节约型社会的要求; 2. 符合社会经济的可持续发展的要求; 3. 符合国家能源综合利用相关产业政策,是 21 世纪的新技术产业	1. 借助政策的扶持以及自身的优势,加强产学研相结合; 2. 完善已掌握的发电技术,进一步提高蒸汽能量的利用率,扩大利用规模; 3. 充分发挥节能环保优势,赢得更多的政策扶持	1. 加强自主创新,走国产化道路,提高蒸汽能量利用效率,降低投资成本; 2. 利用政府强有力的引导作用,充分调动投资者积极性,达成合作共识,增大投资资金
挑战（T）	ST 战略	WT 战略
1. 各企业蒸汽能量梯级利用水平参差不齐,相差悬殊; 2. 技术应用上,需产业集聚化才具有较好效果,规模较小的企业须承担较高的设备成本; 3. 大型火电厂电价成本相对较低	1. 借政策扶持和技术自身的优势,对行业内各企业进行统一培训,促进技术的交流和推广,提高从业人员的技术水平; 2. 加强国内外交流合作,吸收国外先进经验; 3. 加快专业技术人才的培养步伐	1. 加大研发投入,解决关键技术难题,提高整体效率,降低成本,提高竞争力; 2. 加大政策扶持和补贴力度,吸引投资,用于设备改进,争取尽早回收成本和赢利; 3. 利用政府强有力的引导作用,促成邻近企业能量利用合作,扩大技术应用规模,实现双赢

4.7.6　中国纺织企业煤炭清洁高效开发利用技术路线

纺织企业煤炭清洁高效开发利用的技术路线图如图4-19所示。

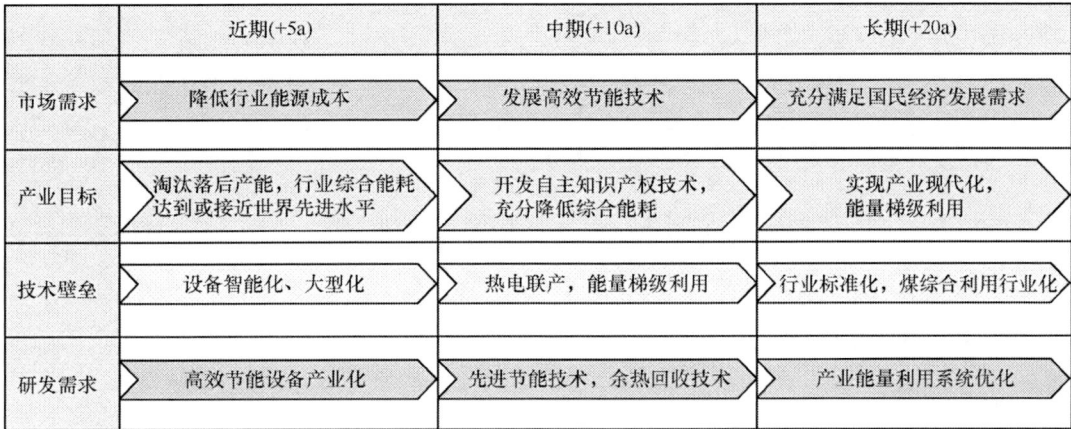

	近期(+5a)	中期(+10a)	长期(+20a)
市场需求	降低行业能源成本	发展高效节能技术	充分满足国民经济发展需求
产业目标	淘汰落后产能，行业综合能耗达到或接近世界先进水平	开发自主知识产权技术，充分降低综合能耗	实现产业现代化，能量梯级利用
技术壁垒	设备智能化、大型化	热电联产，能量梯级利用	行业标准化，煤综合利用行业化
研发需求	高效节能设备产业化	先进节能技术，余热回收技术	产业能量利用系统优化

图 4-19　纺织企业煤炭清洁高效开发利用的技术路线图

改造旧工艺，采用节能降耗新工艺。为了节省纺织企业煤炭资源等各种能源的消耗，对于高耗能的工艺和产品要及时淘汰更新，以免浪费能源，这也是节约用能的一个环节，近几年，许多纺织企业通过改造旧工艺，引进新工艺，已没有落后耗能工艺、设备和产品，这是纺织企业实现能源清洁高效利用的一项最为直接的关键技术。

锅炉尾气余热回收。大型纺织企业均有自己的燃煤电厂，对于电厂来说，实现煤炭清洁高效利用的一个重要技术，就是尾气余热回收利用。在省煤器后的排烟通道内增加一台换热器，利用锅炉尾气的余热加热给水，使水温升高后，再进入除氧器。经过对尾气余热回收设备的投资后，每年可减少煤炭的燃烧。

汽轮机冷凝水余热回收。汽轮机冷却循环热水温度达到45℃，而热水的质量又达到煮漂纱线的用水标准。通过技改，实行换位使用，利用了纺织企业生产系统的循环水工艺，致力于节能减排的工作，通过加装供水泵，提升原水温和降低循环水池水温，从而使能源得到充分地利用，节约了煤炭资源。

印染废水余热回收。将漂染车间染缸排放的高温漂染液，收集到高温液体回收池，用水泵将回收池中的高温漂染水抽入染整节能机内，使高效吸热管网中的常温软水受到传热加温，被加热后的软水收集到热水塔，加稍微处理后可作为锅炉补给水，从而提供补给水的水温，实现节约煤炭资源。

某纺织企业使原来未完成利用而直排的锅炉烟气和高温废水，经再次利用，清水温度平均提高35℃，每月约提供18 000 t清水给锅炉使用，预计需要投资70万元，全年热能回收综合利用达400 tce。

锅炉、染色机保温。对于纺织企业中的锅炉，可加强锅炉表面保温，提高锅炉运行操作水平，严格控制过量空气系数，提高锅炉运行效率，减少损失。重点对锅炉进行技改，提高热效率，既可节约原煤，又可提高出汽量，同样可以减少煤燃料的使用。而采用工业高效隔热材料对染色机进行保温节能，也是降低纺织企业煤耗的一项重要技术。

利用废气制硫酸等技术进行尾气脱硫。对于纺织企业的燃煤锅炉来说，要实现能源的清洁利用，关键的是尾气脱硫技术。现在的脱硫技术很多，关键是看企业的资金实力。纺织企业自备电厂不同于其他电厂，其锅炉燃烧效果没有普通电厂好，尾气硫含量较高，脱硫显得特别重要。

大型纺织企业实行热电联产。对于大型的纺织企业来说，锅炉参数高、容量大，可采用热电联产，产电同时也产热，实现能源的梯级利用，这有利于纺织企业降低能源消耗，充分利用煤炭高位能量，减少煤炭消耗。如果能在纺织企业的自备电厂中实现热电联产，无疑对于实现煤炭资源的清洁高效开发利用战略目标大为有利。

4.7.7 实现中国纺织行业煤炭清洁高效利用战略目标的主要途径

为了实现中国纺织行业煤炭清洁高效利用战略目标，应加大关键技术攻关力度，大规模推广先进适用工艺技术与装备，完善科技创新体系，加快纺织人才队伍建设，全面提高纺织业生产效率和产品附加值。主要考虑以下几个主要途径。

(1) 开展基础研究和纺织材料的研发与创新

加强纤维材料加工、纺纱织造加工、印染加工、智能纺织品、服装家纺文化及纺织机械制造等重点领域的基础理论和前沿技术研究。开发一批达到国际先进水平的高性能有机化学合成纤维工程材料，达到国际先进水平；大力发展超仿真及各种功能性纤维，采用动物、植物、矿物等天然生化原料开发生物质纤维。

(2) 加强纺织行业绿色环保技术开发和推广

加强新型纺纱、新型织造、特种织造、宽重型织物织造等工艺技术及设备的研究开发；加快高机号及成型织造、经纬编双层和多层复合织造、提花织造等针织技术，非织造及复合技术的研究及推广应用；加大印染高效短流程前处理技术、无水少水印染技术及功能性后整理技术的研发与推广力度；大力发展技术性、个性化、功能性、绿色环保和智能化等高附加值纺织品。加快研发和推广绿色环保技术，资源循环利用技术，高性能、高效率、节能减排的先进适用工艺、技术和装备，淘汰落后产能，全面完成国家下达的节能减排和淘汰落后任务，加快产业技术升级。将纺织重大节能减排项目列入国家科技计划，组织对共性的、关键的节能减排技术的攻关，大力推广先进适用的节能新技术、新工艺、新设备和新材料，加快产业化进程。

(3) 壮大科技创新人才队伍

整合产、学、研及产业公共服务体系等多方资源，加快培养高水平的科研、工程设计、管理等领军人才和骨干队伍，加强对在岗职工的专业技能培训，全面提高纺织从业人员的整体素质，促进行业创新能力、生产效率的提升。

(4) 加快完善行业科技创新体系

发挥市场配置资源的基础性作用，通过企业、政府、行业协会和中介机构、高等院校、科研院所、技术转移机构的共同参与，形成以企业为主体、产学研用紧密结合、军民结合、跨产业链、跨部门合作的创新机制，促进行业科技创新能力的大幅提升。加快建立以产业集群为基础、以行业公共服务体系为平台的适用技术公共推广体系，促进广大中小企业整体技术水平的提升。

（5）培育典型抓好示范，带动纺织行业节能减排

抓好一批节能型和清洁型示范纺织企业或项目，树立节能减排典型，总结推广先进企业的成功经验。对在节能、节水、清洁生产、资源综合利用等方面做出显著成绩的纺织企业给予表彰、奖励。

（6）要全面推行清洁生产

实行清洁生产全过程控制，是对传统发展模式的根本变革，是走新型纺织工业化道路、实现可持续发展战略的必然选择，也是节能降耗、减少纺织行业污染物排放的有效手段。

（7）要加强相关标准、法规的执行力度

纺织行业相关的计量技术手段、标准、法规已基本完善，但一些企业处于成本考虑，执行标准的积极性不高。因此，需要国家加大对违反法规、标准行为的处罚力度，增加执行力，要从外部施压，让企业主动执行标准，进行技术创新，改进工艺，使用先进的计量手段，最终达到节能减排的目的。

（8）采取积极的节能减排激励政策

运用财税、金融和价格等经济手段，引导、鼓励企业节能减排。制定产业经济技术政策，从保护生态和大环境角度对产业走向进行管理和调整。制定行业节能减排指导意见，以指导全行业的技术进步与生产经营活动，并成为监督、考核企业的依据之一。

4.8　本章小结

本章提出了石化、化工、有色金属、钢铁、建材、造纸和纺织等重点高耗能行业煤炭利用的总体节能原则，战略思路和战略目标。通过运用 SWOT 分析和 LCA 分析法对各行业煤炭利用过程进行全面分析，从市场需求、产业目标、技术壁垒和研发需求等方面绘制了各行业煤炭利用节能技术的时空路线图。

本章指出了实现战略目标的途径，即树立节能为本的理念，明确煤炭利用中的节能思路，建立具有指导性和可操作性的节能规划，在梯级利用、科学用能原则指导下，对生产流程、企业用能系统，乃至跨行业的产业园区用能系统进行综合优化和科学管理，全面挖掘技术节能、结构节能以及管理等三方面的节能潜力，提升煤炭利用的总能效率；煤炭利用节能技术应向煤炭共气化制备合成、二次能源高效转换以及替代燃料混烧代煤等技术方向重点发展。

第 5 章　中国高耗能行业煤炭利用过程的重点节能技术方向

通过 SWOT 分析和 LCA 分析，从石化、钢铁、建材、化工、有色金属、造纸、纺织等高耗能行业总结出煤利用过程中的重点节能技术方向，包括煤气化及煤-天然气共气化制备合成气技术、二次能源高效转换技术、高炉高效率喷煤及喷吹塑料技术、工业锅炉窑炉替代燃料混烧代煤技术。以下内容就对这些技术进行综合分析。

5.1　煤气化及煤-天然气共气化制备合成气技术

（1）煤制氢及其节能技术：包括煤制氢技术和低温甲醇洗技术

煤制氢技术相比传统延迟焦化处理工艺，重油加氢处理则可得到更多的轻油，所需氢气可以通过煤制氢得到，从而等价于节约了煤制油这部分资源能源消耗。低温甲醇洗技术在石化行业利用煤炭制取氢气的过程中，该技术是氢气净化工序中重要的节能型酸性气体杂质脱除技术之一。该技术使用冷甲醇作为酸性气体吸收液，利用甲醇在-60℃左右的低温条件下对酸性气体溶解度极大的物理特性，分段选择性吸收氢气中的 H_2S、CO_2 以及各种有机硫杂质，以达到氢气净化的效果。在该工艺中，低温甲醇对酸性气体的溶解度极大，在吸收等量酸性气体时甲醇溶液循环量较小，装置设备数量较少，因此该技术总能耗较其他氢气净化技术要低，在工业应用中有较好的节能效果，适宜广泛推广。

（2）煤-天然气共气化制备合成气（共生耦合）

在石化行业煤制氢过程中，采用先进煤气化技术制备合成气是核心环节之一。该技术主要包括三种技术，多喷嘴水煤浆气化技术、粉煤加压气化技术和非熔渣-熔渣水煤浆分级气化技术。

从技术发展现状看，煤和天然气（气态烃）共气化比较适宜的技术路线是采用气流床气化技术，即煤-天然气共气化的主要发展方向是水煤浆（或粉煤）-天然气气流床共气化技术。国内在水煤浆气化技术领域已有重要突破，技术水平居于国际前列；粉煤加压气化技术也有所突破，技术示范正在实施当中。为煤-天然气共气化技术的开发提供了重要支撑。2020 年前分两阶段发展，其中 2015 年前完成相关的技术基础研究，并建成中试装置；2020 年完成工业装置示范。2030 年前完成推广应用，并将该项技术扩展到煤-焦炉气、煤-煤层气、煤-油田气共气化领域，以适应不同的工艺需求。

5.2　二次能源高效转换技术

高耗能行业生产过程的余热、余压、余能资源非常丰富，通过高效转换这些二次能源，可以大幅度降低单位产品生产能耗和排污负荷，提高煤炭能源的利用效率。

在钢铁行业，工业生产过程中所用煤炭热值有 34% 左右转化为副产煤气（焦炉煤气 COG、高炉煤气 BFG、转炉煤气 LDG）和生产过程中所产生的余压、余热和余能。据分析，钢铁企业所产生的二次能源量占钢铁企业总能耗的 15% 左右。利用二次能源回收技术，可以大幅度降低单位产品生产能耗和排污负荷，主要有：干熄焦技术、烧结余热梯级回收、高炉炉顶煤气压差发电技术（TRT）和干法转炉煤气回收等技术、二次能源高效转换技术、高效热电联产技术、低温余热利用技术、固体炉渣余热利用技术。

钢铁生产过程二次能源高效转化技术的发展方向为：在焦化工序加强干熄焦和煤调湿技术的普及和应用，同时利用焦炉烟气预热、烘干入炉煤；在烧结/球团工序提高余热蒸汽参数，加强管理，进一步提高烧结矿显热的回收利用水平；同时，采用环冷机类似的回收方式回收球团矿的显热；在炼铁工序利用干法粒化的方式回收高炉渣显热产生余热蒸汽，加强高炉煤气回收，同时进一步提高 1000 m³ 以上大型炉干法 TRT 技术的普及率；在炼钢工序利用热装热送技术提高钢坯余热回收利用水平，加强转炉煤气回收利用，同时提高汽化冷却蒸汽参数，以提高转炉煤气化学能和显热的回收利用，采用竖式电炉以提高电炉烟气余热的回收利用；在轧钢工序加热炉采用蓄热室燃烧技术回收利用烟气显热，同时采用汽化冷却技术回收炉底管余热。

在建材行业，完全利用水泥生产的废气作为热源的纯低温余热发电，整个热力系统不燃烧任何一次能源，在回收大量的对空排放造成环境热污染的废气的同时，所建余热发电工程不对环境造成任何污染。代表性的技术有新型干法水泥窑纯低温余热发电技术。

水泥窑纯低温余热回收技术发展方向为：2015 年前通过推广实施水泥窑纯低温余热发电技术，建成 260 套水泥窑纯低温余热发电站，实现按装机容量 1920MW。到 2020 年实现该技术的大规模示范，至 2030 年实现全面推广。

在有色金属行业，冶炼过程的余热资源非常丰富，利用余热降低产品综合能耗的潜力很大。余热资源回收技术有：梯级回收和梯级利用技术，提高余热资源品位，提高余热回收工质利用率，减少新鲜水耗量；采用余热汽轮机直接驱动大型风机等；将低温温差发电技术利用于有色冶金生产的余热回收，可进一步回收低温余热。

余热资源回收技术的发展方向：一是开发高效低成本换热技术，提高余热回收效率；二是推广联产、联供技术，比如余热蒸汽轮机、低温温差发电技术等。2020 年，完成高效余热回收技术的小型试验及中试规模试验。2030 年，完成高效余热回收技术的大规模试验及推广应用；完成余热蒸汽轮机和低温温差发电技术的工业示范。

在造纸和纺织行业主要采用能量梯级利用技术，提高能源使用效率。能量梯级利用技术有：对生产过程中的蒸汽、用热等进行能量梯级利用；采用各种余热回收技术。如高品位余热余能用于发电，低温余热用于空调、采暖或生活用热；碱回收炉排气用于加热蒸煮木片，化学制浆过程的二次热能利用，预热木片磨木浆的热回收利用，造纸机干燥部供热蒸汽的合理使用，烘干部热回收等。

燃煤锅炉蒸汽能量梯级利用技术方向为：主要攻关对生产过程中的蒸汽、用热等进行能量梯级利用技术，并在 2020 年内在纺织行业中完成中试，建立中型示范点。之后逐步向全国推广，在 2030 年实现行业能量梯级利用技术及相关设备国产化，并建立相应的强制性标准，最终实现行业的全面推广，并建立相应产业链。与此同时加强各种余热回收技术研发与推广。如高品位余热余能用于发电，低温余热用于空调、采暖或生活用热。在 2020 年内完成主要设备国产化，建立初步产业供应链。至 2030 年形成纺织行业余热回收技术全面推广。同时集中供冷与集中供热，可以有效降低供冷与供热的能耗，实现煤的高效利用，达到节能降耗的目的。自备电站采用冷热电三联供，或者中小型企业采用区域集中的方式，建立区域集中冷热电三联供，可以有效提高电站的燃料利用效率。该技术发展主要包括两个方面：自备电站采用冷热电三联供、建立中小型企业区域集中冷热电三联供。该技术可以有效提高电站的燃料利用效率，同时集中供冷与集中供热，可以有效降低供冷与供热的能耗，实现煤的高效利用；要从技术和政策两方面着手，不断加大技术研发和政策引导作用，至 2020 年前应逐步实现从小型示范点到中型示范点的过度，形成一定自主知识产权的冷热电三联供技术，并建立示范基地形成初步产业供应链，出台一系列相关激励政策，至 2030 年完成大型示范基地建设，逐步推向全行业，实现相关技术设备国产化，建立完善产业供应链。

5.3　高炉高效率喷煤及喷吹塑料技术

高炉喷煤技术是通过在高炉冶炼过程中喷入大量的煤粉并结合适量的富氧、达到节能降焦、提高产量、降低生产成本和减少污染的目的。随着炼焦煤资源的日益短缺以及环保要求的日益严格，高炉喷煤愈加显得重要，高炉大喷煤力求大幅度地降低焦比成为国内外钢铁企业不断追求的重要目标。因而必须提高高炉风口喷吹煤粉或其他燃料替代比。

高炉喷煤代替焦炭，减少了高炉炼铁对焦炭的需求，就可以使焦炉少生产焦炭或少建焦炉，从而减少对环境的污染。提高喷煤比的措施中，如高压、富氧、高风温有利于提高煤粉置换比，实现提高煤比。高炉风温每提高 100℃，高炉喷煤比提高 20～40 kg/t（铁），高炉焦比降低 15～30 kg/t（铁）。氧含量升高 1%、增产 4.79%、降低燃料比 1%、可以多喷煤 10～15 kg/t（铁）。

目前若干种喷煤工艺流程已经趋于成熟，近期内不会再有新的喷煤工艺出现，250 kg/t（铁）以上的喷煤比仍将通过现有的喷煤工艺来实现。喷煤技术的研究重点将向长期高煤比、高利用系数和长寿化及开发进一步减排二氧化碳的方向发展。在中期发展中，将采用保持炉缸温度、提高煤粉燃烧率、提高料柱透气性、提高煤焦置换比等技术进一步提高喷煤比。同时在高喷煤比下，通过提高原燃料质量，采用高超上下部调剂技术，并保持活跃的炉缸状态及合理的煤气流稳定顺行的炉况等，可实现高炉的高利用系数操作。从远期发展来看，将把煤粉与塑料同时喷吹工艺和固气燃料，提高煤粉的燃烧效率的同时进一步降低二氧化碳的排放量。

5.4　工业锅炉窑炉替代燃料混烧代煤技术

建材行业利用生活垃圾部分代替煤在水泥窑里焚烧具有优异的环保友好性，是生活垃圾变废为宝、最合适的办法。水泥窑的容积大、热容量高、窑内物料最高温度达 1550℃、气体最高温度达 1800℃。废料在窑内被焚烧 20 min 以上，其中的有害成分可得到充分的氧化、使之化解成无害物。燃烧后产生的烧结物在高温的作用下，充分溶解、不留残渣，同时还能成为水泥原料，不影响水泥质量。在"十一五"期间海螺集团通过与日本川崎公司进行多次技术交流，开发出具有自主知识产权的利用干法水泥窑处理城市垃圾系统。

造纸行业随着环保压力的不断增大，造纸厂产生的黑液、污泥需要厂区内部处理，实现零排放。目前造纸污泥处理方法有：和页岩掺和制成新型墙体材料，用作替代部分燃料进行掺烧，做泥浆纸。而污泥掺烧以其减容性好、处理量大等优势，成为目前造纸污泥处理的一大方向。

表 5-1 显示煤利用过程中节能的重点技术与行业适应性。

表 5-1　煤利用过程中节能的重点技术与行业适应性

重点技术方向	石化	钢铁	建材	化工	有色金属	造纸	纺织
煤气化及煤-天然气共气化制备合成气技术	√			√			
二次能源高效转换技术	√	√	√	√	√	√	√
高炉高效率喷煤及喷吹塑料技术		√					
窑炉替代燃料混烧代煤技术		√	√	√		√	√

5.5　重点节能技术路线图

根据以上所述内容，图 5-1 绘制了七大高耗能行业煤利用过程中重点节能技术的技术路线图。

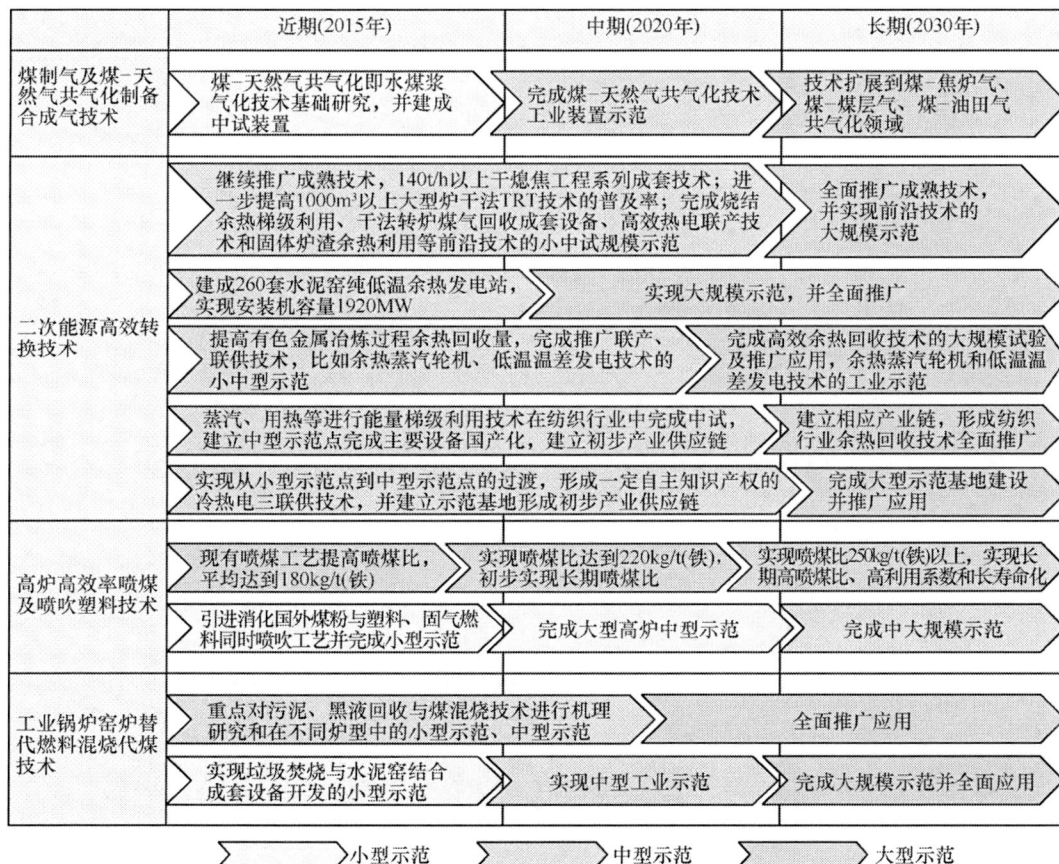

图 5-1　重点节能技术路线图

5.6 本章小结

通过 LCA 分析和技术经济分析，在重点高耗能行业中筛选出了重点节能技术方向。分别是煤气化及煤-天然气共气化制备合成气技术、二次能源高效转换技术、高炉高效率喷煤及喷吹塑料技术、工业锅炉窑炉替代燃料混烧代煤技术等 4 项节能技术。这些节能技术的普及和应用，将有效降低各高耗能行业产品单耗，直接或间接减少煤炭资源的消耗，为促进重点耗能企业完成 18%～20% 的节能率目标做出重要贡献。

第6章 | 煤炭利用过程的节能技术对高耗能 行业节煤、节能的贡献度分析

高耗能行业包括结构节能、技术节能和管理节能，三者之和可认为行业的总节能量。本章通过调研分析分别给出各高耗能行业的节能结构及总的节能量，同时针对第5章所提出的重点节能技术进行节能潜力分析，从而分析其节能技术的节能贡献度。

6.1 高耗能行业煤炭利用过程的节能途径

高耗能行业的节能途径有三个方面，一是技术节能，即通过不断提高技术水平和技术创新实现节能、节煤；二是结构节能，即通过调整能源结构和工艺路线达到提高用能效率、减少煤炭消耗的目的；三是管理节能，即通过健全能源管理制度、加强能源计量管理和系统节能，以提高能源利用效率。高耗能行业提高煤炭利用的综合利用效率，应该发展重点节能技术的同时也应发展结构节能和管理节能。

6.2 "十二五"期间各行业节能结构及节能量

6.2.1 石化行业

（1）结构节能

坚决淘汰落后产能，改造能耗高、污染严重的落后产能和装置。"十二五"期间要加快淘汰 2×10^6 t/a 及以下的炼油装置，提高炼厂平均规模，提高行业集中度。提高新建项目的能耗门槛。大力发展技术含量高、附加值高的产品，努力延伸产业价值链，提高石油和化工行业的精细化率。提高重质原油的综合加工和利用水平，扩大加氢裂化、加氢精制的规模水平。

（2）管理节能

在石化企业实际生产过程中，加强管理对节能降耗工作很关键。石化企业通过健全完善的节能管理制度和节能考核制度，实行能耗定额管理，根据生产计划安排和装置的实际运行水平，制订偏紧的能耗定额指标作为各装置年度能耗的工作目标，并结合实际情况进行考核，使节能工作更加深入和细化，不断提高职工的节能意识，可有效指导和促进节能工作的开展。

石化企业还可根据企业实际情况，做好操作条件的优化工作，使节能工作达到事半功倍的效果。注重细节节能，加强细化管理。将水、电、汽、燃料等消耗以指标形式下

达到各部门，从日常生产操作的每一个细节抓起，既抓大（如提高加热炉的热效率），也不放小（如照明灯的管理、空调温度的设定规定、空冷要随气温的变化而调节）。设专门的机构和人员，专职负责节能工作的日常管理工作，使节能工作具有针对性和稳定性。节能工作与生产操作指标挂钩，制定科学合理的奖惩办法，提高全员的节能意识，加强节能工作的综合管理。

（3）技术节能

积极研发高效节能技术，强化原始创新、集成创新和引进消化吸收再创新，形成一批对行业发展整体带动性强、对资源开发和可持续发展具有战略意义的自主知识产权和关键核心技术。加快节能技术的推广应用。"十二五"期间，在原油加工行业以及有条件的地区推广应用煤制氢。积极研发应用煤-天然气共气化等节能技术。强化节能技术在燃煤锅炉中的应用，采用先进的节能技术和装备。推进企业实施余热余压利用、能量系统优化项目，提高企业能源利用效率。在乙烯行业继续推广裂解炉空气预热、扭曲片强化传热、瓦斯回收等节能技术。

"十二五"期间石化行业节能结构及节能量如表6-1所示。

表6-1　石化行业节能结构及节能量

节能结构	项目名称及内容	节能量/10^4tce	节能比重/%
结构节能	提高炼厂平均规模；淘汰落后产能；提高重质原油的综合加工和利用水平；扩大加氢裂化、加氢精制的规模水平	660	32
技术节能	强化节能技术在燃煤锅炉中的应用，采用先进的节能技术和装备；推进企业实施余热余压利用、能量系统优化项目，提高企业能源利用效率；在有条件的地区推广应用煤制氢；积极研发应用煤-天然气共气化等节能技术	1200	58
管理节能	健全完善节能管理制度和节能考核制度，实行能耗定额管理；推动制定主要耗能设备效率测定与评价标准；注重细节节能，加强细化管理	210	10
小计		2070	100

石化行业未来的节能任务依旧艰巨，主要有以下两方面的原因：

1）炼油装置规模仍然偏小，中小型企业在能源利用效率上偏低。

2）行业整体工艺，尤其是中小型企业，与国际先进工艺的能耗相差较大。

石化行业的实现节能潜力应主要在以下三方面加强：

1）全面贯彻落实环境保护相关法律法规和国家有关节能减排的政策措施，建立和完善石化行业节能减排指标体系、监测体系和考核体系。

2）进一步提高重质原油的综合加工和利用水平，扩大加氢裂化、加氢精制的规模水平，在有条件的地区推广应用煤制氢。积极研发应用煤-天然气共气化等节能技术。

3）强化节能技术在燃煤锅炉中的应用，采用先进的节能技术和装备。推进企业实施余热余压利用、能量系统优化项目，提高企业能源利用效率。

6.2.2　化工行业

在"十二五"期间通过结构调整、重点节能技术推广以及强化管理实现节能量 2000×10^4 tce。其中结构调整节能的比重在 65% 左右，技术节能的比重在 30% 左右，管理节能的比重为 5% 左右（表 6-2）。

表 6-2　"十二五"期间化工行业节能结构

节能结构	项目名称及内容	节能量/10^4tce	节能比重/%
结构节能	降低工艺技术水平落后、单位产品能耗高和产品附加值低的低端煤化工产业的比重；提高煤化工产业的集中度，提高大型企业在整个行业中的结构比例；进一步延伸煤化工产业链；推动循环经济的实施	1300	65
技术节能	先进煤气化技术、先进合成气净化技术、先进高效的合成催化剂技术、煤炭分级利用及多联产技术等	600	30
管理节能	建立完善能源管理机构，建立健全企业的能源管理制度，加强企业的能源计量管理，加大整个产业的能源审计力度	100	5
小计		2000	100

6.2.3　有色金属行业

在"十二五"期间通过结构调整、重点节能技术推广以及强化管理实现节能量 900×10^4 tce。其中结构调整节能的比重在 60% 左右，技术节能的比重在 35% 左右，管理节能的比重为 5% 左右（表 6-3）。

表 6-3　有色金属行业节能结构

节能结构	项目名称及内容	节能量/10^4tce	节能比重/%
结构节能	淘汰落后产能，实现产业技术升级；再生有色金属回收利用，发展循环经济	540	60
技术节能	先进冶炼技术、有色金属再生使用、余热梯级回收和梯级利用；低温温差发电技术等	315	35
管理节能	强化节能减排责任制，完善节能减排指标体系及评价考核机制；建立企业节能减排信息交流平台；建立节能减排激励和约束机制	45	5
小计		900	100

6.2.4　钢铁行业

通过企业调研分析在"十二五"期间钢铁行业的节能结构中结构节能、技术节能及管理节能比例分别为 50%、42% 和 8%（表 6-4）。

表 6-4　"十二五"期间钢铁行业节能结构

节能结构	项目名称及内容	节能量/10^4 tce	节能比重/%
结构节能	提高电炉钢比;继续淘汰落后产能;转炉炼钢多"吃"废钢,降低铁钢比;提高原材料质量,降低原燃料灰分、硫分,提高入炉矿品位等措施	2000	50
技术节能	烧结机全部加装余热回收装置,焦炉基本采用干法熄焦,高炉全部配备高效喷煤和余热余压回收装置,提升转炉负能炼钢水平;提高二次能源高效转换技术,如高效热电联产技术、低温余热利用技术等;固体炉渣余热利用技术	1670	42
管理节能	加强节能监管考核,加强节能培训,高度重视能源信息化建设,建设现代化能源管理中心	330	8
小计		4000	100

6.2.5　建材行业

通过分析得出在"十二五"期间水泥工业的节能结构中结构节能、技术节能及管理节能比例分别为35%、40%和25%(表6-5)。

表 6-5　"十二五"期间水泥工业节能结构

节能结构	项目名称及内容	节能量/10^4 tce	节能比重/%
结构节能	基本完成淘汰落后产能任务,淘汰直径3 m以下机械立窑,提高新型水泥窑生产比重;低能耗新兴产业和制品加工业等产品的累计工业增加值在全行业的比重超过一半等	950	35
技术节能	新型干法水泥技术要超越与引领世界水泥工业发展,达到世界领先水平。重点发展新型干法水泥窑纯低温余热发电和垃圾混烧代煤技术等	1100	40
管理节能	研究制定鼓励建材行业综合利用或协同处置工业固体废弃物和城市垃圾、污泥的相关配套的经济政策,支持具有政策支撑的节能减排示范工程。制定、修订与节能、环保、利废相关配套的政策法规,完善鼓励、限制和禁止生产的企业和禁止使用的建材产品目录等	700	25
小计		2750	100

6.2.6　造纸行业

(1) 结构调整节能量

整体而言,我国造纸行业产业布局仍不合理。按照我国大、中、小型企业的划分标准,2010年在3724家规模以上的造纸生产企业中,大中型造纸企业421家占11.31%,小型企业3303家占88.69%。纸及纸板产品的主营业务收入中,大中型企业占61.35%,小型企业占32.74%。中小型企业数量庞大,其技术水平较低,能耗大,导致我国造纸行业整体能耗过高的局面。由此可见，依靠结构调整促进造纸行业的节能潜力巨大。

（2）管理节能的节能量

"十一五"期间，各企业通过加强能源管理，科学合理利用煤、电、水、热等各种资源，减少跑、冒、滴、漏现象，合理利用余热余压资源等一系列措施，使我国造纸企业的能源管理取得了长足的进步。考虑到"十一五"期间多数企业在管理节能上已做大量工作，未来管理节能的潜力和空间较小。

（3）技术节能的节能量

造纸行业各项技术的节能量达到 780 万 tce，主要节能技术有污泥、黑液回收与煤混烧技术、燃煤锅炉蒸汽能量梯级利用技术和燃煤自备电站冷热电三联供技术。

造纸行业未来的节能任务依旧艰巨，重点推荐的煤利用中节能贡献有限，主要有以下两方面的原因：①企业规模仍然偏小。我国造纸工业具有国际竞争力的大型企业集团和骨干企业数量少，其影响力、带动力有待提高，小企业、弱势企业多，行业规模效益水平低。②行业整体工艺，尤其是中小型企业的工业较落后，与国际先进工艺的能耗相差巨大。此外，在浆、纸结构上尚需进一步优化。

由以上分析可见，造纸行业的节能应在以下两方面加强：①造纸行业的节能仍需通过行业结构调整，增强大型企业集团和骨干企业的比例，淘汰落后产能。采取区域集约化，是造纸行业发展的一个重要方向。②造纸企业节能还应着重通过引进先进工艺，技术改造等方式，从工艺上挖掘节能潜力。同时进一步优化浆纸结构。

总结以上内容，造纸行业在"十二五"期间的节能结构如表 6-6 所示。

表 6-6　"十二五"期间造纸行业的节能结构

节能结构	项目名称及内容	节能量/10^4 tce	节能比重/%
结构节能	"十二五"期间，全国要淘汰落后造纸产能 1000 万 t 以上，而 2010 年规模以上造纸企业 3724 家中，小型企业就有 3303 家，占 88.69%	786	45
技术节能	黑液、污泥回收、冷热电三联产技术、再生纸利用技术、能量梯级利用及其他技术等	780	45
管理节能	各企业通过加强能源管理，科学合理利用煤、电、水、热等各种资源，减少跑、冒、滴、漏现象，合理利用余热余压资源等一系列措施	174	10
小计		1740	100

6.2.7　纺织行业

由于"十一五"期间国家已经进行了大规模工业落后产能的淘汰，特别是 2009 年，化纤行业淘汰落后产能力度相当大，共淘汰了 137 多万吨。到 2010 年年末，全国共淘汰落后产能印染 41.9×10^8 m、化纤 68.3×10^4 t。到 2011 年年末，全国共淘汰落后产能印染 19.9×10^8 m，化纤 34.98×10^4 t。工业和信息化部的"十二五"工业领域重点行业淘汰落后产能目标任务下达具体目标任务中印染为 55.8×10^8 m，化纤为 59×10^4 t，因此，预计"十二五"期间，通过淘汰落后产能调整产业规模结构预计节能量达到 56×10^4 tce。

通过加强宣传提升能源节约理念；实行设备管理制度化，定期检查和保养设备，建立设备管理考核制度；明确能源计量管理的职责和权限，建立计量管理制度，定期考核检查，建立计量台账，加大计量系统技术改造；加强用能管理，严格考核制度，避峰填谷，节约能源，强化监测，深挖节能潜力。在"十二五"期间，全国纺织行业通过管理节能实现节能量 41×10^4 tce。

技术节能通过推广二次能源回收技术、蒸汽梯级利用技术、冷热电三联产技术等节能技术预计实现节能量 405×10^4 tce。总之在节能结构中结构调整节能的比重在 11% 左右，技术节能的比重在 81% 左右，管理节能的比重为 8% 左右（表6-7）。

表6-7　纺织行业节能结构

节能结构	项目名称及内容	节能量/10^4 tce	节能比重/%
结构节能	淘汰落后产能调整产业规模结构	56	11
技术节能	二次能源回收技术、蒸汽梯级利用技术、冷热电三联产技术	405	81
管理节能	实行设备管理制度化，定期检查和保养设备，建立设备管理考核制度；明确能源计量管理的职责和权限，建立计量管理制度，定期考核检查，建立计量台账，加大计量系统技术改造；加强用能管理，严格考核制度，避峰填谷，节约能源，强化监测	41	8
小计		502	100

6.3　"十二五"期间各行业综合节能贡献度

通过调研分析归纳出"十二五"期间石化、化工、有色金属、钢铁、建材、造纸和纺织行业的节能量及节能结构如图6-1所示。上述行业总的节能量约达到 1.4×10^8 tce，其中结构节能约达到 6.3×10^7 tce，约占 45%；技术节能约达到 6.1×10^7 tce，约占 44%；管理节能约达到 1.6×10^7 tce，约占 11%。

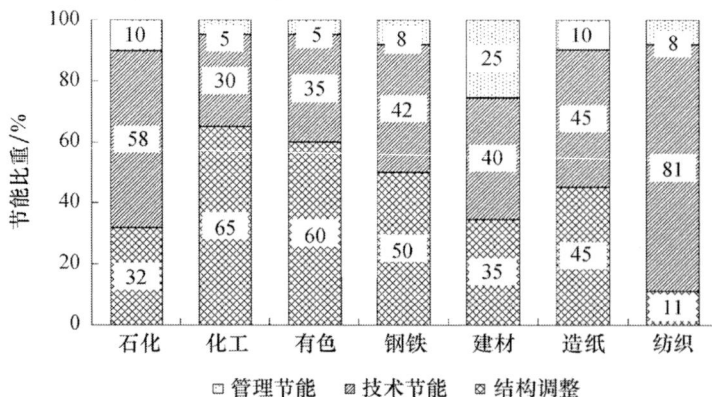

图6-1　"十二五"期间各行业的节能结构

国务院发表的《"十二五"节能减排综合性工作方案》的节能目标提出,"十二五"期间实现节约能源 6.7×10^8 tce。因此,上述七大行业结构节能、技术节能和管理节能所形成的 1.4×10^8 tce 的节能量,其节能贡献度在全国节能量中约达到 21%。

6.4　本章小结

"十二五"期间七大高耗能行业通过提高煤炭使用能效,降低产品单耗约形成 1.4×10^8 tce 的节能量,其节能贡献度在全国节能量中约达到 21%。另外,在综合节能的成效中结构节能、技术节能及管理节能的比例分别为 45%、44% 和 11%。可以看出,在高耗能行业的节能中,结构节能(产业结构)的贡献与技术节能等同重要。

第7章 | 高耗能行业煤炭清洁高效可持续发展的保障措施及建议

本章从产业政策、金融财政、科技创新、人力资源及管理体制等方面，提出了高耗能行业煤炭清洁高效可持续发展的几点保障措施和建议。本章针对石化、化工、有色金属、钢铁、建材、造纸和纺织七大行业，分别以行业个性的建议和共性的建议两部分进行论述。

7.1 行业共性的保障措施及建议

（1）节能目标问责制

逐步改变以行政要求为主的强制性节能减排管理方式，建立依法推进的节能减排长效机制。建立和完善基于环境目标的科学决策系统及目标评估系统。科学合理分解节能目标，层层落实，并完善考核制度，落实问责制和"一票否决"制。加强各有关部门沟通协调，发挥各行业协会桥梁纽带作用。组织编制和实施高耗能行业煤炭清洁生产推行方案，推广和应用煤炭清洁高效利用技术。

（2）新增能源消耗总量控制

研究制定高耗能行业产能控制目标，对新增能源消耗实行总量控制，严控"两高"行业的过快增长。建立高耗能、高污染行业新上项目与节能减排指标完成进度挂钩、与淘汰落后产能相结合的机制。

（3）完善落实节能评估监督制度

建立并完善节能评估、监督制度，落实新增固定资产投资项目和技改项目的节能评估和审查，提高准入门槛，加快产业升级换代，大力淘汰落后产能，禁止使用落后工艺和设备，实行专项节能监察。

（4）加大支持实施节能重点工程和节能项目的力度

依法设立节能专项资金，对重点节能工程、技术研发给予补助或贷款贴息支持。落实支持节能的税收优惠政策和价格政策，加大合同能源管理扶持力度。

（5）加快节能自主创新和技术进步

组织对共性、关键和前沿节能技术的研发，建立以企业为主体的节能技术创新体系，组织科技成果的推广应用。设立煤炭科技重大专项，提升煤炭开发利用的科技创新能力。

(6) 开展清洁生产促进资源综合利用

本着"节能、降耗、减污、增效"的宗旨，在高耗能行业和重点耗能企业，大力开展清洁生产，回收余压、余热、废气、废液、废渣，并加以能源化利用，促进资源综合利用。

(7) 强化节能培训和宣传教育

建立健全节能培训工作体系，建立节能教育培训基地，形成能源管理师制度，并组织开展经常性节能宣传、技术和典型经验交流。

7.2　行业个性的保障措施及建议

在石化行业，特别对煤制氢产能扩大项目优先给予支持。设立并加大石化行业煤炭清洁利用专项资金支持力度，以贷款贴息、以奖代补、投资补助等方式，重点支持煤制氢产业化项目，加大对煤油共处理、煤生物质共气化等煤炭耦合利用技术的研发与示范。加快研究制定促进石化行业煤炭清洁利用的减税政策。推动建设石化行业煤炭清洁利用工程技术研究中心，建立跨行业产、学、研紧密结合的科技创新体系。

在化工行业，凡是新上化工及相关项目，涉及煤转化与利用技术的选型，如果国内已有成熟技术，应该优先选择国内技术。制定优惠政策，引导国内落后技术的部分合成氨企业和燃气企业进行技术改造，采用新一代的先进技术。对煤炭资源的利用进行合理规划，对煤炭资源进行合理分类，摸清国内适宜煤化工的煤炭资源储量和区域分布，制定政策加以引导，凡是适应煤化工技术的煤，应该优先用于化工，以最大限度地提高煤炭利用效率。继续加大对化工新技术工业示范的投入，开发有市场前景、符合煤炭高效清洁利用科学要求的新化工技术（如甲醇制烯烃、煤制乙二醇、煤制天然气等），在中试和产业化示范上给予政策和资金支持。

在有色金属行业，要促进再生有色金属行业的发展。具体措施为：①应进一步扩大再生有色金属的规模，建立多个再生有色金属生产基地，鼓励有色金属企业发展资源再生项目；②加快再生资源拆解分离技术、再生资源冶炼技术的研发及应用；③完善有色金属废弃物回收、预处理体系，健全有色金属废弃物价格机制，增强废金属原料国内供应能力。积极推进有色金属行业循环经济的发展，及时总结现有循环经济模式相关经验，优化循环经济技术路线，编制有色金属行业循环经济技术指导手册，在行业内全面推广循环经济成功模式；加强与相关产业合作，探索跨专业循环经济联合体的组织模式，拓展行业循环经济发展空间。

在钢铁行业，节能减排要从减少浪费和增加回收工作入手，以提高煤炭利用效率，降低产品单位能耗指标：①组织编制和实施钢铁行业清洁生产推行方案，推广应用二次能源回收技术、高炉高风温富氧喷吹技术等典型清洁生产工艺技术。积极支持钢铁企业编制清洁生产规划，组织钢铁企业对照钢铁行业清洁生产评价指标体系开展清洁生产审核。②按照《能源管理系统技术规范》、《干熄焦节能技术规范》、《烧结系统余热利用技术规范》来完善高炉高风温富氧喷吹技术和二次能源回收技术。③组织各地节能监察中心加强对各地区钢铁企业节能减排标准执行情况的监督检查，适时开展钢铁企业能效强制性标准、能源计量器具配备、能源计量数据及使用、特种设备等专项检查。逐步实施钢铁企业污染排放在线监控，及时掌握钢铁企业能源利用和污染物排放情况。

在建材行业，加快建立和完善以《节约能源法》为核心，配套法规、标准协调和节能法律法规体系，依法强化监督管理：①研究完善节约能源的相关法律，抓紧制定《节约用电管理办法》、《能源效率标识管理办法》、《建筑节能管理办法》等配套法规、规章。②建立和完善节能监督机制。组织对建材行业用能情况、节能管理情况的监督检查；对产品能效标准、建筑节能设计标准、行业设计规范执行情况的监督检查；对固定资产投资项目可行性研究报告增列节能篇（章）的规定进行监督检查。健全依法淘汰的制度，采取强制性措施，依法淘汰落后的耗能过高的用能产品和设备。充分发挥建设、工商、质检等部门及各地节能检测机构的作用，从各环节加大监督执法的力度。

在造纸行业，造纸产业原料方面：①提高木浆比例，要加快全国林纸一体化工程建设，鼓励建设一批商品木浆项目；加快推进林纸一体化工程建设，鼓励利用木材采伐剩余物、木材加工剩余物、进口木材和木片等生产木浆，合理进口国外木浆。②扩大废纸原料回收利用，加大国内废纸回收，提高国内废纸回收率和废纸利用率，合理利用进口废纸。③科学合理利用非木纤维原料，要根据我国的国情，合理利用非木纤维资源。④适度加大国内需求的纸及纸板进口量，缓解国内造纸原料过度依赖国际市场的局面。另外，建议起草《推进形成循环型社会基本法》、《推进形成循环型社会基本法》的起草、立法与实施，将对全民废纸回收、纸制品消费起到积极引导作用；对造纸行业的企业家、政府管理者的"废物减量化—废物再利用—废物再循环"新理念的形成起到促进作用；对造纸业上下游产业链的形成起到催生作用；形成造纸业发展循环经济的良好的社会氛围。

在纺织行业，纺织行业已由劳动密集型向资金、技术密集型转变，应加强自主创新，加快我国纺织行业煤炭利用过程中节能技术的发展。应进一步淘汰落后产能，我国纺织行业的低水平生产能力过剩，不可避免地使我国的纺织产品在劳动生产率、生产成本和产品质量上缺乏国际竞争力。纺织业要承担降低碳排放的责任，很多企业已经把节能减排作为企业长远发展的战略目标，从原料、技术、工艺等多方面着手降低碳排放。另外，金融和财税保障上：①继续提高低碳纺织品服装出口退税率，认真落实提高部分轻纺产品出口退税率的政策措施；加快出口退税进度，确保及时足额退税。②给予纺织企业"进项税和销项税对等"的税收扶持政策。③取消棉花进口滑准税，对棉农实行直接补贴。同时，要充分发挥行业协（商）会的桥梁和纽带作用，在政府指导下，组织应对国际贸易中的反倾销、反补贴诉讼，及时反映行业情况、问题和企业诉求，引导企业落实产业政策，加强行业自律，促进行业有序发展。

7.3 本章小结

高耗能行业煤利用过程中的节能技术发展的保障措施及建议可归纳为：实现节能目标问责制；新增能源消费总量控制；完善落实的节能评估监督制度；加大支持实施节能重点工程的力度；加快节能自主创新和技术进步；开展清洁生产促进资源综合利用；强化节能培训和宣传教育等。

参 考 文 献

安静，薛向欣．2011．高炉−转炉钢铁生产流程环境影响研究．钢铁，46（7）：90-94．

蔡九菊．2009a．钢铁企业能耗分析与未来节能对策研究．鞍钢技术，2：1-6．

蔡九菊．2009b．中国钢铁工业能源资源节约技术及其发展趋势．世界钢铁，4：1-13．

蔡林栅．2011．我国钢铁行业人力资源现状及思考．冶金管理，6：54-56．

蔡美兰．2009．浅谈我国有色金属行业的能耗与环境污染治理．中国金属通报，（15）：40-41．

柴玉梅，王峰．2010．简析水泥纯低温余热发电工程．冶金能源，29：50-52．

陈长松．2010．纺织发展出路．http：//info. texnet. com. cn/list/zt/ industry/review-2010/chulu-index. html
　　［2010-12-16］．

陈佳鹏．2006．可持续发展中的矛盾问题研究与对策．市场论坛，23（2）：175-180．

陈俊武，陈香生．2008a．煤化工应走跨行业联产的高效节能之路（上）．煤化工，（6）：1-3．

陈俊武，陈香生．2008b．煤化工应走跨行业联产的高效节能之路（下）．煤化工，（2）：6-8，13．

陈丽云，张春霞，许海川，等．2006．钢铁工业二次能源产生量分析．过程工程学报，6（1）：
　　123-127．

董四禄．2010．我国有色金属及烟气制酸回顾与展望．硫酸工业，（6）：1-4．

房桂干．2007．我国造纸工业节能减排现状和应采取的对策．江苏造纸，4：13-21．

冯元琦．2010．2015 年氮肥行业结构调整目标．化肥工业，37（5）：4．

傅建国，陈进．2008．小议印染业的节能降耗及减排．染整技术，30（4）：29-44．

高长明．2011．对水泥窑协同消纳城市垃圾的再思考．中国水泥，6：45-46．

高晋生．2010．煤的热解、炼焦和煤焦油加工．北京：化学工业出版社．

高义和，徐良．2010．PLC 在炼钢余热回收系统中的应用．环境工程，28（6）：47-49．

耿景德，张克燮．2009．转炉煤气回收利用与平衡．天津冶金，4：75-77．

郭朝先，程国江．2011．我国有色金属行业发展回顾与转型升级研究．学习与实践，（6）：5-13．

郭庆春．2010．现代科技支撑下的煤炭工业可持续发展．财经界（学术版），9：50-52．

国际能源署．2010．能源技术展望2010．张阿灵，等译．北京：清华大学出版社．

国家统计局．2008a．中国能源统计年鉴2008．北京：中国统计出版社．

国家统计局．2008b．中国统计年鉴2008．北京：中国统计出版社．

国家统计局．2010．中国能源统计年鉴2010．北京：中国统计出版社．

国家统计局．2011a．中国能源统计年鉴2011．北京：中国统计出版社．

国家统计局．2011b．中国统计年鉴2011．北京：中国统计出版社．

国务院办公厅．2009．纺织工业调整和振兴规划．http：//www. gov. cn/zwgk/2009-04/24/content_
　　1294877. htm［2009-04-24］．

贺永德．2010．现代煤化工技术手册．第二版．北京：化学工业出版社．

胡迟．2011．纺织强国的“中国道路”．http：// news. ctei. gov. cn/306100. htm［2011-11-02］．

胡俊鸽，厉英．2006．高炉喷煤技术的发展与趋势．世界钢铁，4：43-47．

胡孟春．2010．废纸再生及造纸业循环经济激励政策研究．环境保护与循环经济，30（5）：20-22．

华贲．2005．中国炼油企业能源构成和能量转换技术的发展趋势．炼油技术与工程，35（11）：1-5．

华贲.2006.炼油化工产业资源与能源的集成优化配置.现代化工,26(9):7-11.

黄勇,孟凡军.2010.利用水泥窑处理城市生活垃圾技术.中国水泥,12:47-49.

贾丕建,邢学荣,黄鹏博.2011.水泥企业单位产品能源消耗的核算分析.电力需求侧管理,13(4):37-39.

姜睿,王洪涛.2010.中国水泥工业的生命周期评价.化学工程与装备,4:183-187.

蒋爱华,姜信杰,金煌,等.2010.基于SKS炼铅系统的有色冶炼过程余热利用研究.冶金能源,29(6):45-47.

康义.2010.打好节能减排攻坚战,加快有色金属行业发展方式的转变.有色冶金节能,(4):9-11.

邝仕均.2010.制浆造纸工业的节能技术.中国造纸,29(10):56-63.

雷前治.2010.中国建筑材料工业年鉴.北京:中国建筑材料工业出版社.

李德志,宁亚东.2010.我国钢铁工业节能减排技术的实现途径.山西财经大学学报,13(3):92-96.

李利剑.2005.我国钢铁企业二次能源回收技术创新.科学学与科学技术管理,1:67-69.

李烈军.2008.钢铁行业节能减排的现状与途径.材料研究与应用,2(4):328-331.

李盼,李亚光.2007.金属镁冶炼中的高温废气余热回收.能源技术,28(5):304-306.

李平.2009.我国建材行业环境现状分析.21世界建筑材料,1(3):6-9.

李士琦,纪志军,吴龙,等.2010.钢铁企业能源消耗分析及节能措施.热能工程,39(5):1-3.

李威灵.2011.我国造纸工业的能耗状况和节能降耗措施.造纸信息,1:36-39.

李宇鑫.2007.水泥工业纯低温余热发电的现状与展望.锅炉制造,1:4-6.

李玉峰.2009.CEPI成员国造纸工业概况.中华纸业,31(17):69-76.

李志平.2009.印染业节能减排与我国GDP的关系分析.现代商业,30:69.

郦秀萍,张春霞,周继程,等.2011.钢铁行业发展面临的挑战及节能减排技术应用.电力需求侧管理,13(3):4-9.

梁龙虎.2009.跨行业联产是煤化工产业发展的高效节能之路.石油和化工节能,(6):4-8.

林琳.2008.印染行业节能减排现状及重点任务.印染,2:40-43.

刘秉钺.2010a.国内国际制浆造纸能耗现状分析.中华纸业,31(13):14-21.

刘秉钺.2010b.我国造纸工业能耗的发展变化与现状分析.中国造纸,29(10):64-70.

刘镜远.2002.合成气工艺技术与设计手册.北京:化学工业出版社.

刘丽丽,李义民,昝会云.2008.山西纺织企业管理创新探讨.管理科学文摘,25:60,61.

刘文.2007.日本制浆造纸行业的能源现状.国际造纸,26(5):57-58.

刘志平,蒋汉华.2002.我国钢铁工业节能展望.中国能源,9:19-23.

吕清茂.2008.充分利用煤炭资源是当前国内石化企业重点关注的发展方向.当代石油石化,16(4):7-10.

马保国,等.2009.水泥热工过程与节能关键技术.北京:化学工业出版社.

马继波,方贻留.2009.我国高炉喷煤技术的发展.山东冶金,31(1):9-16.

闵剑.2010.煤制氢在炼厂中应用的技术经济分析.当代石油和石化,9:27-19,39.

倪子靖.2011.几个主要工业国家的钢铁产业政策比较.学习与实践,11:43-50.

欧阳朝斌,宋学平,郭占成,等.2004.天然气-煤共气化制备合成气新工艺.化工进展,23(7):751-754.

彭岩,姚敏娟.2005.大型干法水泥生产线纯低温余热发电热量利用分析.中国水泥,5:51-54.

任京东,林敏,窦丽媛,等.2010.我国石化行业节能减排的途径与措施分析.现代化工,30(3):4-10.

日本资源能源厅.能源统计数据.2011.http://www.enecho.meti.go.jp/info/statistics/index.htm[2012-04-01].

山西汾渭能源开发咨询公司. 2003. 高炉喷煤已成为高炉技术发展的必然趋势. 中国煤炭资源网.
　　http：//www. sxcoal. com/coal/4093/articlenew. html［2003-09-19］.

尚建选, 王立杰, 甘建平. 2010. 大型煤制烯烃循环经济示范项目的特点和节能减排效果分析. 化学工
　　业, 28（7）：39-42.

邵朱强, 杨云博. 2010. 有色节能潜力大. 中国有色金属, (13)：25-28.

沈卫国. 2010. 全球变暖背景下水泥工业的机遇和挑战. 新世纪水泥导报, 3：6-9.

石洪卫. 2010. 中国钢铁工业年鉴2010. 《中国钢铁工业年鉴》编辑委员会.

宋新南, 宋爽. 2007. 城市垃圾与煤炭混烧处理技术的新进展. 洁净煤技术, 13（4）：38-41.

汤斐. 2011. 浅析我国煤炭清洁高效利用的必要性和可行性. 现代商业, 12：51-52.

汪家铭. 2009. 氮肥行业节能减排实施目标与技术创新. 化肥工业, 36（2）：15-19, 26.

王佳丽, 余建华, 吴潇. 2009. 印染行业的节能与减排. 染整技术, 31（1）：25-28.

王建军, 蔡九菊, 陈春霞, 等. 2007. 我国钢铁工业余热余能调研报告. 工业加热, 36（2）：1-3.

王善拔, 刘运江, 罗运峰. 2010. 水泥行业节能减排的技术途径. 水泥技术, 2：21-23.

王维兴, 张岩. 2007. 钢铁工业节能潜力探讨. 冶金环境保护, 6：1-7.

王学强. 2008. 炼厂制氢技术综述//氢气回收与氢气管理学术交流会议论文集.

魏孟军, 张星. 2010. 纯低温余热发电双压与闪蒸技术比较. 中国水泥, 10：59-60.

温大威. 2003. 高炉喷煤技术现状及发展. 世界钢铁, 3：1-3.

吴滨. 2011. 中国有色金属行业节能现状及未来趋势. 资源科学, 33（4）：647-652.

武志飞, 赵斌, 马剑岗, 等. 2010. 炼铁系统余热余能利用. 河北理工大学学报（自然科学版）, 32
　　（4）：50-54.

谢克昌. 2005. 煤化工发展与规划. 北京：化学工业出版社.

闫宏. 2009. 煤炭行业可持续发展问题的探讨. 工程技术, 6：279.

《云南化工》编辑部. 2011. 氮肥行业"十二五"发展思路（摘选）. 云南化工, (4)：70, 71.

杨珊珊, 崔伟, 杨雪. 2011. 通过剖析达钢二次能源综合利用分析钢铁行业节能减排潜力. 四川环境, 30
　　（3）：99-103.

于勇, 王立, 李京社, 等. 2008. 国内外高炉喷煤技术现状及发展趋势. 河南冶金, 16（5）：1-4.

曾红颖, 吴双. 2005. 有色金属行业发展对电力的需求. 经济研究参考, (78)：39-49.

曾学敏. 2006. 水泥工业能源消耗现状与节能潜力. 循环经济, 3：16-20.

张世杰, 何北海, 赵丽红. 2010. 低碳经济发展中的造纸产业节能减排研究初探. 造纸科学与技术, 29
　　（6）：19-23.

张文海, 汪金良. 2010. 有色重金属短流程节能冶金产业技术发展方向. 有色金属科学与工程, 1
　　（1）：11-14.

张轶. 2005. 中外水泥窑纯低温余热发电对比. 中国建材, 6：43-46.

张有国. 2010. 煤化工产品能耗分析与思考. 石油和化工节能, (2)：3-6.

张玉柱, 胡长庆, 李建新. 2011. 钢铁产业节能减排技术路线图——河北省钢铁产业科技管理创新实
　　践. 北京：冶金工业出版社.

张玉卓, 等. 2011. 中国煤炭工业可持续发展战略研究. 北京：中国科学技术出版社.

赵向东. 2011. 煤化工企业的节能降耗. 河北化工, 34（1）：14-16.

浙江中建网络科技股份有限公司. 2010. 日本利用水泥窑处置垃圾和污泥的政策和技术考察. http：//
　　www. ccement. com/Tech/detail/detail_2800. html［2010-06-03］.

郑伟中, 於子方. 2010. 氮肥行业面临的问题与对策建议. 西部煤化工, (2)：1-7.

中国纺织工业协会. 2010. 纺织工业"十二五"科技进步纲要. http：//news. ctei. gov. cn/266002. htm
　　［2010-12-01］.

中国钢铁工业协会.2011.2011 年第一次行业信息发布会新闻稿.冶金动力,2:79-80.

中国建筑材料联合会.2011.建筑材料行业"十二五"科技发展规划.http://www.cbminfo.com/tabid/63/InfoID/376081/frtid/303/Default.aspx[2011-10-18].

中国节能在线.2012.造纸工业的能耗现状与节能空间.http://www.cecol.com.cn/a/20111201/190231765.html[2012-2-10].

中国石油和化学工业联合会.2011.石化行业十二五节能减排目标确立.中国石油和化工,5:26.

中国石油和化学工业联合会.2011.2010 年中国石油和化工行业经济运行分析.国际石油经济,19(1-2):26-35.

中国石油天然气集团公司.2010.中国石油天然气集团公司年鉴 2010.北京:石油工业出版社.

中华人民共和国工业和信息化部.2011.有色金属工业"十二五"发展规划.http://www.miit.gov.cn/n11293472/n11293832/n11293907/n11368223/1114447635.html[2011-12-04].

中华人民共和国工业和信息化部.2006.中国经济增长中的能源与环境约束.中国中小企业信息网.http://www.sme.gov.cn/web/assembly/action/browsePage.do?channelID=1085637727977&contentID=1150642871011[2006-06-21].

中华人民共和国国家发展和改革委员会.2010.中华人民共和国国家发展和改革委员会公告 2010 年第10 号.http://www.sdpc.gov.cn/zcfb/zcfbgg/2010gg/t20100705_358752.htm[2010-06-25].

中华人民共和国国家发展和改革委员会,国家统计局.2007.千家企业能源利用状况公报 2007 年.http://hzs.ndrc.gov.cn/newzwxx/200710/t20071009_163785.html[2007-09-18].

中国有色金属工业年鉴编辑部.2010.中国有色金属工业年鉴 2010.北京:中国有色金属工业协会.

中国有色金属工业协会.2008.中国有色金属工业发展报告 2007.北京:中国有色金属工业协会.

周景辉.2004.制浆造纸工艺设计手册.北京:化学工业出版社.

周维富.2011."十二五"时期我国钢铁行业结构调整政策导向分析.分析研究,7:31-32.

Ahmedna M,Marshall W E,Rao R M.2000.Production of granular activated carbons from select agricultural by-products and evaluation of their physical,chemical and adsorption properties.Bioresource Technology,71(2):113-123.

Song X P,Guo Z C.2007.Production of synthesis gas by co-gasifying coke and natural gas in a fixed bed reactor.Energy,32:1972-1978.